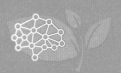

Cutting-Edge Technologies in

Smart
Environmental
Protection

智慧环保前沿技术丛书

U0201764

智慧环保前沿技术丛书

空气污染智能感知、识别与监控

Intelligent Perception, Recognition and Control for Air Pollution

乔俊飞　顾　锞　著

化学工业出版社

·北京·

内容简介

本书致力于科学治污、精准治污，深入浅出、图文并茂地介绍了人工智能与自动控制赋能空气质量监控的基础理论和关键技术，旨在解决空气污染难以治理的共性问题，为社会稳定、公众健康以及经济可持续增长做出应有贡献，助力实现人与自然和谐共生。本书的主要内容包括空气质量智能感知、智能识别和智能监控三部分，涵盖了空气质量标准，空气污染成因分析，空气质量影像分析及智能感知系统的设计与实现，空气质量检测与智能识别，以及空气质量智能监控理论、方法及系统实现。

本书内容丰富、案例典型，可供人工智能和优化控制科研工作者、环境保护与空气污染防治技术人员参考，也可供相关专业本科及以上师生使用。

图书在版编目（CIP）数据

空气污染智能感知、识别与监控 / 乔俊飞，顾锞著． —北京：化学工业出版社，2022.8
ISBN 978-7-122-41366-6

Ⅰ. ①空…　Ⅱ. ①乔…②顾…　Ⅲ. ①智能技术-应用-空气污染-污染防治-研究-中国　Ⅳ. ①X51

中国版本图书馆CIP数据核字（2022）第077557号

责任编辑：宋　辉
文字编辑：毛亚固
责任校对：宋　夏
装帧设计：王晓宇

出版发行：化学工业出版社
　　　　　（北京市东城区青年湖南街13号　邮政编码100011）
印　　刷：三河市航远印刷有限公司
装　　订：三河市宇新装订厂
710mm×1000mm　1/16　印张20½　字数386千字
2023年3月北京第1版第1次印刷
购书咨询：010-64518888
售后服务：010-64518899
网　　址：http://www.cip.com.cn

凡购买本书，如有缺损质量问题，本社销售中心负责调换。

定　　价：108.00元
版权所有　违者必究

序

　　环境保护是功在当代、利在千秋的事业。早在 1983 年，第二次全国环境保护会议上就将环境保护确立为我国的基本国策。但随着城镇化、工业化进程加速，生态环境受到一定程度的破坏。近年来，党和国家站在实现中华民族伟大复兴中国梦和永续发展的战略高度，充分认识到保护生态环境、治理环境污染的紧迫性和艰巨性，主动将环境污染防治列为国家必须打好的攻坚战，将生态文明建设纳入国家五位一体总体布局，不断强化绿色低碳发展理念，生态环境保护事业取得前所未有的发展，生态环境质量得到持续改善，美丽中国建设迈出重大步伐。

　　环境污染治理应坚持节约优先、保护优先、自然恢复为主的方针，突出源头治理、过程管控、智慧支撑。未来污染治理要坚持精准治污、科学治污，构建完善"科学认知－准确溯源－高效治理"的技术创新链和产业信息链，实现污染治理过程数字化、精细化管控。北京工业大学环保自动化研究团队从"人工智能＋环保"的视角研究环境污染治理问题，经过二十余年的潜心钻研，在空气污染监控、城市固废处理和水污染控制等方面取得了系列创新性成果。"智慧环保前沿技术丛书"就是其研究成果的总结，丛书包括《空气污染智能感知、识别与监控》《城市固废焚烧过程智能优化控制》《城市污水处理过程智能优化控制》《水环境智能感知与智慧监控》和《城市供水系统智能优化与控制》。丛书全面概括了研究团队近年来在环境污染治理方面取得的数据处理、智能感知、模式识别、动态优化、智慧决策、自主控制等前沿技术，这些环境污染治理的新范式、新方法和新技术，为国家深入打好污染防治攻坚战提供了强有力的支撑。

　　"智慧环保前沿技术丛书"是由中国学者完成的第一套数字环保领域的著作，作者紧跟环境保护技术未来发展前沿，开创性提出智能特征检测、自组织控制、多目标动态优化等方法，从具体生产实践中提炼出各种专为污染治理量身定做的智能化技术，使得丛书内容新颖兼具创新性、独特性与工程性，丛书的出版对于促进环保数字经济发展以及环保产业变革和技术升级必将产生深远影响。

清华大学环境学院教授
中国工程院院士

　　随着人类社会文明的进步和公众环保意识的增强，科学合理地利用自然资源，全面系统地保护生态环境，已经成为世界各国可持续发展的必然选择。环境保护是指人类科学合理地保护并利用自然资源，防止自然环境受到污染和破坏的一切活动。环境保护的本质是协调人类与自然的关系，维持人类社会发展和自然环境延续的动态平衡。由于生态环境是一个复杂的动态大系统，实现人类与自然和谐共生是一项具有系统性、复杂性、长期性和艰巨性的任务，必须依靠科学理论和先进技术的支撑才能完成。

　　面向国家生态文明建设，聚焦污染防治国家重大需求，北京工业大学"环保自动化"研究团队瞄准人工智能与自动化学科前沿，围绕空气质量监控、水污染治理、城市固废处理等社会共性难题，从信息学科的视角研究环境污染防治自动化、智能化技术，助力国家打好"蓝天碧水净土"保卫战。作为环保自动化领域的拓荒者，研究团队经过二十多年的潜心钻研，在水环境智能感知与智慧管控，城市污水处理过程智能优化控制，城市供水系统智能优化与控制，城市固废焚烧过程智能优化控制以及空气质量智能感知、识别与监控等方面取得了重要进展，形成了具有自主知识产权的环境质量感知、自主优化决策、智慧监控管理等环境保护新技术。为了促进人工智能与自动化理论发展和环保自动化技术进步，更好地服务国家生态文明建设，团队在前期研究的基础上，总结凝练成"智慧环保前沿技术丛书"，希望为我国环保智能化发展贡献一份力量。

　　本书的主要内容包括空气质量智能感知、智能识别和智能监控三部分，涵盖了空气质量标准、空气污染成因分析、空气质量影像分析及智能感知系统的设计与实现，空气质量检测与智能识别，以及空气质量智能监控理论、方法及系统实现。本书致力于科学治污、精准治污，研究人工智能与自动控制赋能空气质量监控的基础理论和关键技术，旨在解决空气污染难以治理的共性问题，助力实现人与自然和谐共生。

感谢国家自然科学基金委员会、科技部长期以来的支持，使得我们团队能够心无旁骛地潜心研究。感谢团队研究生郭楠、刘红燕、刘佳晖、彭益新、张永慧、周振亚和巩亚飞等同学，他们在资料整理、文字校对等方面做了大量的工作，加快了本书的出版进程。感谢空气质量监控领域的国内外学者，他们的成功实践激励了我们继续创新的勇气，他们的前期探索无疑使本书的内容得到了进一步升华。

鉴于人工智能、自动化、环境工程领域知识体系不断丰富和发展，而作者的知识积累有限，书中难免有不妥之处，敬请广大读者批评指正。

目录

第9章 空气质量智能监控方法与系统设计 / 269

书中主要公式符号注释

符号	注释	符号	注释
$\longrightarrow$	生成	$\mu\,/\,\overline{\mu}$	均值
$\dfrac{\mathrm{d}y}{\mathrm{d}x}$	y 对 x 求导	$\dfrac{\partial y}{\partial x}$	y 对 x 求偏导
$\sigma^2/\,\mathrm{Var}$	方差	σ	标准差
★ / ∗	卷积运算	$\Lambda(\ )$	非线性激活函数
$\min(a,\ b)$	取 a、b 中最小的数	$\max(a,\ b)$	取 a、b 中最大的数
↓	下采样算子	↑	上采样算子
$\lvert f(x)\rvert$	取 $f(x)$ 的绝对值	rgb2gray( )	将彩色图像转化为灰度图
∇	梯度下降	$x*=\mathrm{argmax}[\,f(x)]$	$x*$ 为 $f(x)$ 取最大值时的 x
∪	并集	∩	交集
sigh( )	符号算子	$\displaystyle\sum_{q=1}^{n}f(q)$	$f(1)+f(2)+\cdots+f(n)$ 之和

Cutting-Edge Technologies in
**Smart
Environmental
Protection**

第 1 章

空气质量标准

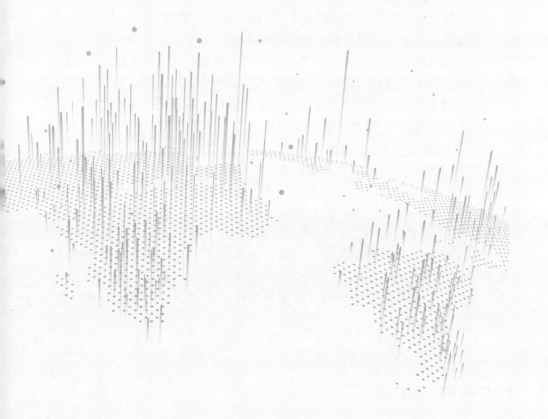

工业化和城市化的高速发展促使许多发展中国家的经济实现了跨越式增长，但同时给自然环境带来了巨大危害，尤其在空气质量方面，日益严峻的污染问题已引起人们的广泛关注。空气污染是人类活动或自然过程引起的污染物进入空气的结果。当污染物浓度过高、自身危害属性强烈或存在时间足够长时，会严重危害动植物生存、危及人类健康和生命安全。本章将着重介绍空气质量标准相关内容。

1.1
典型空气污染物

空气污染物是指因人类社会活动和自然界变化而产生并排放到近地面或低层大气的有毒有害物质，不利于人类社会和自然环境的可持续发展。为了有效监测空气污染物，各国根据自身特点和经济水平制定了不同的空气质量标准。主要涉及的污染物包括可吸入颗粒物、细颗粒物、氮氧化物、臭氧、硫氧化物、一氧化氮、铅和光化学烟雾等。本节首先从污染物来源、危害和减少措施等方面展开介绍。

(1) 可吸入颗粒物

可吸入颗粒物（PM_{10}）是指粒径小于 $10\mu m$ 的悬浮颗粒物。在全球范围内，尤其是在发展中国家，可吸入颗粒物是需要被防控的主要污染物，因为其能在空气中长时间悬浮，严重危害人体健康。可吸入颗粒物的主要来源包括未铺设的沥青、汽车在水泥路面行驶时扬起的尘土、材料的粉碎和研磨过程中产生的及被风吹起的尘埃等。燃煤中的非必需元素在燃烧过程中从焦炭颗粒中蒸发出来，在熔炉中经过一系列化学反应后发生形变，再遇低温时，一部分气态颗粒均匀地凝结成核，另一部分附着在空气中的悬浮颗粒物上，通过相互碰撞、团聚，体积逐渐变大，化学成分愈发复杂，毒性级别成倍上升。当可吸入颗粒物浓度上升到一定程度后，会严重危害人体健康。美国研究人员曾在犹他地区进行了详细的可吸入颗粒物流行病学研究，发现其浓度每增加 $50\mu g/m^3$，死亡率平均提升 4%～5%。该研究是在冬夏两季可吸入颗粒物含量较高的地区进行的，且与其他污染物无关 [1]。最新研究表明，小颗粒物的外表面可以吸收更多有害物质，并使有毒物质具有更快的反应速率和溶解速率 [2]。表 1-1 和表 1-2 介绍了可吸入颗粒物浓度限值及其分析方法，有兴趣的读者可进一步了解。

表 1-1　可吸入颗粒物浓度限值

污染物名称	取值时间	浓度限值			浓度单位
		一级标准	二级标准	三级标准	
可吸入颗粒物（PM$_{10}$）	年平均	0.04	0.10	0.15	mg/m³（标准状态）
	日平均	0.05	0.15	0.25	

表 1-2　可吸入颗粒物分析方法与数据统计有效性

污染物名称	分析方法	来源	取值时间	数据有效性规定
可吸入颗粒物（PM$_{10}$）	重量法	HJ 618—2011	年平均	每年至少有分布均匀的 144 个日均值
			日平均	每日至少有 12h 的采样时间

（2）细颗粒物

细颗粒物（PM$_{2.5}$）是指粒径小于 2.5μm 的可入肺的悬浮颗粒物。我国已经在空气质量标准中增加了细颗粒物浓度限值。细颗粒物作为可吸入颗粒物中粒径较小的成分，对空气环境与人体健康的危害性更为显著，近年来得到了人们更多的关注。细颗粒物主要来源于煤炭、石油等矿物燃烧产生的工业废气、机动车产生的尾气以及一些有机碳氢化合物产生的二次污染。细颗粒物对光具有较强的散射作用，在大气中长时间悬浮，容易形成雾霾。细颗粒物对人体危害巨大，其浓度每增加 10μg/m³，肺癌的死亡率将增加 6%，致使因心脑血管疾病紧急入院的风险率增加 1.89%[3,4]。此外，长期生活在高浓度细颗粒物环境中，患呼吸道疾病和皮肤病的总风险率约增加 2.07%[5,6]。据世界卫生组织报道，在高浓度细颗粒物环境下，每多暴露一年，相对死亡率约上升 1.14%[7]。控制尾气排放、改善能源结构和使用清洁能源等能有效控制细颗粒物污染。

（3）氮氧化物

氮氧化物（NO$_x$）是指仅由氮和氧两种元素组成的化合物，如 N$_2$O、NO、NO$_2$ 和 N$_2$O$_3$。在氮氧化物中，二氧化氮对空气质量的影响尤为严重，不仅会加剧细颗粒物污染，而且会提升降雨酸度。在全球范围内，城市大气中的氮氧化物主要来自化石燃料燃烧，如汽车等流动源和工业窑炉等固定源。氮氧化物对人体危害巨大，人类长时间吸入会刺激肺部，出现呼吸系统疾病，甚至造成儿童肺部发育受损[8]。改善燃煤中的排烟脱氮技术，能有效降低氮氧化物的排放量，对缓解空气污染和减轻氮氧化物对人身健康的危害具有重要意义。

（4）臭氧

臭氧具有重要应用价值，如在医学领域用于治疗腰椎间盘突出、清除自由基来抵抗衰老，以及在工业领域用于饮用水消毒和工业废水深度处理等。臭氧作为一种清洁型的氧化剂，不会产生二次污染。然而，臭氧浓度过高会引起咳嗽、呼吸困难及心肺功能下降。同时，臭氧会参与生物体中不饱和脂肪酸、氨基酸及其他蛋白质的生物反应，长时间吸入会使人出现疲乏等症状。此外，臭氧还具有嗅阈值，正常情况下嗅阈值为 $0.02mL/m^3$，当浓度达到 $0.1mL/m^3$ 时会刺激黏膜，当浓度上升到 $2mL/m^3$ 时会引起中枢神经障碍[9]。

（5）二氧化硫

二氧化硫（SO_2）仅由硫和氧两种元素组成，是最常见、最简单的刺激性硫氧化物。煤和石油中通常含有硫元素，燃烧时会产生二氧化硫，溶于水后形成亚硫酸。在细颗粒物存在的条件下，亚硫酸容易进一步氧化形成硫酸，进而形成酸雨。二氧化硫主要应用于有机溶剂及冷冻剂，能精制各种润滑油，故被广泛应用于农药、人造纤维、染料等工农产品。在大气中，二氧化硫会被氧化成硫酸或硫酸盐气溶胶，导致空气酸化。当大气中的二氧化硫浓度超过 $0.5mL/m^3$ 时，会对人体产生潜在危害；当其浓度升到 $1 \sim 3mL/m^3$ 时，大多数人会嗅到刺激性气味；当其浓度高达 $400 \sim 500mL/m^3$ 时，人体会出现溃疡和肺水肿直至窒息死亡[10]。改善原煤脱硫技术、优先使用低硫燃料和改进燃煤技术等可有效减少二氧化硫的排放量。

（6）一氧化碳

一氧化碳（CO）是一种无色无味气体，不易溶于水，既有还原性，又有氧化性，还具有毒性。一氧化碳主要来源于含碳燃料的不充分燃烧，如汽车尾气、炼油和炼钢等。一氧化碳浓度较高时会使人出现不同程度的中毒症状，危害人体的脑、心、肝、肾、肺等身体器官或组织。但也有研究表明，适量一氧化碳对工业过程和日常生活有利。在化学工业方面，一氧化碳用于制作各种化工产品所需的催化剂[11-13]；在冶金工业方面，一氧化碳用于提炼金属所需的还原剂；在日常生活方面，一氧化碳起到使蔬菜、肉类保鲜的功能[14]。此外，高纯度的一氧化碳还可用于制作标准气体及用于环境监测和科学研究。大气对流层中一氧化碳的浓度通常保持在 $0.1 \sim 2mL/m^3$，这属于人体可承受范围[15]。

（7）铅

铅（Pb）是一种密度较大、质地柔软的蓝灰色金属[16]，空气中铅的来源较为广泛，其中主要来源包括汽车尾气排放，生产铅制品工业和冶炼铅的矿产企业的废渣、废液和废气的排放，如合金铸造、蓄电池制造及油漆生产等企业。在我国工业快速发展的形势下，各行业对铅及铅制品的需求逐年提高，因此各工矿企业正在逐年加大对铅和铅制品的生产力度。但是，冶炼技术本身存在的缺陷，造成了在铅冶炼过程中会产生大量污染空气的尾气[17]。铅作为一种重金属元素，在含量超标的情况下会严重危害人身健康。特别对于儿童，当体内铅含量达到10μg/dL左右时，便会造成智力低下等身体残疾[18]。使用无铅汽油、大力整改铅污染企业、及时淘汰落后生产设备和冶炼工艺等措施能有效减少空气中的铅污染，降低人体不慎摄入重金属铅的概率，保护人身健康。

（8）光化学烟雾

光化学烟雾是排入大气的氮氧化物和碳氢化合物在紫外线作用下产生的一种具有刺激性气味的浅蓝色烟雾。光化学烟雾的主要组成成分包括臭氧、醛类、硝酸酯类等光化学反应生成的二次污染物，当遇到不利于扩散的气象条件时，烟雾积聚不散，严重污染空气以及危害人体健康。日光辐射强度是形成光化学烟雾的重要条件，随着汽车尾气和煤燃烧产生废气量的增加、挥发性有机溶剂使用量的增加，以及大气中氮氧化物和碳氢化合物浓度的增加，各地发生光化学烟雾的概率正在持续走高。因此，出台一系列综合性措施预防光化学烟雾变得尤为重要[19]，典型措施包括控制机动车尾气排放、使用化学抑制剂和改善能源结构等。

1.2
我国空气质量标准的制定

1997年，世界卫生组织发布了《空气质量标准》的更新版本。借鉴该思路，在参考了美国、加拿大、世界卫生组织等国家和组织发布的空气质量标准和污染物控制的重点、限值、标准、分类等因素的基础上，我国根据自身特点制定了符合国情的空气质量标准，并随着空气环境质量变化定期更新。

先回顾一下世界各地空气质量标准的发展动态。世界卫生组织于1997年更新了《欧洲空气质量指南》，添加1,3-丁二烯等污染物及细颗粒物准则，并将该指南更名为《空气质量指南》。日本于1997年在《空气质量标准》中提高了空气中苯、三氯乙烯和全氯乙烯含量的限定标准[20]。澳大利亚于1998年在《国家环境空气质量标准》中调整了关于一氧化碳、二氧化氮、臭氧、二氧化硫、铅和可吸入颗粒物标准[21]。加拿大于同年在《大气环境标准》中提高了细颗粒物浓度参考值[22,23]。中国国家环境总局于 2000 年在《环境空气质量标准》中取消了氮氧化物标准并放宽了二氧化氮平均水平，调整了臭氧浓度以及次级标准浓度的限值[24]。欧盟从 1999 年至 2008 年发布了五项相关指令，包括：1999 年发布《环境空气 SO_2，NO_2，NO_x，PM_{10}，Pb 的限值法》，规定了二氧化硫等 5 种污染物的浓度限值；2000 年发布《环境空气中苯和一氧化碳极限值条例》，规定了环境空气中苯和钴的极限浓度；2002 年发布《环境空气 O_3 指南》，规定了臭氧对人体健康的浓度限定值；2004 年制定了有关环境空气中砷、镉、汞、镍和多环芳烃质量标准的指令，并于 2012 年再次设定了砷和其他污染物浓度的限定值；2008 年发布《关于欧洲空气质量和空气净化指令》，设定了细颗粒物的目标浓度限值[25,26]。美国环保署和空气质量规划标准办公室于 2006 年和 2008 年先后两次在《国家环境空气质量标准》中更新了细颗粒物标准和臭氧标准[27]。可见，世界各组织或各国相关机构制定空气质量标准的过程是动态发展的。随着国家不同时期的经济发展水平和环境发展的变化，各组织或各国相关机构为了更有效地监测空气质量会及时调整相关空气质量标准，制定更有利的防治策略。

根据《中华人民共和国环境保护法》和《中华人民共和国大气污染防治法》，我国进一步制定了《环境空气质量标准》。该标准制定的目的：一是改善环境空气质量，防止生态环境被破坏；二是保护人体健康，为人类生存发展创造适宜环境。《环境空气质量标准》的主要作用体现在四个方面：①在环境空气质量管理的目标方面，地方各级政府需协同配合，以保护人体健康和生态环境为目的，通过加强管理、采取有效措施，最终使得环境空气质量达标；②在环境保护规划的重要依据方面，各级政府制定的环境规划政策都要以《环境空气质量标准》作为制定依据，以实现空气质量达标作为最终目的；③在环境质量状况评价依据方面，无论是在环境保护行政主管部门定期发布的大气环境质量状况公报中，还是在建设项目和规划环境影响评价的工作中，《环境空气质量标准》是重要评价依据；④在发布环境空气质量日报的依据方面，地方政府与公众交流区域内改善环境空气质量状况的重要手段是发布环境空气质量日报、借助空气污染指数（API）进行表示，而空气污染指数的制定依据是《环境空气质量标准》。该标准有利于保护公众健康，缩小公众感官与空气质量评价结果的差异，逐步实现环境宏观战略目标[28]。

针对常见空气污染物，空气质量在各国具有不同衡量标准并设有不同浓度准则。为响应功能区要求，我国政府部门制定了有关空气污染物浓度的限值，详见表 1-3 和表 1-4，其来自《环境空气质量标准》（GB 3095—2012）。

表 1-3 环境空气污染物基本项目浓度限值

序号	污染物项目	平均时间	浓度限值		单位
			一级	二级	
1	二氧化硫（SO_2）	年平均	20	60	$\mu g/m^3$
		24h 平均	50	150	
		1h 平均	150	500	
2	二氧化氮（NO_2）	年平均	40	40	
		24h 平均	80	80	
		1h 平均	200	200	
3	一氧化碳（CO）	24h 平均	4	4	
		1h 平均	10	10	
4	臭氧（O_3）	日最大 8h 平均	100	160	mg/m^3
		1h 平均	160	200	
5	颗粒物（粒径小于等于 10μm）	年平均	40	70	
		24h 平均	50	150	
6	颗粒物（粒径小于等于 2.5μm）	年平均	15	35	
		24h 平均	35	75	

表 1-4 环境空气污染物其他项目浓度限值

序号	污染物项目	平均时间	浓度限值		单位
			一级	二级	
1	总悬浮颗粒物（TSP）	年平均	80	200	$\mu g/m^3$
		24h 平均	120	300	

序号	污染物项目	平均时间	浓度限值		单位
			一级	二级	
2	氮氧化物（NO_x）	年平均	50	50	$\mu g/m^3$
		24h 平均	100	100	
		1h 平均	250	250	
3	铅（Pb）	年平均	0.5	0.5	
		季平均	1	1	
4	苯并芘（BaP）	年平均	0.001	0.001	
		24h 平均	0.0025	0.0025	

1.3
空气质量参数及分级

　　随着国家经济水平的不断提高，人们对生活质量的要求逐渐变高，空气质量标准也随之调整，以期望能更有效地应对目前的空气质量状况。在调整后的《空气质量标准》中，我国严格规定了空气质量参数[29]。空气质量参数是我国标准中的重要术语及空气质量监测的首要对象，常用于评价空气质量。空气质量参数主要包含物理、化学、生物和放射性参数，其中，物理参数主要包含温度、相对湿度、空气流速和新风量；化学参数主要包含二氧化硫、二氧化氮、一氧化碳、二氧化碳、氨、臭氧、甲醛、苯、甲苯、二甲苯、苯并芘、可吸入颗粒物和总挥发性有机物；生物参数为菌落总数；放射性参数为氡。空气质量参数不仅是空气质量的重点监测对象，也是评价空气质量的重点监测项目。

　　空气质量数据监测站进行空气质量监测和数据采集，并通过网络将数据上传到相关服务器，用于后期处理。空气污染指数将需要监测的常规空气污染物浓度简化为一个概念性数值，并以此预测短期内城市空气质量的状况和变化趋势。我国将空气质量分为六个等级，即优、良、轻、中度污染、重度污染和严重污染。

同时，我国也按照三级功能将空气质量分为三个标准级，并且要求空气质量在三级以上，从而保护公共健康、维持生态平衡。表1-5和表1-6分别列举了现阶段采用的空气质量功能区分类和等级划分。

表1-5 环境空气质量功能区分类表

名称	一类区	二类区	三类区
内容	自然保护区、风景名胜区和其他需要特殊保护的地区	城镇规划中确定的居住区、商业交通居民混合区、文化区、一般工业区和农村地区	特定工业区
执行标准	一级标准	二级标准	三级标准

表1-6 空气质量等级划分表

名称	二级	三级	四级	五级	六级
空气污染指数/($\mu g/m^3$)	51～100	101～150	151～200	201～300	≥300
衡量标准	空气质量可接受，但某些污染物可能对极少数异常敏感人群健康有较弱影响	易感人群症状有轻度加剧，健康人群出现刺激症状	加剧易感人群症状，可能对健康人群心脏、呼吸系统产生影响	运动耐受力降低，健康人群普遍出现症状	健康人群运动耐受力降低，有明显强烈症状，提前出现某些疾病

参考文献

[1] 李名升，张建辉，张殷俊，等. 近10年中国大气 PM$_{10}$ 污染时空格局演变 [J]. 地理学报，2014, 68(11): 1504-1512.

[2] 李红，曾凡刚. 可吸入颗粒物对人体健康危害的研究进展 [J]. 环境与健康杂志，2002, 19(1): 85-89.

[3] POPE III C A, BURNETT R T, THUN M J, et al. Lung cancer, cardiopulmonary mortality, and long-term exposure to fine particulate air pollution[J]. JAMA, 2002, 287(9): 1132-1141.

[4] DOMINICI F, PENG R D, BELL M L, et al. Fine particulate air pollution and hospital admission for cardiovascular and respiratory diseases[J]. JAMA, 2006, 295(10): 1127-1134.

[5] ZANOBETTI A, FRANKLIN M, KOUTRAKIS P, et al. Fine particulate air pollution and its components in association with cause-specific emergency admissions [J]. Environmental Health, 2009, 8(1): 1-12.

[6] KIM K E, CHO D, PARK H J. Air pollution and skin diseases: adverse effects of

airborne particulate matter on various skin diseases[J]. Life Sciences, 2016, 152: 126-134.

[7] AUNAN K, PAN X C. Exposure-response functions for health effects of ambient air pollution applicable for China–a meta-analysis[J]. Science of The Total Environment, 2004, 329(1-3): 3-16.

[8] LAKANEN L, GRÖNMAN K, VÄISÄNEN S, et al. Applying the handprint approach to assess the air pollutant reduction potential of paraffinic renewable diesel fuel in the car fleet of the city of Helsinki[J]. Journal of Cleaner Production, 2021, 290: 125786.

[9] 李来胜, 祝万鹏, 李中和. 催化臭氧化：一种有前景的水处理高级氧化技术 [J]. 给水排水, 2001, 27(6): 26-29.

[10] 孟紫强, 张波, 秦国华. 二氧化硫对小鼠不同组织器官的氧化损伤作用 [J]. 环境科学学报, 2001, 21(6): 769-773.

[11] 张玉铭, 胡春胜, 张佳宝, 等. 农田土壤主要温室气体 (CO_2, CH_4, N_2O) 的源 / 汇强度及其温室效应研究进展 [J]. 中国生态农业学报, 2011, 19(4): 966-975.

[12] 郜爽, 张国财, 王岩, 等. 环境毒理学原理与应用 [M]. 哈尔滨：哈尔滨工业大学出版社, 2012.

[13] WANG Y, LI J, WANG L, et al. The impact of carbon monoxide on years of life lost and modified effect by individual-and city-level characteristics: evidence from a nationwide time-series study in China[J]. Ecotoxicology and Environmental Safety, 2021, 210: 111884.

[14] 中华人民共和国生态环境保护部. 国家污染物环境健康风险名录：化学第一分册 [M]. 北京：中国环境科学出版社, 2009.

[15] 中国大百科全书总编辑委员会《环境科学》编辑委员会. 中国大百科全书：环境科学 [M]. 北京：中国大百科全书出版社, 1992.

[16] 王翔朴, 王营通, 李珏声. 卫生学大辞典 [M]. 青岛：青岛出版社. 2000.

[17] 陶先昌. 铅冶炼过程中的能源消耗与技术应用 [J]. 世界有色金属, 2017 (12): 22-23.

[18] 阮涌, 嵇辛勤, 文明, 等. 食品中铅污染检测技术研究进展 [J]. 贵州畜牧兽医, 2012, 36(5): 12-15.

[19] 王玮, 汤大钢, 刘红杰, 等. 中国 $PM_{2.5}$ 污染状况和污染特征的研究 [J]. 环境科学研究, 2000(01): 1-5.

[20] CIAPARRA D, ARIES E, BOOTH M J, et al. Characterisation of volatile organic compounds and polycyclic aromatic hydrocarbons in the ambient air of steelworks[J]. Atmospheric Environment, 2009, 43(12): 2070-2079.

[21] Japan Environment Agency. Quality of the environment in Japan[J]. Qualidade Ambiental, 1980.

[22] Australian Government. Department of the Environment, Water, Heritage. Air quality standards [EB/OL]. Canberra: Department of the Environment, Water, Heritage and the Arts. 1998[2009-09-21]. http: //www.environment.gov.au/ atmosquality-standards.html.

[23] Government of Canada. National ambient air quality objectives (NAAQOs) [EB/OL]. 1998[2009-09-21]. http: //www.hc-sc.gc. cax/ewh-semt/air/out-ext/a3.

[24] 环境保护部, 国家质量监督检验检疫总局. 环境空气质量标准 (GB 3095—2012) 修改单 [EB/OL]. 北京 : 国家环境保护总局, 2012. http: //bz.mep.gov.cn.

[25] 王作元, 王昕, 曹吉生. 空气质量准则 [M]. 北京 : 人民卫生出版社, 2003.

[26] BROWN R J C, YARDLEY R E, MUHUNTHAN D, et al. Twenty-five years of nationwide ambient metals measurement in the United Kingdom: concentration levels and trends[J]. Environmental Monitoring and Assessment, 2008, 142(1): 127-140.

[27] US EPA. National ambient air quality standards (NAAQS) [EB/OL]. Washington DC: US EPA, Office of Air Quality Planning and Standards, 2008[2009-09-21]. http: //www.epa.gov/air-criteria.html.

[28] 王静, 徐刚. 浅谈新《环境空气质量标准》实施的意义 [J]. 低碳世界, 2017(01): 5.

[29] 朱栋华, 郭淑娟, 曹婉. 室内空气质量标准与检测方法 [J]. 建筑节能, 2008 (1): 5-7.

第 2 章

空气污染影响因素

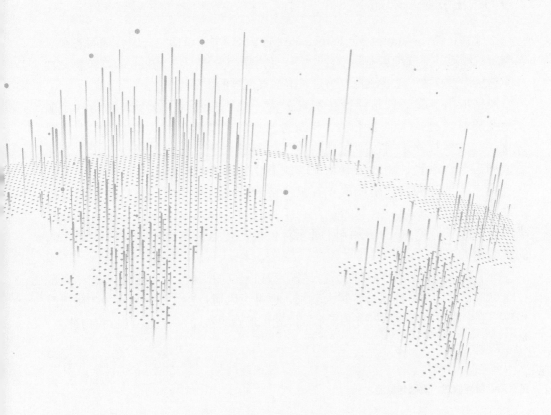

细颗粒物浓度增加是空气质量下降的主要标志，目前已成为制约社会经济发展的严峻问题之一，因此加强城市空气污染监测尤其是细颗粒物监测技术十分关键。

城市化、工业化的快速发展带来的是电力、化工、钢铁等行业的迅速兴起，在生产力稳步迅速提高的同时，自然资源——尤其是煤炭等资源的需求量、开采量、消耗量逐年增加，随之而来的是二氧化硫、氮氧化物、一氧化碳等污染物排放量的快速增大，造成相关地区空气污染日益严重，加之受地形、气候、水文、土壤等自然因素的影响，空气污染进一步扩散到其他地区，会对更大范围的居民健康造成危害。

本章从空气细颗粒物的概念及相关研究背景、造成空气污染的主要因素、致使空气污染扩散的重要因素三方面进行分析，并根据具体实际案例进行研究。

2.1
空气细颗粒物研究背景

2.1.1　细颗粒物定义

空气颗粒物（Atmospheric Particulate Matters）主要包括空气中各种固态和液态颗粒状物质。空气细颗粒物中粒径空气动力学当量直径 ≤ 100μm 的颗粒物又被称为总悬浮颗粒物，总悬浮颗粒物是城市空气污染的主要因素之一 [1]。

根据成因分类，总悬浮颗粒物可分为一次颗粒物和二次颗粒物。一次颗粒物主要是通过扬尘和工业烟尘等人为或自然污染源产生并排放到空中的颗粒物。二次颗粒物是指污染源排放的气体经过化学反应或物理过程转化为液态或固态的颗粒物，例如二氧化硫、氮氧化物和有机气体等在空中经过光化学反应产生的硫酸盐、硝酸盐和有机气溶胶等。两种类型的颗粒物在物理化学性质上有很大差异，且都大量存在于空气中。在总悬浮颗粒物中，粒径越小的颗粒，其在空气中的漂浮时间相对更长，传播范围更广，对环境和气候的影响更大。

由于颗粒物的动力学特性受到自身形状和密度的影响，即使粒子具有相同直径或重量，其运动特征也会有很大差别，但是可以通过空气动力学直径（在低雷诺数气流中与单位密度球具有相同末沉降速度的颗粒直径）划分不同颗粒物种类，粒径示意图如图 2-1 所示。

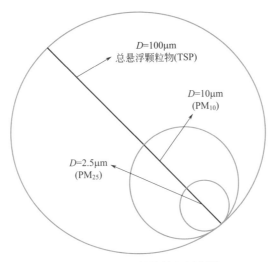

图 2-1　空气颗粒物粒径划分图

　　根据空气动力学直径的概念，常见的颗粒物可以分为两类：PM_{10} 和 $PM_{2.5}$。PM_{10} 是指空气动力学直径为 10μm 以下的悬浮颗粒物，又被称为可吸入颗粒物，通常以每立方米空气中 PM_{10} 的量（毫克）衡量可吸入颗粒物浓度。$PM_{2.5}$ 是空气动力学直径小于 2.5μm 的空气颗粒物，又被称为细颗粒物。相较于其他类型的颗粒物，细颗粒物具有相对更大的表面积、更高的活性以及更小的粒径，因此非常容易吸附细菌和病毒等有毒有害物质，从而对人体健康及生态环境造成更大的危害。

　　空气细颗粒物主要由三种成分组成，即无机物、有机物和有生命物质，如图 2-2 所示。

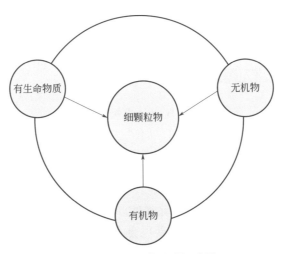

图 2-2　细颗粒物化学组成图

（1）无机物

通过气溶胶样品的 X-荧光光谱分析，空气细颗粒物主要包含的化学元素包括铝（Al）、硅（Si）、钙（Ca）等元素。细颗粒物中绝大部分物质由一次颗粒物发生物理化学反应后生成，因此，细颗粒物还包含各种颗粒物二次化学反应生成物，如各种有机碳（OC）及离子、硫酸盐、硝酸盐等 [1-4]。

颗粒物所包含的元素种类与其粒径大小有关。对于 Cl、Br 和 F 等卤族元素而言，Cl 元素主要存在于粒径大于 75μm 的尘粒中，而 Br 元素主要存在于 PM_{10} 中。Si、Al 和 Sc 等存在于地壳中的元素主要分布在粉尘中 [5,6]。

颗粒物成分还与其来源有关，可以通过比较颗粒物的组成成分来判断颗粒物来源 [7,8]。例如，空气颗粒物中的可溶性无机盐类可能来自不同的排放源，来自海洋的空气颗粒物在海拔较低时以 Na^+、ClO^- 为主，主要存在于粒径较大的颗粒物中；随着海拔高度的上升，颗粒物含有的元素则以铵根离子为主要成分，主要存在于 PM_{10} 与爱根核膜颗粒中（爱根核膜颗粒主要是指半径为 $0.005 \sim 0.1μm$ 的气溶胶粒子）。粒径较大的粗粒子主要来源于海水飞沫蒸发并且悬浮于空气中，其中也含有少量的 SO_4^{2-} 和 Ca^{2+}。同样存在于 $PM_{2.5}$ 中的 SO_4^{2-} 和 Ca^{2+} 则是来源于海洋释放的二甲基硫（DMS）经空气氧化生成 SO_2 后生成的硫酸和硫酸盐 [9-11]。

（2）有机物及有生命物质成分

除常见无机元素外，空气颗粒物中还有元素碳（EC）、有机碳（OC）、有机化合物尤其是挥发性有机物（VOC）、多环芳烃（PAHs 和有毒物）、生物物质（细菌、病毒）等。有机物主要存在于粒径较小的颗粒物中（粒径为 $0.1 \sim 5μm$），大部分有机物来源于工业空气污染物排放。颗粒物中的有机物种类复杂多样，其中烃类是主要成分，如芳香烃和多环芳烃，此外还有亚硝胺、酚类和酸类等。其中的多环芳烃主要存在于细颗粒物中，而高环多环芳烃主要存在于飘尘中 [11]。

2.1.2　细颗粒物的来源

空气细颗粒物来源多样，因此其成分也极为复杂。我国空气细颗粒物来源主要分为两类，即天然来源和人为来源，如图 2-3 所示。

（1）天然来源

细颗粒物的天然来源主要包括地表岩石风化产物、土壤风化产物、土壤尘、植物花粉飘散和真菌孢子的释放等。除常见自然现象外，一些自然灾害，如地壳运动导致的火山喷发、森林火灾或沙尘暴也会向空气中排放大量颗粒物。尽管如此，自然现象带来的细颗粒物对于环境的影响远不及人为来源对环境所造成的影响。

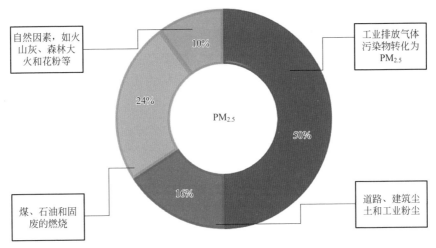

自然因素，如火山灰、森林大火和花粉等

工业排放气体污染物转化为PM$_{2.5}$

10%

24%

PM$_{2.5}$

50%

16%

煤、石油和固废的燃烧

道路、建筑尘土和工业粉尘

图 2-3　细颗粒物主要来源

（2）人为来源

众多人为来源中，扬尘是其中一个重要细颗粒物来源。扬尘是在地面土壤成分松动的情况下，由于地面空气流动、人为带动或由其他动力带动而生成的细颗粒物。常见的扬尘有土壤扬尘、道路扬尘、建筑扬尘等。土壤扬尘的形成过程可以描述为：在自然风力带动或人为原因的带动作用下，裸露于地表细小的尘土颗粒，受动力学影响漂浮于空气中。道路扬尘是硬化道路上积聚的尘土在一定的动力条件（如机动车带动的作用）下，经过一次甚至多次扬起并混合，最终在空气中流动的颗粒物。建筑扬尘是指在道路、桥梁或楼宇等建设的施工场所和施工过程中产生的空气颗粒物。对于城市而言，除了本地及周边地区的风沙尘外，城市中产生的扬尘由于粒径较小，极易漂浮于空气中发生长距离扩散。图 2-4 和图 2-5所示是道路扬尘和建筑扬尘示意图。

图 2-4　道路扬尘示意图

图 2-5　建筑扬尘示意图

煤炭的燃烧排放也是空气细颗粒物的主要来源之一。在煤完全燃烧时，其产物主要是二氧化碳和水蒸气，而不完全燃烧的煤炭将产生煤烟尘、一氧化碳和易挥发性有机物（VOCs）等不完全氧化产物。煤烟尘的化学组成因燃烧状态以及煤炭质量的不同而具有较大的差异，主要包括有机物和炭黑，其中以 Si 元素和 C 元素为主要成分。受能源结构影响，煤烟尘对我国城市的 PM_{10} 浓度影响较大。尤其在冬天气温降低后由于供暖需求，煤炭的需求量会大幅增加，因此在冬季煤炭燃烧产生的细颗粒物会占有更高的比重。煤炭在我国的能源占比中始终高居不下，因此煤烟尘排放对空气细颗粒物浓度有巨大影响。

工业源排放的颗粒物种类大多数为细颗粒物和超细颗粒物。工业生产过程复杂，因此生产过程会因为场景的不同而产生不同的细颗粒物。对于不同的工业类型，工业源排放的颗粒物的特征组分也不尽相同。同时，工业源对空气细颗粒物的影响也具有区域性特点，这种影响在重工业城市如沈阳、鞍山和重庆等尤为显著。工业源排放的各种有毒有害气体在进入空气后还会与空气中的其他物质进行二次反应生成二次颗粒物：

$$H_2SO_4 + NH_3 \longrightarrow NH_4HSO_4 \tag{2-1}$$

$$H_2SO_4 + 2NH_3 \longrightarrow (NH_4)_2SO_4 \tag{2-2}$$

$$HNO_3 + NH_3 \longrightarrow NH_4NO_3 \tag{2-3}$$

工业源中某些特征元素或化学组成被用来识别相应的颗粒物来源。例如，钢铁行业排放的污染颗粒中富含 Fe、Ca 和 Si 等元素，因此可以使用 Fe 元素识别钢铁行业排放颗粒物的特征组分；识别有色冶金行业的颗粒物排放，则以相应有色金属元素（如 Zn、Cu、Al）作为工业源的特征组分[12]。典型的工业源有放空火炬的燃烧排放和火电厂的燃烧排放等。

放空火炬的燃烧排放是主要工业源之一，图 2-6 是工业常用的火炬系统。火炬系统是石油化工企业的重要设施，是石油化工企业保障工业生产系统的最后一

图 2-6　放空火炬系统

道防护线，作用是在工厂异常工况状态下，将一些石油化工生产中异常泄漏或过量排放的有毒有害气体充分燃烧，例如石油化工生产装置运行时产生的不合格气体、安全泄压气体和停产时的过量残余气体等，以防止由于石油气、天然气或有毒气体不充分燃烧而导致的环境污染，同时保障工厂工作人员的生命安全。

火炬系统由自动控制系统和点火系统构成，当可燃气体经过输气管道及阀门等一系列传输装置传输到火炬顶端后，由稳定供气源的长明灯点燃需要充分燃烧的气体。火炬系统主要由火炬头、火炬筒体、分液罐、水封罐、点火器、泵等设备组成。根据火炬装置的高度，其主要分为高架火炬和地面火炬。高架火炬由于距离地面较高，可以在充分燃烧各种有毒有害气体的同时保障工厂人员的安全。而地面火炬可燃气体的燃烧更加及时高效，可将气体放空燃烧火焰完全控制在防辐射隔热罩内，进而能最大限度地减少热辐射、噪声对工作人员和周围设备的影响。放空火炬可以用来燃烧天然气、石油气、废气、尾气等各种有毒、可燃性气体。而当放空火炬未能充分燃烧这些气体时，火炬会向天空中排放大量的温室气体和有毒有害气体，此时细颗粒物排放量也会大幅增加。

图 2-7　火电厂空气污染排放

除放空火炬外，图 2-7 所示的火电厂也是细颗粒物排放源的典型代表之一。火电厂排放的污染物主要有固体颗粒物、有毒有害气体和废水等，在污染气体排放中主要有尘粒、氮氧化物和二氧化硫。

① 尘粒：主要是燃煤电厂排放的尘粒，包括扬尘和降尘。中国火电厂每年都有万吨量级的固体尘粒排放量。尘粒本身不仅污染环境，而且还会与二氧化硫、氮氧化物等有害气体结合并发生二次化学反应，加剧对环境的损害。

② 氮氧化物（NO_x）：火电厂排放的氮氧化物中主要成分是一氧化氮，占

氮氧化物总浓度的 90% 以上。一氧化氮含量受温度影响较大，温度越高一氧化氮含量越高。一氧化氮的含量百分比还取决于燃料种类和氮化物的含量。煤粉炉氮氧化物排量为 435 ～ 526mL/m³；液态排渣炉氮氧化物排量为 800 ～ 1000mL/m³。一氧化氮浓度过高会引起高铁血红蛋白血症，并且会损害中枢神经。

③ 二氧化硫（SO_2）：二氧化硫是 $PM_{2.5}$ 的主要来源之一，当空气湿度相对较大、细颗粒物浓度较高时，二氧化硫极易发生催化氧化反应，这是二次细颗粒的主要生成来源之一。

2.1.3　细颗粒物的风险评估

细颗粒物粒径微小，一般小于 10μm，悬浮于空气中的细颗粒物具有扩散范围广、持续时间长和扩散能力强等特点。随着细颗粒物的危害愈发严重，世界卫生组织下属的国际癌症研究机构曾发布报告，认定空气污染物为一种普遍的环境致癌物，对人类有致癌作用。1952 年的伦敦烟雾事件造成了超过 4000 人死亡，细颗粒物是造成这一惨痛历史事件的主要元凶之一。细颗粒物的危害主要包括对人体健康的危害和对环境的危害。

（1）对人体健康的危害

尽管细颗粒污染物粒径微小，但相较于众多有毒有害物质，它的表面积大，这导致其成为有毒有害物质的载体和反应体，有毒物质便借助细颗粒物在空气中流动。带有致病病毒或细菌的细颗粒物一旦进入人体，极易对人体造成伤害。受到细颗粒污染物伤害的对象主要包括呼吸系统和心血管系统。细颗粒污染物被人体吸入之后，由于粒径微小，人体的初级免疫系统如毛发和黏膜等无法发挥抵挡作用，因此它们可以直接进入人体系统中，引发各种心血管及肺部疾病。

首先，细颗粒污染物被人体吸入后，会通过呼吸系统进入血液循环系统，在血液系统中会引起人体的急性免疫反应。细颗粒物不仅可以使心血管出现急性炎症，甚至使免疫系统进入高凝状态，同时还可能会改变人体的自主神经功能。其次，细颗粒污染物还会对人体呼吸系统造成危害，细颗粒污染物到达肺部后会长期存在于肺泡当中，这些颗粒悬浮在空气中时吸附了一些重金属或者病毒，病毒会寄居在人体中并不断繁殖，从而增加人体的发病率，如增加肺部疾病的概率[12]。根据相关调查研究[13]，空气细颗粒物浓度与人体死亡率存在密切的关系，人体死亡率随着细颗粒物浓度上升而增加。空气细颗粒污染物浓度每立方米增加 100μg，人体死亡率会显著上升。同时，细颗粒污染物对人体各个系统和器官的危害性都比较明显，其中对心脑血管疾病和呼吸系统疾病影响最为严重。

（2）对环境的危害

悬浮在空气中的细颗粒污染物可以吸收太阳辐射，从而削弱光信号的辐射强度。辐射强度降低时，前景目标与天空背景之间的颜色差异会减小，使能见度降低，进而使人眼无法很好地分辨出目标物的轮廓。高颗粒物浓度产生的雾霾天气还会造成交通拥堵，给人们出行带来影响，如图2-8和图2-9所示。相关研究表明[13]，颗粒物的大小、成分以及性质会对空气能见度造成显著影响。在夏天，细颗粒物污染的成因主要包括两方面：一方面，因为空气中水蒸气含量的上升，细颗粒物的浓度也会随之上升；另一方面，随着夏季光照的增强，空气中光化学反应会更加活跃，在这种情况下，细颗粒污染物的浓度也会升高。

图 2-8　细颗粒物对出行的影响

图 2-9　细颗粒物对环境的危害

细颗粒物还会影响区域性的整体气候。空气中的雨水凝结核含有一定量的细颗粒物，在特定的条件下，这些细颗粒物会吸收空气中的水分，导致空气中的水分降低，进而出现干旱天气。而有时受细颗粒物影响还会出现雨水凝结核异常增多的情况，进而导致如暴雨和暴雪等极端恶劣天气。

由于细颗粒物对人类健康和环境安全的危害愈发严重，为了监测工业化和城市化带来的细颗粒物污染，一些国家已将细颗粒物浓度作为评估空气质量的基本标准之一。美国于1997年提出了细颗粒物的相关标准并将细颗粒物浓度作为衡量空气质量的标准；法国于2010年对 PM_{10} 和 $PM_{2.5}$ 的排放量上限做出了明确规定；我国环境保护部于2014年5月7日公布《空气质量新标准第三阶段监测实施方案》，要求开展全国各地细颗粒物监测点位的实时监测，并向社会发布该指标的实时监测数据。$PM_{2.5}$ 监测网也提出了空气质量新标准，24h $PM_{2.5}$ 平均值标准值分布如表2-1所示。

由于细颗粒物污染对人民的生活健康存在种种危害，故相关的应对预防措施非常必要。在细颗粒物污染预防方面，常规的预防方法有过滤法、水吸附法和植物吸收法等。过滤法是通过空调和加湿器等家用设备对空气进行净化处理，缺点是所用的滤膜需要定期更换；水吸附法是指通过家中的水池和鱼缸等蓄水装置吸收亲水性的 $PM_{2.5}$，缺点是会增加室内的湿度；植物吸收法即通过绿色植物的光合作用吸收 $PM_{2.5}$。在日常生活中，当遇到雾霾天气时，应尽量减少外出，外出时应佩戴防雾霾口罩。

表 2-1　空气质量标准

空气质量等级	24h $PM_{2.5}$ 平均值标准值
优	$0 \sim 35\mu g/m^3$
良	$35 \sim 75\mu g/m^3$
轻度污染	$75 \sim 115\mu g/m^3$
中度污染	$115 \sim 150\mu g/m^3$
重度污染	$150 \sim 250\mu g/m^3$
严重污染	大于 $250\mu g/m^3$ 及以上

2.2
空气污染成因

空气污染是指人类活动或自然过程中引起某些有毒有害物质进入空气，并在一定时间内达到了一定浓度后造成人类不舒适、不健康或者环境不友好的现象。空气中的污染物是指某种存在的浓度、性质及时间足够对人类或其他生物、财物产生不利影响的物质。空气污染的本质是由一定比例的氮气、氧气、二氧化碳、水蒸气和固体杂质微粒所组成混合物的各种自然变化所导致大气成分变化的现象[14]，如火山喷发造成的大量粉尘与二氧化碳等气体扩散到大气中；雷电等自然原因引起森林大面积火灾，加剧二氧化碳和烟粒排放。特别是近些年来，部分城市频繁出现雾霾天气，细颗粒物和可吸入颗粒物成为舆论焦点。雾霾天气出现的主要原因是不良气象条件、煤烟型复合污染、机动车尾气排放等[15-17]。为此，我国出台的具体政策主要包括调节产业结构、使用清洁能源或可再生能源代替化石能源、从高碳向低碳及无碳转型等[18]；探讨空气污染成因，期望提出空气污染防治对策，为进一步制定空气污染防治措施及区域联防联控等策略提供理论指导。

我国的主要空气污染类型包括煤烟型污染、二氧化硫污染、机动车尾气污染等。空气污染的影响因素主要包括自然因素（如火山喷发、山林火灾、大气圈中的空气运动等）和人为因素（如工业、农业和生活污染等）。现阶段空气污染主要来源于人为因素，包括生产性污染、生活性污染和交通运输性污染这三大组成部分。基于上述分析，只有掌握了空气污染成因和现状，才能针对性地解决空气污染问题。

2.2.1 生活生产因素

近年来，随着我国城市化水平的不断提高，环境开发力度的不断加大，空气污染越发严重。这种过度开发环境的行为导致空气质量不断降低[19]，其中因环境过度开发导致的最常见空气污染现象是雾霾。

雾霾，可拆解为雾和霾。雾和霾具有不同概念和性质。霾通常是指空气中灰尘、硫酸、硝酸等颗粒物组成的气溶胶系统，雾则指大量悬浮在近地面空气中的微小水滴或冰晶组成的气溶胶系统，多出现在秋冬季，这也是为什么雾霾常常出现在秋冬季的主要原因。由液态水或冰晶组成的雾散射的光与波长关系较小，因此雾看起来呈乳白色、青白色或灰色，会显著降低空气透明度和视觉能见度。通常情况下，当目标物水平能见度低于 1000m 时，在近地面空气中水汽凝结（或凝华）并处于悬浮状态的天气现象称为雾。霾的基本组成成分是灰尘、硫酸、硝酸、有机碳氢化合物等，这些粒子化合物会使空气变得混浊。雾霾形成的内因是污染物排放量持续增加，空气污染指数常年居高不下；外因是频繁出现的恶劣气象条件不利于污染物扩散，如京津冀的气象条件和地形状况不利于污染物扩散[20]。

雾霾的来源多种多样，现实生活中的典型来源有汽车尾气、工业排放、建筑扬尘、垃圾焚烧、火山喷发等。雾霾是多种污染源相互作用形成的，不同地区、不同污染源作用程度也各不相同。雾霾天气自古就有，但在人们开始利用化石燃料后，雾霾天气变得越发严重和频繁，逐渐威胁到人类生存环境和身体健康。雾霾天气主要包括三个成因：一是生成颗粒性扬尘的物理基础，如我国拥有世界上最大的黄土高原，其土壤质地最易生成颗粒性扬尘；二是运动差造成扬尘，如道路中间花圃和街道马路旁的泥土经下雨或泼水后有泥浆流到路上，干涸后，被车轮碾压产生大量扬尘，即使这些颗粒性物质落回地面，也会因汽车不断碾压，被再次扬到城市上空；三是扬尘在运动过程中集聚在一定空间范围内，颗粒最终与水分子结合集聚成霾。目前，我国黄土高原地区 350 多座城市都具有上述三方面雾霾成因。

雾霾的形成有人为因素和气象因素。在人为因素方面，主要的表现是在城市产生有毒颗粒物。首先是汽车尾气排放有毒颗粒物，特别是柴油汽车，虽然部分汽车排放气态污染物，但一到有雾天时，气态物质很容易转化为二次颗粒污染物，加速雾霾形成。另外，在冬天，北方地区烧煤取暖产生废气，城镇地区居民大量采用10t/h以下的采暖锅炉进行供暖，如果对废气不采取任何治理措施就直接排放到空气中，会加速雾霾形成。在气候因素方面，一方面的表现是水平方向静风现象增多，因为城市大楼阻碍了风速，不利于空气中悬浮颗粒物扩散；另一方面的表现为垂直方向出现逆温，高空气温高于低空气温，空气中悬浮的微粒难以向高空飘散。除上述两种因素外，出口增长、工业发展、机动车数量猛增等因素也一定程度导致悬浮颗粒物和有机污染物总量增加。表2-2中列举了部分常见空气颗粒物及分类。

表2-2　空气颗粒物及分类

名称	一次颗粒物		二次颗粒物
	天然源	人为源	
内容	海盐粒子 土壤 尘风 沙尘 植物花粉	燃煤飞灰 燃油飞灰 机动车尾气 生物质燃烧 工业粉尘	硫酸盐 硝酸盐 氯化物铵盐 二次有机碳

可吸入颗粒物是我国环境空气质量的首要污染物[21]，研究可吸入颗粒物对我国防治空气污染具有重大意义。可吸入颗粒物形成的途径主要是工业生产（燃煤、冶金、化工、内燃机等）直接排放的超细颗粒物。我国第一大能源是煤炭，煤炭燃烧产生的可吸入颗粒物严重影响资源与环境的可持续发展。可吸入颗粒物主要由人为因素（石化燃料燃烧、机动车尾气、废弃物焚烧等）产生，其中含有大量对人体有害的成分，并且其表面可以吸附大量有害物质。可吸入颗粒物能够长期悬浮于空气中，因此也被称为飘尘。随着污染加重，人们对可吸入颗粒物的研究越来越深入。2000年以来，人们从可吸入颗粒物的污染特征、健康评价、源解析、跨界污染等方面着手进行研究，分析气象、沙尘等对可吸入颗粒物污染的影响，并借助遥感手段对其进行监测。

随着环境开发力度的逐渐加大，很多城市的污染物排放水平已经到达临界点。人们应当合理利用资源，在环境允许的情况下进行开发。环境开发通常会使相应污染物浓度发生变化，因此分析污染物浓度有助于政府对空气污染物进行高效治理。表 2-3 列出了分析常见污染物浓度所采用的基本方法。

表 2-3　分析常见污染物浓度的方法

序号	污染物项目	手工分析方法		自动分析方法
		分析方法	标准编号	
1	二氧化硫（SO₂）	环境空气 二氧化硫的测定甲醛的吸收 - 副玫瑰苯胺分光光度法	HJ 482	紫外荧光法、差分吸收光谱分析法
		环境空气 二氧化硫的测定　四氯汞盐吸收 - 副玫瑰苯胺分光光度法	HJ 483	
2	二氧化氮（NO₂）	盐酸萘乙二胺分光光度法	HJ 479	化学发光法、差分吸收光谱分析法
3	一氧化碳（CO）	测定非分散红外法	GB 9801	气体滤波相关红外吸收法、非分散红外吸收法
4	臭氧（O₃）	靛蓝二磺酸钠分光光度法	HJ 504	紫外荧光法、差分吸收光谱分析法
		紫外光度法	HJ 590	
5	颗粒物（粒径小于等于 10μm）	PM₁₀ 的测定重量法	HJ 618	微量振荡天平法、β 射线法
6	颗粒物（粒径小于等于 2.5μm）	PM₂.₅ 的测定重量法	HJ 618	微量振荡天平法、β 射线法
7	总悬浮颗粒物（TSP）	总悬浮颗粒物的测定重量法	GB/T 15432	
8	氮氧化物（NOₓ）	盐酸萘乙二胺分光光度法	HJ 479	化学发光法、差分吸收光谱分析法
9	铅（Pb）	石墨炉原子吸收分光光度法	HJ 539	
		火焰原子吸收分光光度法	GB/T 15264	
10	苯并芘（BaP）	乙酰化滤纸层析荧光分光光度法	GB 8971	
		高效液相色谱法	GB/T 15439	

2.2.2 工业因素

(1) 烟尘污染

烟尘主要来源于两方面，一是源于马路上机动车尾气排放，二是源于工厂废气排放。因为直径在 5μm 以下的颗粒物能进入人体气管乃至肺部，所以烟尘污染会对人体健康造成巨大威胁。当浓度达到一定限值时还会引起呼吸道感染等疾病，甚至导致死亡。

(2) 二氧化硫污染

二氧化硫是一种危险的大气污染物，通常来源于矿物燃烧、含硫矿石和硫酸、磷肥生产等。也有少量二氧化硫是自然界产生的，如生物腐烂生成的硫化氢在大气中被氧化等。二氧化硫的排放源大多集中于工业区，这些地区的空气污染更加严重。空气中的二氧化硫会被氧化为硫酸或硫酸盐气溶胶，通常会与飘尘产生协同效应，危害人体健康。典型的二氧化硫污染事件包括伦敦烟雾事件、马斯河谷烟雾事件、多诺拉烟雾事件等[22]。

(3) 氮氧化物污染

氮氧化物包括多种化合物，主要是一氧化氮和二氧化氮。氮氧化物具有不同程度的毒性。自然界中氮循环主要决定了空气中氮氧化物的含量。自然界每年向大气释放一氧化氮约 430×10^6t，约占总排放量的 90%，人类排放量仅占 10%。二氧化氮经一氧化氮氧化生成，自然界每年产生约 568×10^6t。在人为排放中，各种燃料燃烧是人类活动排放氮氧化合物的主要来源，通常来自工业窑炉和汽车尾气排放。氮氧化物的生成主要有两条途径：一是在高温条件下将氮气直接氧化成氮氧化物，当温度越高、燃烧区氧的浓度越大时，氮氧化物的生成量也越大，如发电厂通过燃烧煤而产生的废气中含有 $400\sim24000mg/m^3$ 氮氧化物；二是将燃料中的氮化合物氧化成氮氧化物，如某些矿物燃料中含有丰富的有机氮化合物，以石油和柴油为主要动力源的机动车排放尾气中含有大量氮氧化物。

以水泥窑炉为例，在水泥熟料煅烧过程中，NO_x 的生成机理复杂，主要可分为三种类型，即燃料型、热力型和快速型，燃料型和热力型占比 95% 以上。

① 燃料型　燃料型 NO_x 由原料及燃料中的含氮化合物的分解产物氧化而成，形成路径如图 2-10 所示。水泥熟料煅烧初期，当温度达到 $600\sim800$℃时，原料及燃料中的氮化合物受热分解产生一系列中间产物，与助燃空气中的氧发生氧化反应生成 NO_x。燃料型 NO_x 的产生受燃料类别、煅烧温度、氧气浓度等诸多因素影响。分解炉消耗 60% 以上的燃料，主要产生燃料型 NO_x。

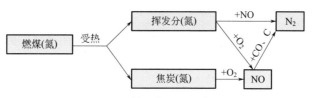

图 2-10 燃料型 NO_x 形成路径

② 热力型　热力型 NO_x 是由助燃空气中的氮气在高温条件下氧化而成的。生料进入回转窑后，在煤粉燃烧的条件下温度持续升高，为热力型 NO_x 的生成创造了条件。当温度低于 1500℃时，热力型 NO_x 生成量很少。当温度超过 1500℃时，热力型 NO_x 生成量急剧增加，呈指数倍增长，其生成速率可表示为：

$$\frac{\mathrm{d}m_{NO}}{\mathrm{d}t} = \frac{6 \times 10^{16} \mathrm{e}^{-\frac{69090}{T}}}{\sqrt{T}} m_{N_2} \sqrt{m_{O_2}} \tag{2-4}$$

式中，m_{NO}、m_{O_2}、m_{N_2} 分别为 NO、O_2、N_2 的含量；T 为温度。由图 2-11 可以看出，热力型 NO_x 的生成速率取决于煅烧温度以及助燃空气中氧气的含量。回转窑内温度远远超过 1500℃，甚至可以达到 2000℃，因此可生成大量的热力型 NO_x。

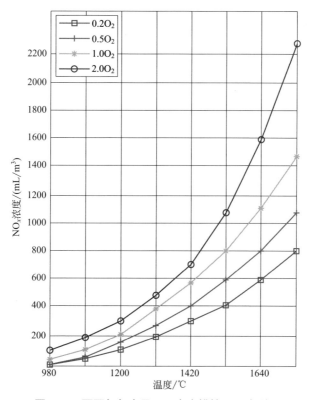

图 2-11　不同氧气含量下，窑内排放 NO_x 气体

③ 快速型　在窑内火焰根部，助燃空气中的氮气与小分子碳氢化合物反应形成含氮中间产物，继续氧化成为 NO_x。由于它的形成在很短的时间间隔内完成，故定义为快速型 NO_x。在水泥熟料烧成过程中，快速型 NO_x 的生成量远小于燃料型 NO_x 和热力型 NO_x，占比不足 5%。

（4）一氧化碳污染

空气中一氧化碳因煤、石油等含碳物质燃烧不充分而产生，来源于自然灾害的发生、工矿企业的发展以及日常生活中废气的排放，如火山喷发、炼焦炼铁和使用煤炉等。一氧化碳对人体危害巨大，微量一氧化碳会使人反应迟钝[23]，过量一氧化碳会使人心肺功能减弱，造成人体出现恶心、乏力和头痛等症状。目前我国已将一氧化碳计入空气质量要求的空气污染指数，各地政府也正积极采取措施，如：改善现有汽车动力装置、提高燃油质量，使汽车尾气污染减少；改进工业生产工艺，使燃料能完全燃烧；改进冬季采暖设备，使煤炉等设备的废气排放减少等。

2.2.3　自然因素

自然因素主要包括火山喷发、山林火灾、大气圈中的空气运动。在自然状态下，风、雨、云、雾、大气稳定度和特殊逆温层等空气现象都会促进空气污染的产生；地形、地貌、海陆位置和城镇分布等地理因素通过在小范围内影响温度、风向、气压和风速等变量也会间接影响空气污染物的扩散和形成。例如，北京与天津相邻，被河北环抱，东南部为平原，西部和北部为山脉，呈现"簸箕"状，北京道路两旁高楼林立的建筑布局阻碍了风速，不利于空气污染物扩散，受地形和气候条件共同作用，当北京地区中低空出现偏南风或偏东风时，污染物在风的作用下汇聚于山前平原地区，导致污染物浓度升高；当中低空出现偏北风时，北京北部地区的干净空气输入市区，会使污染物浓度降低。石家庄位于北京南面，春季气候干燥，降水量少，受偏北风或偏南风影响，尤其是当遇到偏北风时，北京空气污染物就会被带到石家庄。天津位于华北平原以及海河五大支流汇流处，与渤海和燕山相邻。在东南风作用下，天津市上空的空气污染物随风西移，受太行山脉阻挡，又回转向东，因而滞留在天津上空[24]。污染源的性质也决定着空气污染的发生。污染源通常具有几何形状、表面分布、污染物释放种类、速率、热力学特性及其对气象参数的运行依赖性等特点。来自不同污染源的空气污染物直接或间接影响人类生活和生态环境。空气污染源的污染强度和物理高度也是影响空气污染物形成和扩散的重要因素。

2.3

空气污染扩散的原因

2.3.1 气象因素

大气污染物的运动与大气中复杂的气象情况是紧密相关的，由于气象因素以不同的原理影响污染物的扩散，它们将对大气产生不同程度的影响。

人类主要生活在距离地面 1～2km 的大气边界层以下 [25]，在该区域中地面与大气之间相互作用，也会产生大气污染。大气边界层内的气体运动受地面摩擦力的影响，其性质主要由地表的热力与动力作用决定。大气边界层内的气体运动有如下特点：①风速随高度增加而逐渐增大；②大气边界层内的大气流动是高度随机的，基本上为湍流运动；③大气温度在不同的高度下各不相同，但温度的变化率却直接影响大气的稳定度；④接近地面的大气边界层气溶胶浓度较高。总而言之，影响大气污染的气象因素主要有大气水平运动、湍流运动、大气温度层结、大气稳定度等 [25-27]。其中，属于气象的动力因子的大气水平运动和湍流运动对空气污染物的扩散和稀释起着决定性作用。

（1）大气水平运动

大气的水平运动会产生风，而风对污染物的扩散有两方面的作用：一是整体运输，二是冲淡稀释。整体运输作用是指风向决定污染物的迁移方向，大气中的污染物跟随主导风向向下风向运动，在此过程中污染区域也将移至下风向。稀释作用是指风速决定着污染物稀释的效果，风速越大，污染物中混合的空气含量就越多，污染物稀释和扩散也变得相对容易。通常情况下，大气污染物的浓度与总排放量呈正相关关系，而与风速呈负相关关系。当风速增大一倍时，下风向的大气污染物的浓度将会减少一半。在静风情况下，大气水平运动极其微弱，污染物移动的力度很小，此时空气污染情况较为严重 [28]。

（2）湍流运动

大气的湍流运动是大气中一种极不规则的运动，即风速不稳定和无规则运动。大气的水平运动稀释空气污染物的浓度，而空气污染物扩散依赖的却是大气的湍流运动。没有湍流运动而只依赖污染物分子的扩散运动时，污染物扩散的速率会变得很慢，大气湍流引起的强烈大气运动也可加速污染物的扩散。通常随着离地高度的增加，湍涡尺度会增大，湍流扩散作用也逐渐加强，相应地，污染物扩散和稀释能力也加强了。近地面大气湍流有两种形式：一是由热力因子产生的热力湍流，主要与大气静力稳定度有关；二是由动力因子产生的机械湍流，主要与风速和地面粗糙度有关。机械湍流来自风，风速增大，湍流加剧，有利于污染物的扩散。下垫面粗糙可以加快湍流运动，同样能促进污染物的扩散。在日常生活中，可以看到烟囱中排出的烟云在朝下风向飘移时，烟云很容易被湍涡拆开或撕裂变形，从而快速扩散[29]。

（3）温度层结

温度层结是指在大气垂直方向上空气温度随高度变化而变化的情况。气温的垂直分布决定着大气的稳定程度，而大气的稳定程度又影响着湍流运动的强度，从而对大气污染物的扩散产生了重要的影响。正常情况下，对流层内的气温会随着高度的增加而递减，形成上层冷下层暖的情况，此时大气在垂直方向上是不稳定的，同时污染物也将在垂直方向上快速扩散稀释。相反地，逆温是温度层结中的一种异常状况，是指气温随着高度的增加而增加的情况，它的气温分布与标准大气情况下的分布恰好相反。逆温层的出现，使得近地低层大气上部热、下部冷，尽管此时大气相对稳定，但是对流作用下降，湍流运动减弱。在逆温层中，大气污染物不能在垂直方向上扩散和稀释，这将会导致大量空气污染物聚集在一起，使得地面污染物的浓度增加。综上所述，逆温和静风均在极大程度上削弱了大气的扩散稀释能力，造成了严重的空气污染，其也是著名的伦敦烟雾事件发生的主要原因。

（4）大气稳定度

大气抑制空气垂直运动的能力称为大气稳定度，它是影响污染物在大气中扩散的重要因素之一[30]。大气处于不稳定状态时，对流活动强烈，湍流旺盛，污染物快速地扩散稀释，因此一般不会造成大气污染；反之，大气处于稳定状态时，对流与湍流均受到抑制，污染物很难扩散稀释，容易造成大气污染。

（5）其他气象因素

诸如自然降雨、降雪等降水方式都对净化污染物起着明显的作用，净化作用主要包括溶解污染气体、清除污染颗粒及随着降水的强力冷空气扩散稀释污染物。在雨雪的作用下，大气中的一部分污染物可以溶解在水中，或者与水发生化学反应而产生新的无污染物质，从而降低空气污染物的浓度。较大的雨雪对如粉尘颗粒等空气污染物起着有效的清除作用，降水之后往往伴随着风力较大的冷空气过境，非常有利于空气污染物的稀释扩散。

大气湿度也会对大气污染产生一定的影响，当大气湿度较高时，大气中的水蒸气很容易凝结成雾滴并悬浮在空气中，雾滴进一步吸附某些污染物，如二氧化氮、二氧化硫等形成酸雾，从而加剧空气污染的程度。而当大气湿度较低时，即使是污染严重的环境下，也不会发生腐蚀物质的情况。

光照也会对大气污染产生一定的影响，其主要影响是影响大气湍流和光化学烟雾，从而进一步影响大气污染。"城市热岛"是一个影响大气污染的特殊气象现象，即随着城市的快速发展，城市人口增加，大量热量被释放，以及各种污染物被排放，这就形成了特有的城市气候，而这种气候又反过来影响城市的大气污染。城市热岛中心的气温比周围郊区的气温高1℃左右，最高温差可达6℃，这种温差的存在导致空气在城市中上升，在郊区中下降，形成由郊区吹向城市的热力环流，这就导致郊区污染物在城市聚集，使得城市空气污染问题更加严重。

综上所述，气象因素和大气污染物浓度之间存在着复杂的关系。影响大气污染的气象因素较多，各因素影响大气污染物浓度的原理、程度不尽相同，加之气象因素千变万化，因此，针对气象及其他因素对大气污染扩散影响的研究对预测大气污染物浓度变化、缓解大气污染有着重要意义[31-37]。

2.3.2　其他因素

大气成分主要包括干洁空气、水蒸气和尘埃等，在标准情况下按体积计算，气体成分中氮气占78.084%，氧气占20.946%，氩气占0.934%，二氧化碳占0.032%，其他气体所占比例微乎其微。各种自然变化往往会引起大气成分的变化，例如火山喷发时会产生大量的粉尘和二氧化碳，雷电等自然现象引起的森林火灾也会增加二氧化碳和烟尘的含量，通常这些自然现象对大气造成的影响只发生在局部位置，持续时间也较短。随着人类活动的发展，向大气持续排放的污染物总量越来越多，种类成分也越来越复杂，因此已经对大气造成了非常严重的影响。大气污染通常是指由于人类活动或自然过程而引起某些物质进入大气，在大气中积累到一定的浓度，并反过来危害人体健康及人类生活环境的现象。

大气污染物通常是由人为因素或天然源产生的，被排放至大气中参与循环过程，在大气中滞留一段时间后，大气中的化学反应、生物活动和物理沉降等过程会将其从大气中清除出去。如果污染物的输出速率小于输入速率，污染物便会在大气中相对聚集，使得大气中某种污染物的浓度急速上升，而当其浓度上升到一定程度时，就会间接或者直接对各种生物造成损害。

大气污染的主要来源包括天然源（如火山喷发、森林火灾、岩石风化等自然因素）和人为因素两方面。其中，天然源主要包括：火山喷发时排放的 H_2S、CO_2、HF、SO_2 及火山灰等颗粒；发生森林火灾时产生的 CO、CO_2、SO_2、NO_2、HC 等气体；岩石风化产生的风沙、土壤灰尘等。

大气污染的人为因素主要来自以下几个方面。

① 燃料燃烧：燃料（煤、石油、天然气）的燃烧是大气污染物的主要来源。

其中，火力发电厂、钢铁厂、炼焦厂等企业的燃料燃烧，各种工业窑炉的燃料燃烧，以及民用炉灶、取暖锅炉的燃料燃烧都会产生大量污染物。其中，以石油为主要燃料燃烧所产生的大气污染物为一氧化碳、二氧化硫、氮氧化物和有机化合物等，而以煤为主要燃料燃烧所产生的大气污染物主要是颗粒物和二氧化硫等。

② 工业排放：各类企业在生产过程中会生成不同的大气污染物，而各企业排放的污染物的组成与该企业的性质密切相关。如石化企业排放的硫化氢、二氧化碳、二氧化硫、氮氧化物等；有色金属冶炼工业排放的二氧化硫、氮氧化物及含重金属元素的烟尘等；磷肥厂排放的氟化物等；酸碱盐化工业排出的二氧化硫、氮氧化物、氯化氢及各种酸性气体等；钢铁工业在炼铁、炼钢、炼焦过程中排出的粉尘、硫氧化物、氰化物、一氧化碳、硫化氢、酚、苯类、烃类等。

③ 交通运输排放：汽车、轮船、火车、飞机等是现代社会主要的交通运输工具，在使用过程中产生的尾气也是大气污染物的主要来源。尤其是城市中数量极多的汽车，它们排放的尾气不仅严重影响着城市空气的质量，而且还直接对人类的呼吸器官造成一定的损害。汽车内燃机燃烧所产生的废气中含有氮氧化物、一氧化碳、碳氢化合物、含氧有机化合物、硫氧化物和铅的化合物等物质。

④ 农业活动排放：农业活动排放的污染物主要包含农业生产过程中的残留物以及秸秆焚烧带来的大量烟气等物质。在农作物生长期间使用农药时，部分农药会以粉尘等颗粒物的形式进入大气，而残留在农作物上的农药也随着时间的流逝挥发至大气中，进入大气中的农药会被悬浮颗粒物所吸收，之后随着气体扩散而扩散，最终造成大气农药污染。

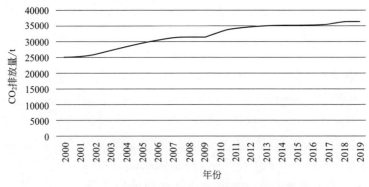

图 2-12　2000 ～ 2019 年全球 CO_2 排放量

如图 2-12 所示，自 2000 年至 2019 年，全球 CO_2 排放量持续上升，而 CO_2 通常伴随其他大气污染物一同被排放，故 CO_2 的大量排放在一定程度上说明了目前大气污染情况极其严峻。在全球 CO_2 的释放中，煤炭燃烧释放的 CO_2 为 14362t，石油燃烧释放的 CO_2 为 12355t，天然气燃烧释放的 CO_2 为 7616t，水泥煅烧释放

的 CO_2 为 1564t，废气燃烧释放的 CO_2 为 430t。在我国的 CO_2 释放中，煤炭燃烧释放的 CO_2 为 7236t，石油燃烧释放的 CO_2 为 1518t，天然气燃烧释放的 CO_2 为 594t，水泥煅烧释放的 CO_2 为 827t。

对比观察图 2-13 所示全球 CO_2 释放占比图和我国 CO_2 释放占比图后发现，我国 CO_2 排放中 71.1% 来自于煤炭燃烧。煤炭燃烧不仅会释放大量 CO_2，同时还释放出二氧化硫、一氧化碳、烟尘、放射性飘尘、氮氧化物等有害物质，这将造成非常严重的大气污染 [38]。此外还有 8.1% 的 CO_2 来源于水泥等相关产业，水泥产业的生产过程会不同程度地排放颗粒物和挥发性有机物（VOCs、SO_2、NO_x、氟化物等），这也给环境带来了严重的影响 [39]。

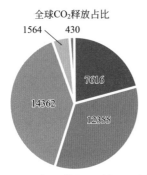

图 2-13 中国 CO_2 释放占比和全球 CO_2 释放占比

参考文献

[1] SCHWARTZ J, DOCKERY D W. Particulate air pollution and daily mortality in Steubenville, Ohio[J]. American Journal of Epidemiology, 1992, 135(1): 12-19.

[2] 李定美，姚廷伸. 空气总悬浮颗粒物中十种元素原子吸收光谱测定法的研究 [J]. 中国环境监测，1994 (06): 16-17.

[3] 邹海峰，苏克. 空气颗粒物样品中主量和痕量元素的直接测定 [J]. 环境化学，1998, 17(5): 494-499.

[4] 周玖萍，郑丽. 空气中不同粒径颗粒物浓度及 5 种金属元素含量的分析 [J]. 职业与健康，2006, 22(13): 988-989.

[5] SCHNEIDER T, HOLST E. Variability of total mass and other measures of small samples of particles[J]. Journal of Aerosol Science, 1995, 26(1): 127-136.

[6] BROOK J R, WIEBE A H, WOODHOUSE S A, et al. Temporal and spatial relationships in fine particle strong acidity, sulphate, PM_{10}, and $PM_{2.5}$ across multiple canadian locations[J]. Atmospheric Environment, 1997, 31(24): 4223-4236.

[7] COHEN D D, GARTON D, STELCER E, et al. Characterisation of $PM_{2.5}$ and PM_{10} fine particle pollution in several

Asian regions[C]// Proceedings of 16th International Clean Air and Environment Conference. Mitcham, Vict., Australia: Clean Air Soc. of Austr. and New Zealand, 2002: 153-158.

[8] ALLER J Y, KUZNETSOVA M R, JAHNS C J, et al. The sea surface microlayer as a source of viral and bacterial enrichment in marine aerosols[J]. Journal of Aerosol Science, 2005, 36(5-6): 801-812.

[9] MARTONEN T. Aerosol measurement: principles, techniques, and applications[M]. Wiley: Van Nostrand Reinhold, 2011.

[10] MARK D, YIN J, HARRISON R M, et al. Measurements of, PM_{10}, $PM_{2.5}$ particles at four outdoor sites in the UK [J]. Journal of Aerosol Science, 1998, 29: S95-S96.

[11] TIITTA P, TISSARI J, LESKINEN A, et al. Testing of $PM_{2.5}$ and PM_{10} samplers in a $143m^3$ outdoor environmental chamber[J]. Journal of Aerosol Science, 1999, 30: S47-S48.

[12] 胡敏，唐倩，彭剑飞，等. 我国空气颗粒物来源及特征分析 [J]. 环境与可持续发展，2011, 36(05): 15-19.

[13] 聂国力. 空气细颗粒物污染的危害及控制策略 [J]. 浙江水利水电学院学报，2020, 32(04): 57-60.

[14] 邹小农. 环境污染与中国常见癌症流行趋势 [J]. 科技导报，2014, 32(26): 58-64.

[15] 张小曳，孙俊英，王亚强，等. 我国雾霾成因及其治理的思考 [J]. 科学通报，2013, 58(13): 1178-1187.

[16] 吕效谱，成海容，王祖武，等. 中国大范围雾霾期间大气污染特征分析 [J]. 湖南科技大学学报（自然科学版），2013, 28(3): 104-109.

[17] 彭应登. 北京近期雾霾污染的成因及控制对策分析 [J]. 工程研究：跨学科视野中的工程，2013, 5(3): 233-239.

[18] 朱成章. 我国防止雾霾污染的对策与建议 [J]. 中外能源，2013, 18(06): 1-4.

[19] 陈永林，谢炳庚，杨勇. 全国主要城市群空气质量空间分布及影响因素分析 [J]. 干旱区资源与环境，2015 (11): 99-103.

[20] 谢元博，陈娟，李巍. 雾霾重污染期间北京居民对高浓度 $PM_{2.5}$ 持续暴露的健康风险及其损害价值评估 [J]. 环境科学，2014, 35(1): 1-8.

[21] 王宗爽，武婷，车飞，等. 中外环境空气质量标准比较 [J]. 环境科学研究，2010, 23(3): 253-260.

[22] CAMERON W D, BERNATH P, BOONE C. Sulfur dioxide from the atmospheric chemistry experiment (ACE) satellite[J]. Journal of Quantitative Spectroscopy and Radiative Transfer, 2021, 258: 107341.

[23] 杜培军，夏俊士，薛朝辉，等. 高光谱遥感影像分类研究进展 [J]. 遥感学报，2016, 20(2): 236-256.

[24] VENKATRAM A, ISAKOV V, THOMA E, et al. Analysis of air quality data near roadways using a dispersion model[J]. Atmospheric Environment, 2007, 41(40): 9481-9497.

[25] 张婉春，郭建平. 不同稳定度条件下大气边界层及其与近地面气象条件的关系 [C]// 第35届中国气象学会年会 S13 大气物理学与大气环境，2018.

[26] 赵丹，李小华. 大气扩散模型 AERMOD 与 CALPUFF 的对比研究 [C]//2018 中国环

境科学学会科学技术年会论文集（第二卷），2018.

[27] CHEN Z, CAI J, GAO B, et al. Detecting the causality influence of individual meteorological factors on local $PM_{2.5}$ concentration in the Jing-Jin-Ji region[J]. Scientific Reports, 2017, 7(1): 1-11.

[28] HU S, CHENG J, CHOU J. Novel three-pattern decomposition of global atmospheric circulation: generalization of traditional two-dimensional decomposition[J]. Climate Dynamics, 2017, 49(9): 1-14.

[29] ILER A, HUNT B, RUCCI M, et al. Synthesis of atmospheric turbulence point spread functions by sparse and redundant representations[J]. Optical Engineering, 2018, 57(2).

[30] FELTZ W F, SMITH W L, HOWELL H B, et al. Near-Continuous profiling of temperature, moisture, and atmospheric stability using the atmospheric emitted radiance interferometer (AERI)[J]. Journal of Applied Meteorology, 2003, 42(5): 584-597.

[31] ZHENG M, SALMON L G, SCHAUER J J, et al. Seasonal trends in $PM_{2.5}$ source contributions in Beijing, China[J]. Atmospheric Environment, 2005, 39(22): 3967-3976.

[32] WANG J L, ZHANG Y, SHAO M, et al. Quantitative relationship between visibility and mass concentration of $PM_{2.5}$ in Beijing[J]. Journal of Environmental Sciences, 2006, 18(3): 475-481.

[33] ZHAO C X, WANG Y Q, WANG Y J, et al. Temporal and spatial distribution of $PM_{2.5}$ and PM_{10} pollution status and the correlation of particulate matters and meteorological factors during winter and spring in Beijing[J]. Environmental Science, 2014, 35(2): 418-427.

[34] WANG Y, YING Q, HU J, et al. Spatial and temporal variations of six criteria air pollutants in 31 provincial capital cities in China during 2013–2014[J]. Environment International, 2014, 73: 413-422.

[35] HARRISON R M, DEACON A R, JONES M R, et al. Sources and processes affecting concentrations of PM_{10} and $PM_{2.5}$ particulate matter in Birmingham (UK)[J]. Atmospheric Environment, 1997, 31(24): 4103-4117.

[36] WANG J, OGAWA S. Effects of meteorological conditions on $PM_{2.5}$ concentrations in Nagasaki, Japan[J]. International Journal of Environmental Research and Public Health, 2015, 12(8): 9089-9101.

[37] STEINFELD J I. Atmospheric chemistry and physics: from air pollution to climate change[J]. Environment: Science and Policy for Sustainable Development, 1998, 40(7): 26.

[38] YOU C F, XU X C. Coal combustion and its pollution control in China[J]. Energy, 2010, 35(11): 4467-4472.

[39] CHAN C K, YAO X. Air pollution in mega cities in China[J]. Atmospheric Environment, 2008, 42(1): 1-42.

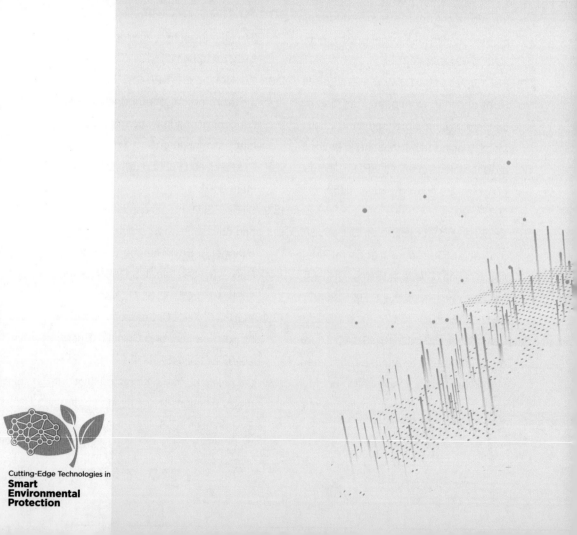

Cutting-Edge Technologies in
Smart
Environmental
Protection

第 3 章

空气质量监控现状

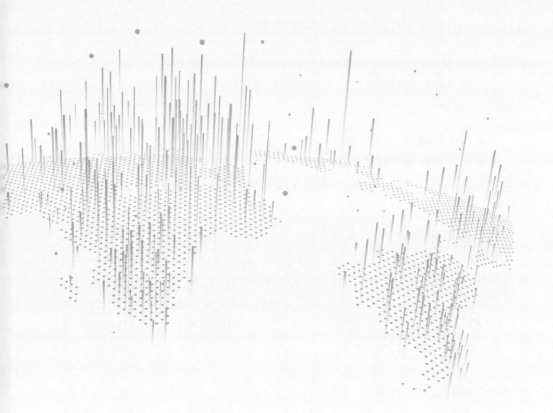

工业革命后，各国最终建立了以煤炭、冶金、化工等行业为基础的工业生产体系，广泛应用蒸汽机作为工业生产的主要动力，而蒸汽机则以煤炭作为燃料，这使得煤炭产量大幅上升，到 1900 年，英、美、德、法、日五国煤炭产量总和达到 6.641 亿吨。煤的大规模开采燃用，使得烟气大量释放，烟尘、二氧化硫、氮氧化物等各种污染因素造成了大气污染。

英国作为最早工业革命的国家，煤烟污染最为严重，首都伦敦一度以"雾都"闻名世界；德国工业中心上空长期笼罩着灰黄色的烟雾；1953 年，日本因为污染爆发了水俣病，工业生产伴随的污染严重危害着人类的健康。因此，对污染物排放的监控迫在眉睫。1972 年 6 月，联合国在瑞典召开人类环境会议，发布《人类环境宣言》，呼吁建设项目环境影响评价制度和污染物排放总量控制制度，力求从单项治理发展到综合防治。

本章将针对空气质量监控现状、空气质量监控途径和空气污染防治措施展开介绍。

3.1
空气质量监控的发展

3.1.1　世界空气质量监控的发展

在 20 世纪中期，国外环境质量监控开始起步。到 20 世纪末，很多发达国家建立了环境质量监控信息系统，为环境管控提供依据。下面介绍一些代表性的大气质量监控系统[1-3]。

（1）美国环境监控信息系统

美国利用其计算机技术和通信网络技术建立各种环境信息数据库进行数据采集、处理和管理。该系统所提供的服务功能强大、覆盖范围广泛、访问方式多样。

（2）欧盟环境监控信息系统

欧盟有三个代表性的环境监控信息系统，即环境化学品数据和情报网、欧洲环境与健康信息数据源超级数据库和 GORINE 项目。环境化学品数据和情报网用于管理化学品的情况；欧洲环境与健康信息数据源超级数据库协调欧盟各国环保工作；GORINE 项目的主要目标是收集、处理、协调欧洲各国环境和自然资源信息，确保其统一性。

（3）联合国环境规划署环境监控信息系统

联合国环境规划署有两个具有代表性的环境监控信息系统，分别是国际环境资源查询系统和全球环境监测系统。国际环境资源查询系统通常会指定国家的某个环境机构作为国际联络点，并从提供的该国环境专家记录中选择资料收录进国际资料源名录。全球环境监测系统主要用于收集气候、跨国污染、可再生自然资源、海洋和污染等与环境相关的五个领域的资料。

（4）其他地区的环境监控信息系统

除了上述数据库，还有一些其他地区的环境监控信息系统，如：亚太环境技术转移中心、日本国际环境技术转移中心、亚太环境中心、澳大利亚水资源实时监控系统和新加坡环境技术转移信息库等。随着科学技术的不断发展，国外环境监控信息系统呈现出新的发展态势，其最终目的是扩大信息服务对象、拓宽信息服务渠道。

目前，世界上许多国家和地区都已经建立了以大气、水质环境综合指标及其特定项目为基础的环境在线检测信息共享系统。除此之外，国外大气环境监测在保证环境监测准确度的同时，还对降低多节点布置成本等方面进行了深入的研究。

3.1.2 中国空气质量监控的发展

不同地区空气质量性质差异显著，如京津唐地区、华北地区、淮河流域等空气污染较为严重；东南沿海和西南、东北地区等总体空气质量较好。在不同季节，空气质量状况呈现秋季大于夏季大于春季大于冬季的特点。在众多影响空气质量的因素中，降水量、人口密度、工业废气排放量和液化石油气供气总量等因素占比较大[4]。环境监控作为环境保护的基础工作，在当下显得更加重要。空气监控旨在利用计算机技术、现代电子技术、自动控制技术等先进手段，实现对空气污染物浓度的实时观察、分析及其对环境影响的测定[5-6]。

近年来，我国空气环境质量监控已受到各级单位高度重视，各级人民政府成立相关监控部门，各高校也输出大量环境专业人才，相关技术得到发展，空气质量监控在各方面的配合下顺利推进。此外，我国也制定了一系列有关环境的法律法规，为确保我国空气质量监控工作顺利开展奠定了坚实基础。目前，我国在空气质量监控方面的工作已取得巨大进步，其中环境监控工作可以概括为以下四个阶段。

（1）环境质量监控信息收集的初级阶段

在 20 世纪 80 年代初，我国环保总局出台了一系列管理制度，要求各级环保部门上报环境监测信息。在制度实施初期，因计算机普及度低，主要采用手工报表方式。随后，环保总局制定了国家监测数据统一通过软盘传输的规定，很大程度上降低了传输成本且便于随身携带。后来，国家监测总站创建了环境常规监测数据库，要求各级部门利用计算机编写环境质量报告书。现在，全国环保部门使用统一的微机内置调制解调卡向上级部门传输常规监测数据，实现了信息网络化[7]。

（2）计算机信息处理的普及阶段

随着计算机技术的发展，国家环境监测和管理部门建立了污染源信息系统，并在"全国乡镇企业污染源调查"环境管理工作中配套使用微机数据库应用软件。后来，监测站采用办公软件制作计算机图形和多媒体报告，相关环保部门也开发了面向环境质量监测监控信息处理和传输的应用软件来辅助环保工作[8]。

（3）环境质量监控信息系统建设的探索阶段

近年来，我国环境问题日益严峻，污染事件不断发生。为此，我国环境监测总站推广了《环境监测报告制度计算机支持系统软件》。同时，各级环保部门也在积极探索开发新型软件。

（4）"十五"后信息共享阶段

20 世纪 90 年代初期，为了深化改革，环境管理部门开始定期公布环境质量情况，环境信息愈加公开透明。但系统信息的收集、处理和运输方式等技术未得到显著改进，因此，"十五"环保规划将环境质量监控信息系统建设重点放在解决环境监测信息的传输和共享问题上。经过四十多年的发展，我国环境质量监控信息系统已初具规模，形成了三个代表性的系统[9]。

① 济南重要污染源监测系统。该系统主要利用重要工业污染源污染物排放监测网络，在线实时监测各类重要污染源。在济南电子地图上，该系统可监控已建立的重点工业污染源监测点位以及安装在现场的监测仪器的工作状态，并可通过相关操作来显示各监测点位的污染物排放状况，还可监测和远程控制每个监测点位的状态。

② 淮南环境自动监控信息系统。该系统投资数额较大，是当时国内最先进的环境自动监控系统。其基于先进的计算机自动监测监控技术，以环保所环境监控中心为核心，以无线通信、统计分析、实时监控、预报预警、地理信息系

统、虚拟环境、发布公告等作为技术支撑，包括空气污染源自动监控子系统、空气质量自动监测子系统、水质自动监测子系统、水污染源自动监控子系统、远距离烟气视频监控子系统和环境应急指挥子系统六大功能模块。该系统将淮南市污染负荷达 90% 以上的重点企业接入系统网络，同时将水污染、大气污染、噪声污染等数字量化后的结果实时传输到淮南市环保局监控中心。当系统遇到异常时会发出警报，防止重大污染事故发生。市民也可通过该系统了解全市污染物排放情况，并有权向政府相关部门进行举报，发挥群众监督作用[10]。

③ 厦门环境监测信息系统。该系统由清华大学环境工程系和厦门市环保局合作研发，是国内第一个以计算机网络为基础、以客户机服务器模式为结构的环境信息管理系统。该系统由六个模块组成，即常规监测数据管理模块、污染源监测管理模块、质量报告书辅助生成模块、监测数据挖掘分析模块、监测数据地图查询模块、监测站模块。在实际工作中，该系统表现出良好的可扩展性和强大的生命力。

我国环境监测工作起步较晚，但随着当今物联网关键技术、测控技术不断成熟，我国大气环境智能化检测水平也得到了大幅提高。未来通过物联网技术的引入，将能实现全国不同地区、不同空间层级的环境自动监测、上传、处理和发布，对环境质量检测能力提高具有很大的意义。

3.1.3　国内外空气质量监控的不足之处

（1）实时性不强
无法充分利用计算机网络形成高效的空气环境质量监控系统，空气环境数据监控报告制度不严格，数据处理能力有待提高。

（2）全面性不够
当前的监控系统仅监测大气污染中的典型污染物，而且监测结果与实际状态差异较大，环境质量监控工作与环境管理工作不一致。

（3）科学性和准确性不足
空气环境数据实时变化，监测点的监控信息数据质量只能依靠从业人员的自身素质来保障，主观性较强。

充分认识到当前国内外各类空气监控系统存在的局限性，才能促使相关技术人员突破现有技术瓶颈，弥补当前空气质量监控系统存在的不足，向技术先进化、系统集成化、监控网络化、自动化方向大力发展。

3.2

空气质量监控途径

　　空气质量监控形式多种多样，主要包括环境空气质量监测报警与控制网络、环境空气重点污染源监控网络、环境空气预警与控制系统，如图 3-1 所示。空气质量监控软件通过网络对环境空气质量进行监控，利用宽带网或 GPRS 无线网实现对环境空气和空气污染源的采集和传输，并远程控制相应的设备，获取每分钟的监测数据。监控软件系统在地理信息系统协助下实现对监测数据和预警数据的显示、分析和处理后，若发现环境空气质量、空气重点污染源排放或空气质量存在异常情况，该软件会自动向监控中心进行报警。收到报警信息后，监控中心将启用污染源监控软件系统自动生成污染源削减方案及防治建议。

(a) 质量监测报警与控制

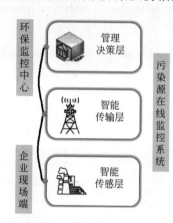

(b) 重点污染源监控网络

(c) 预警与控制系统

图 3-1　空气质量监控途径

上述过程有利于环境行政管理部门对空气污染源的定量管理。另外，监控软件的建设将使我国环境空气质量的管理由被动监测转为主动监控，有效提升监测系统的可靠性和高效性，加强监控数据的抗干扰能力和精确度。这是我国空气质量监控软件行业发展迈出的重要一步，为之后该领域的发展奠定坚实基础。

3.3
空气污染防治措施

下面我们从多个角度出发，针对防治措施进行全面分析[11]。水泥工业是我国国民经济支柱产业，故在最后以水泥熟料煅烧过程为例介绍其有效的减排方法。

(1) 从个人角度出发

降低用车频率，更换无铅汽油，对汽车做定时污染检查，不仅可以减少化石燃料的使用，还能降低空气污染物排放。个人出行时尽量选乘公共交通工具，日常生活中尽量使用可再生能源，循环利用社会资源，如对生活垃圾或干树叶等进行堆肥处理等。同时，相关部门应进行大力宣传，使个人深刻了解空气污染的潜在危害，并倡导个人采取有效行动以缓解空气污染。总之，需要从个人角度积极践行节能减排的社会倡议。

(2) 从国家政府角度出发

首先，合理规划城市发展布局，尤其是针对新兴的中小城市，要提前做好城市发展规划并对产业结构进行合理布局。大力发展使用如太阳能、光能等新型能源，增加新型能源使用比重。对发展相对成熟的城市而言，综合考虑现有的发展布局和产业结构，对重污染、高耗能产业进行全盘整改。根据不同区域特点，结合区域地形地貌、气候等自然条件，选择有利于大气污染物扩散的布局结构。将冶金工厂、火电站等主要空气污染物排放企业设置在市区郊区和下风口处，远离居民区和主要商业区。同时要注意倡导村民合理使用农药，大力提倡使用生物肥料。

其次，快速发展的交通基础设施和逐年增加的机动车数量为公安、交通、环保等部门加强交通运输污染治理增加了难度。机动车要做好日常维护工作，按期报废老旧车辆，严惩车辆超期服役。大力推广使用清洁燃料等新型环保燃料的动力车辆，加快改造公共车辆相关系统、倡导清洁燃料的使用。对生活污染源进行严格控制，严禁使用燃煤灶并推广使用电能、天然气等新型清洁能源。针对部分有条件的地区，大力开发风能、太阳能、生物能、潮汐能等低污染、无污染能源。

最后，加强日常环境执法力度，加大对超标排放尤其是故意污染环境的企业的处罚力度，争取从源头上避免污染事故。对区域内进行大气环境监测预报，以此全面评估区域城市空气质量状况和发展趋势，为后续采取有效措施提供第一手数据资料[7]。

（3）从污染物防治角度出发

土地利用方式及管理是影响空气质量的重要因素之一。建立环境友好型土地利用模式的主要措施包括：加强对非农用地转为建设用地的管理，增加生态用地；制定严格的生态用地要求，扩展生态空间；制定严格的土地审批制度，保证农用地的总量不被非法侵占；加大对地表扬尘的管理与监控力度，禁止直接燃烧农田秸秆，严格按照保护耕作的程序和要求进行农地秸秆覆盖；加强林地建设，在保证农田防护林数量只增不减的情况下，在城市道路两旁设置一定数量的林地；在经济条件和地形条件允许的情况下，选择对污染气体吸收较好的树种，增加对地面扬尘和汽车尾气等污染物的吸收；在小区绿化方面，加大树木栽培力度，增加绿植覆盖面积。

（4）从产业发展角度出发

我国要加快产业发展方式转型，在稳步发展第一产业的同时，降低第二产业在国民经济中的比重，并加快发展第三产业。在水资源严重匮乏的条件下，应发展节水型农业，配套节水型农业设施，全面开展保护型耕作，一方面提升免耕覆盖的生产效率，另一方面对土壤环境进行保护。拓宽植树造林空间，加快在山区贫瘠土地上的植被恢复速度，减少土地面积裸露。大力倡导人们进行现代工厂化养殖，发展农家乐等休闲模式。在第二产业方面，一方面加快对污染企业的整改速度，另一方面大力发展节能环保产业，对企业建设进行配套环保设计。对部分矿山进行复垦以达到植被生态修复的目的。对于第三产业制定严格的产业发展规划，建立水资源利用与保护战略，降低人类对资源的浪费和土地资源的破坏、污染等影响。

（5）从机动车尾气排放控制角度出发

细颗粒物的主要来源之一是汽车尾气，控制汽车尾气排放的任务迫在眉睫。首先，应严格执行相关排放标准和法律法规；其次，应大力发展新能源汽车，严格管控黄标车运行范围，推行绿色环保货运车政策；最后，应在城市规划、土地利用规划及交通规划基础上加强道路管理，特别是加大宣传、普及环保知识，推行绿色交通，提高公共交通利用率[7]。

我国城乡结合部存在大量三轮和四轮农用运输车，由于其排放大量尾气，严重降低了该区域的空气质量，我国政府及相关部门依据《机动车运行安全技术条件》（GB 7258—2017），将"三轮农用运输车"和"四轮农用运输车"分别更名为"三轮汽车"和"低速货车"，并制定了《三轮汽车和低速货车用柴油机排气污染物排放限值及测量方法（中国Ⅰ、Ⅱ阶段）》。表 3-1 和表 3-2 列出了使用柴油机作为动力的三轮汽车和低速货车尾气中颗粒物排放限值的相关规定。

表 3-1　三轮汽车和低速货车用柴油机颗粒物排放限值

试验类型	实施阶段	颗粒物排放限值/(g/kW·h)
型式核准试验	第Ⅰ阶段	—
	第Ⅱ阶段	0.61
生产一致性检查试验	第Ⅰ阶段	—
	第Ⅱ阶段	0.68

表 3-2　轻型颗粒物排放限值

试验类型	车辆类型	基准质量 RM/kg	颗粒物排放限值/(g/kW·h)	
			非直喷压燃式发动机	直喷压燃式发动机
型式认证Ⅰ型试验	第一类车	全部	0.14	0.20
	第二类车	$RM \leqslant 1250$	0.14	0.20
		$1250 < RM \leqslant 1700$	0.19	0.27
		$RM > 1700$	0.25	0.35
生产一致性检查Ⅰ型试验	第一类车	全部	0.18	0.25
	第二类车	$RM \leqslant 1250$	0.18	0.25
		$1250 < RM \leqslant 1700$	0.22	0.31
		$RM > 1700$	0.29	0.41

（6）从典型空气污染现象出发

雾霾具有流动性，因此治理雾霾应从宏观角度出发，对区域内污染进行治理而不是进行污染转移。即要做到区域联防联管控，在"责任共担、信息共享、协商统筹、联防联控"的原则上，建立防控机制，加强区域协同合作，共同规划、调控及监管，建立区域覆盖的信息网络开放平台、大气质量监测平台、大气环境执法监督及大气污染问责机制，推进生态文明建设，形成区域环境治理局面。

（7）从污染源头控制角度出发

空气污染控制的难点在于需要确定环境空气质量与污染源之间的关系。确定污染源是制定控制污染物有效策略的第一步，并且在污染源头上做出改变是最有效的防控方法。该方法可规划一个短期计划和一个长期计划：短期计划着重解决空气污染较严重地区的问题，如叫停城市中不必要的建设和存在火灾隐患的户外活动，关闭不符合最低标准的工厂，取消非必要的户外学校活动、旅行、音乐会和集会等；长期计划可从现代工艺的环保性出发，将一些具有环保性的工艺设施应用于工厂中，例如作为我国国民经济支柱产业的水泥工业的工厂可采用现代化管理方式，在工业锅炉中安装烟雾排放装置，降低二氧化硫、一氧化氮、灰尘和二氧化碳排放量。水泥熟料煅烧过程会释放大量大气污染物——氮氧化物（NO_x），下面将针对这一过程中产生的氮氧化物介绍减排方法[12]。

根据水泥熟料煅烧流程以及 NO_x 形成机理，NO_x 的减排方法可分为三大类：煅烧前、煅烧中和煅烧后。

① 煅烧前。燃料型 NO_x 在分解炉及回转窑都有产生，占比较大，降低燃料型 NO_x 的产生是减排的重要途径。燃料型 NO_x 中的氮元素主要来自燃料及原料的小分子氮化合物，选择含氮量低的原料和燃料即可减少燃料型 NO_x 的产生。垃圾协同处置技术就是提取生活或工业垃圾中的可燃物作为水泥熟料煅烧过程中的替代燃料。然而，目前我们国家水泥熟料煅烧燃料仍以煤和天然气为主，采用替代燃料的技术不够先进，可替代燃料少，燃料替代率相对较低。燃料脱氮技术也是可选方法之一，但难度较大且成本高，目前应用比较少。

② 煅烧中。在煅烧过程中降低 NO_x 排放，主要从两个方面入手：一是煅烧工艺优化，二是工艺操作控制优化。由 NO_x 的生成机理可知，影响 NO_x 释放量的因素主要包括煅烧温度、氧气含量（过量空气系数）、煤质、反应时间等。在同等条件下，温度越高，NO_x 生成量越大，氧气含量越高，NO_x 生成量越大。因此可以通过降低煅烧温度和氧气含量来降低 NO_x 生成量。在保证煅烧质量的前提下，优化煅烧工艺可以适当降低煅烧温度和氧气含量，从而降低 NO_x 的释放量。比如：低氮燃烧技术就是通过低温燃烧或者低氧燃烧降低 NO_x 的释放量；分级燃烧技术通过优化分解炉助燃空气或煤粉喷入方式，在分解炉底部形成还原性气氛，将来

自回转窑的 NO_x 进行还原以起到降低 NO_x 排放量的目的。目前工艺优化能够降低 $20\% \sim 30\%$ 的 NO_x 的排放量，但仍不能满足环保要求。工艺优化是改变水泥熟料的煅烧方式，需对生产线进行升级改造，而工艺操作控制优化则是在原有煅烧方式的基础上，通过优化控制风、煤、料的比例以达到降耗减排的目的。

③ 煅烧后。在 NO_x 气体产生之后排入大气之前要进行烟气脱硝处理，以达到环保目的。目前，烟气脱硝技术主要集中在非催化还原技术（SNCR）和选择性催化还原技术（SCR）。SNCR 技术主要以氨或尿素为还原剂喷入分解炉，将 NO_x 还原成 N_2 与 H_2O，脱硝效率一般为 $50\% \sim 60\%$，但运行成本增加，且易造成氨泄漏，引起二次污染。SCR 技术用于催化反应塔，烟气中的 NO_x 在催化剂的作用下，与喷入的还原剂（氨水或者尿素）发生反应生成 N_2 与 H_2O。SCR 的脱硝效率一般可以达到 85% 甚至更高，但该技术需要额外修建反应塔，投资运行成本大，且容易出现催化剂中毒、阻塞和烧结等问题。

自"十一五"规划发布以来，我国提出了各种污染防治手段解决大气污染问题。其中，电站锅炉烟气排放控制、工业锅炉及炉窑烟气排放控制、典型有毒有害工业废气净化、机动车尾气排放控制、居室及公共场所典型空气污染物净化、无组织排放源控制、大气复合污染监测模拟与决策支持、清洁生产等八个领域的关键技术已被编入《大气污染防治先进技术汇编》。大气污染防治工作取得了阶段性胜利，诸多防治技术（如表 3-3 所示）在解决大气污染问题中扮演着不可或缺的角色。

表 3-3　大气污染防治技术方法一览表

序号	技术名称	技术原理	适用范围
电站锅炉烟气排放控制关键技术			
1	燃煤电站锅炉湿法烟气脱硫技术	这项技术的原料是石灰石或石灰，其原理是将浆液与烟气充分接触混合，利用化学反应将烟气中的二氧化硫与浆液中的 $CaCO_3$［或 $Ca(OH)_2$］以及鼓入的氧气在空气中进行反应，最终形成 $CaSO_4 \cdot 2H_2O$，即石膏	燃煤电站锅炉
2	火电厂双相整流湿法烟气脱硫技术	此项技术是在脱硫吸收塔入口与第一层喷淋层间安装多孔薄片设备，烟气经过该设备后变得更均匀，烟气与该设备上形成的浆液相互撞击，气、液两种介质相互反应从而去除二氧化硫	
3	燃煤锅炉电石渣-石膏湿法烟气脱硫技术	这项技术主要采用电石作为脱硫吸收剂，在塔内将吸收剂浆液与烟气充分接触，烟气中二氧化硫与浆液中的 $Ca(OH)_2$ 以及鼓入的氧气在空气中进行化学反应，从而脱除二氧化硫，最终得到的副产物为石膏	

序号	技术名称	技术原理	适用范围
4	循环流化床干法 / 半干法烟气脱硫除尘及多污染物协同净化技术	这项技术的核心内容是以循环流化床原理为基础，在塔内通过吸收剂与烟气中的多种污染物进行化学反应或物理吸附	燃煤电站锅炉
工业锅炉及炉窑烟气排放控制关键技术			
1	石灰石 - 石膏湿法脱硫技术	这项技术的核心是锅炉通过引风机排除的原烟，由增压风机导入脱硫系统，加热后进入吸收塔。在吸收塔内，通过喷淋系统将喷出的石灰石浆液逆流混合，将脱硫后的净烟气所形成的雾滴吸进 GGH（烟气 - 烟气再热器）中，在 GGH 中通过换热升温后排出，而吸收塔中的二氧化硫浆液在吸收塔底反应槽内被氧化成石膏	工业锅炉 / 钢铁烧结烟气
2	电石渣 - 石膏湿法烟气脱硫技术	这项技术的核心是以电石渣作为脱硫吸收剂，在吸收塔内将吸收剂与烟气充分接触混合，通过化学反应将烟气中的二氧化硫与浆液中的 $Ca(OH)_2$ 以及鼓入的氧气充分反应，最终得到脱硫副产物，即石膏	工业锅炉
3	白泥 - 石膏湿法烟气脱硫技术	这项技术的原理是利用白泥作为脱硫吸收剂，在吸收塔内，吸收剂浆液与烟气充分接触混合，通过化学反应将烟气中的二氧化硫与浆液中的碳酸钙（或氢氧化钠）以及鼓入的氧气充分反应，最终得到脱硫副产物石膏	
4	钢铁烧结烟气循环流化床法脱硫技术	这项技术的核心内容是将生石灰引入脱硫塔内，在流化状态下与烟气进行反应，烟气经过脱硫处理后经除尘器除尘，最后排出	钢铁烧结烟气
5	新型催化法烟气脱硫技术	这项技术的核心原理是在 80 ～ 200℃的烟气排放温度条件下，将烟气中的二氧化硫、水、氧气选择性地吸附在催化剂的微孔中，通过活性组分催化作用反应生成	有色、石化化工、工业锅炉 / 炉窑
典型有毒有害工业废气净化关键技术			
1	挥发性有机气体循环脱附分流回收吸附净化技术	这项技术主要是利用活性炭作吸附剂，采用惰性气体循环加热，利用冷凝回收的工艺对有机气体进行净化回收，回收液通过后续的工艺实现有机物的循环利用	石油化工、制药、印刷、表面涂装、涂布等

序号	技术名称	技术原理	适用范围
2	高效吸附脱附蓄热催化燃烧挥发性有机气体治理技术	这项技术利用高吸附性能的活性炭纤维、颗粒炭、蜂窝炭耐高温高湿的整体式分子筛等固体吸附材料收集工业废气中的挥发性有机气体，对挥发性有机气体分别进行强化脱附工艺处理和催化燃烧工艺处理，最后降解获得无害、简单的有机物、水和二氧化碳等	石油、化工、电子、机械、涂装等
3	活性炭吸附回收挥发性有机气体技术	这项技术利用吸附、解析性能优异的活性炭（颗粒炭、活性炭纤维和蜂窝状活性炭）作为吸附剂吸附企业生产过程中产生的有机废气，并将有机溶剂回收再利用，实现了清洁生产和有机废气的资源化回收利用	包装印刷、石油、化工、化学药品原药制造、涂布、纺织、集装箱喷涂
机动车尾气排放控制关键技术			
1	汽油车尾气催化净化技术	这项技术采用优化配方的全钯型三效催化剂，以及真空吸附蜂窝状催化剂的定位涂覆技术，制备汽车尾气净化器核心组件，适用于尾气污染物处理	汽车尾气污染物处理
居室及公共场所典型空气污染物净化关键技术			
1	中央空调空气净化单元及室内空气净化技术	这项技术设置过滤器和净化组件，通过过滤、吸附、（光）催化、抗菌/杀菌等多种净化技术对室内空气质量进行调节	居室及公共场所室内空气净化
2	室内空气中有害微生物净化技术	这项技术通过研制载体负载银离子的抗菌剂解决了银离子在高温使用时变色的问题	
无组织排放源控制关键技术			
1	综合抑尘技术	这项技术通过高压离子雾化和超声波雾产生超细干雾，细密干雾与扬尘颗粒进行充分的接触，形成团聚混合物，团聚混合物重量不断增加，最后自然沉降，达到消除粉尘的目的	适用于散料生产、加工、运输、装卸等环节，如矿山、建筑、采石场、港口、火电厂、钢铁厂、垃圾厂等
大气复合污染监测、模拟与决策支持关键技术			
1	大气挥发性有机物快速在线监测系统	该系统的基本原理是将环境大气通过系统采样，进入浓缩系统，在低温环境下被冷冻解集，然后快速加热解吸，进入分析系统分析色谱，全程由该软件自动控制	大气环境监测

序号	技术名称	技术原理	适用范围
2	大气细粒子及其气态前体物一体化在线监测技术	这项技术由多种快速接口组合，设计开发具有自主知识产权的大气细粒子及其气态前体物一体化的在线监测系统，对细粒子水溶性化学成分及其气态前体物进行同步在线监测，其包含的粒子有：气态 HCl、HONO、H_2SO_4 等	大气环境监测
3	大气中氮氧化物及其光化产物一体化在线监测仪器及标定技术	这项技术利用了光解技术和表面化学方法准确测量二氧化氮技术	
4	大气细粒子和超细粒子的快速在线监测技术	针对区域内大气颗粒物粒子在线监测的技术需求，对大气复合污染中细粒子及超细粒子物化特性的原位快速测定技术展开研究	
清洁生产关键技术			
1	水煤浆代替燃油洁净燃烧技术	水煤浆代替燃油进行清洁燃烧，煤被磨成细粉与水和少量添加剂混合，形成悬浮高浓缩浆液，在完全密闭的状态下通过泵进行运输和存储	各种电站锅炉、工业锅炉、工业窑炉

参考文献

[1] 谭衢霖, 邵芸. 遥感技术在环境污染监测中的应用 [J]. 遥感技术与应用, 2000, 15(4): 246-251.

[2] 王玮, 汤大钢, 刘红杰, 等. 中国 PM$_{2.5}$ 污染状况和污染特征的研究 [J]. 环境科学研究, 2000(01): 1-5.

[3] CACHORRO V E, VERGAZ R, D E FRUTOS A M, et al. Study of desert dust events over the southwestern Iberian Peninsula in year 2000: two case studies [J]. Annales Geophysicae. Copernicus GmbH, 2006, 24(6): 1493-1510.

[4] 陈永林, 谢炳庚, 杨勇. 全国主要城市群空气质量空间分布及影响因素分析 [J]. 干旱区资源与环境, 2015 (11): 99-103.

[5] 王宗爽, 武婷, 车飞, 等. 中外环境空气质量标准比较 [J]. 环境科学研究, 2010, 23(3): 253-260.

[6] VENKATRAM A, ISAKOV V, THOMA E, et al. Analysis of air quality data near roadways using a dispersion model[J]. Atmospheric Environment, 2007, 41(40): 9481-9497.

[7] 廖克, 郑达贤, 陈文惠, 等. 福建省生态环境动态监测与管理信息系统的设计 [J]. 地球信息科学, 2003(01): 22-27.

[8] 赵江伟, 相晨萌, 吴春来. 环境污染源监测管理信息系统的设计与开发 [J]. 科技信息,

2011(15): 72-73.

[9] 陈诗一, 陈登科. 雾霾污染, 政府治理与经济高质量发展 [J]. 经济研究, 2018, 53(2): 20-34.

[10] ZHENG J, JIANG P, QIAO W, et al. Analysis of air pollution reduction and climate change mitigation in the industry sector of Yangtze River Delta in China[J]. Journal of Cleaner Production, 2016, 114: 314-322.

[11] BERGIN M H, CASS G R, XU J, et al. Aerosol radiative, physical, and chemical properties in Beijing during June 1999[J]. Journal of Geophysical Research: Atmospheres, 2001, 106(D16): 17969-17980.

[12] XIE Y, ZHAO B, ZHANG L, et al. Spatiotemporal variations of $PM_{2.5}$ and PM_{10} concentrations between 31 Chinese cities and their relationships with SO_2, NO_2, CO and O_3[J]. Particuology, 2015, 20: 141-149.

Cutting-Edge Technologies in
**Smart
Environmental
Protection**

第 4 章

空气质量影像分析相关技术

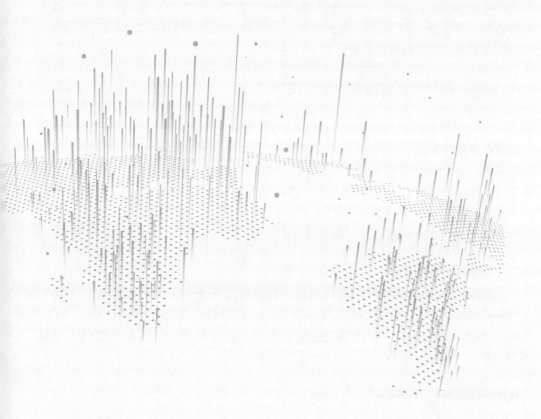

污染物进入大气后，便开始稀释扩散，空气快速流动使得污染物的稀释扩散加快，有时污染物会积聚到很高的浓度，造成严重的空气污染事件，同时会转变为水体污染和土壤污染，危害极大。所以对于空气污染的感知、识别与监控有着非常重要的意义。本章分析了对空气质量感知的意义以及方法，并对基于影像感知的方法进行了详细研究。

4.1
空气质量智能感知概述

4.1.1　空气质量智能感知意义

近年来，随着我国工业化水平的快速提高，生态环境遭到破坏的问题日益突出。以空气污染为例，2011～2013年期间我国经历了长时间、大范围的雾霾天气。为此国家投入了大量的人力物力对雾霾进行治理，同时在2013年，世界卫生组织首次将雾霾归类于"一类致癌物"，空气质量话题也受到了公众的关注。人们也开始逐渐关心造成雾霾现象频频发生的幕后原因，因此检测和防治雾霾，成了我国环境保护中极为重要的一项任务。而对于空气质量的智能感知是对空气污染防治的必要之举，唯有感知到了空气中的污染，才能因地制宜，做出适当举措，从而对空气污染进行防范治理。

4.1.2　空气质量智能感知技术

空气质量的感知主要是对空气中含有的影响空气质量的污染物浓度的感知。这些污染物主要是以气体或者颗粒物的形式存在，根据污染物的物理、化学性质的不同，对污染物的感知方式也不同。当然，人类可以通过视觉、嗅觉等方式对空气质量进行一定的感知，但是人工观察感知有较强的局限性，受人力资源、观察者状态等影响，无法长期、有效、快速地对空气质量进行感知。现如今对于空气质量的智能感知主要通过两种途径来实现。

（1）传统感知技术

传统的大气污染感知利用传感器，通过直接采样、红紫外线等方式来感知空气中的污染物，从而判断空气的质量。大气中的主要污染气体有CO、CO_2、SO_2、NO_x等，其中：CO的感知主要依靠非分散红外线法、气相色谱法、电位法；CO_2 的感知通过红外吸收法、电化学法、热传导法；SO_2 主要通过溶液电导法、火焰光度法等；NO_x 则主要通过吸收光度法和化学发光法来进行感知。本小节以目前应用较为广泛的陶瓷气敏传感器为例，对传统的传感器感知进行介绍。

半导体气敏传感器：当半导体与某些气体接触时，其电阻即会发生变化，从而达到感知气体的目的，这种元件即为半导体气敏传感器。半导体气敏传感器大致有两类，即电阻式、非电阻式，其中应用最广泛的是电阻式传感器。

固体电解质气敏传感器：固体电解质为离子导电性好的材料，如果将其作为隔膜制成以某特定气体为反应物的电化学电池，则可以根据产生的电动势或界限电流测定某特定气体的浓度，这种元件正是固体电解质气敏传感器。

电容型气敏传感器：电容器的电容与电极间介质的介电常数是有关联的，电容型气敏传感器正是利用这一特性，当电极间的介质吸附气体后，通过介电常数的变化来进行气体的检测感知。这类传感器通常应用于湿敏传感器中。

因传感器成本及体积问题，难以实现其对具体地区或场景的空气质量感知，感知结果也难以确保绝对精确。在出现间歇性干扰或突发性干扰的情况下，直接采样的数据会与实际产生较大偏差，从而影响判断结果。与此同时，收集器、传感器在恶劣条件下往往难以长期、有效、准确地工作，需要人工维护。

（2）基于影像感知的技术

通过基于影像感知的方式，利用摄像机、遥感卫星等拍摄图像，对图像进行分析，从而判定空气的质量。受益于目前摄影技术的突飞猛进，利用图像分析可以快速、准确地对空气质量进行感知与分析。

基于影像感知的方法已广泛应用于各个场景的空气质量感知，例如：通过在遥感设备上搭载高清摄像机，即可以非接触的方式稳定可靠地感知更大范围的 $PM_{2.5}$；汽车尾气图像采集系统通过在道路上安装的摄像头对行驶在城市道路上的汽车进行图像采集，即可以做到对单个汽车的尾气精细化感知；对放空火炬烟气的远程感知，可安全、稳定地感知其烟气质量等。

影像感知的一大优点是无须与感知目标接触、快速、准确，所以被广泛应用于各种领域。对于某些由于技术所限难以直接测量，又或者测量成本过高的污染物，可以通过测量其他相关变量进行智能建模的方法来预测和感知。除此之外，基于影像进行感知也是解决这一问题的重要方法。基于影像的方法在日常生活中的应用已越来越成熟且广泛。

4.2
影像获取装置分析

4.2.1　影像获取装置概述

影像处理技术是工业智能化领域的前沿技术，吸引了许多科研人员的注意，并且已经被应用于空气质量监测[1]、宇航空间探测[2,3]、生物医学工程[4]等多个研究领域。由于空气质量分为多个等级，利用图像成像原理对拍摄到的空气污染图像进行还原，来更迅速且准确地判断空气质量。基于图像的空气质量分析主要通过提取不同的图像特征从而分析其与空气质量的关系。图像识别的前提是图像获取，即利用视觉获得包含大量有效信息的图像。

当前处于信息爆炸时代，获得大量信息意味着能够在各方面抢占发展先机，因此，必须重视对信息的获取。由于图像是目前能够携带信息量最多的载体，所以目前如何获取图像便成了人们研究的重点问题。目前，获取图像信息的主要途径是摄像技术，摄像技术经历了三次革命性的发展，相应地这种技术的发展也推动了摄像产品的智能化发展。如利用气象观测摄像头，在某一固定场景长时间收集一段图像数据并分析其与大气能见度等之间的关系。

摄像机又被称为电脑相机或电脑眼，其英文名是 CAMERA 或 WEBCAM，属于视频采集设备[5]。在过去相当长的一段时间内，它已被广泛应用于视频会议、远程医疗以及空气实时监测[6-8]等方面。尤其是近些年来，随着摄像机的镜头、传感器和其他元器件的制造技术愈发成熟，单个摄像机生产成本大幅降低，其价格进入了大众可接受的范围，极大地促进了摄像机的普及。

根据所传达的信号种类的不同，摄像机主要分为数字摄像机和模拟摄像机。对数字摄像机而言，其主要工作原理是将视频采集设备产生的模拟视频信号转换成数字信号，并将这些数据储存到计算机中，为后续处理做准备。对模拟摄像机而言，其主要工作原理是利用特定的视频捕捉卡捕捉视频信号，然后将模拟信号转换成数字信号，再经过压缩转换到计算机上进行使用[9]。与模拟摄像机相比，数字摄像机具有明显的优势，它可以直接捕捉影像，然后通过串口、并口或者 USB 接口等设备直接输入计算机中。因此，数字摄像机已成为当今摄像机市场上最流行的图像获取装置，尤其是基于新型数据传输接口 USB

的数字摄像机，更是受到市场青睐。除此之外，一些与视频采集卡配套使用的产品也呈现出了流行趋势，但就目前情况来说，这种产品的流行程度尚未达到主流程度[10]。目前基于 USB 接口的摄像机之所以会成为当前市场上的主流产品，其一是因为随着个人电脑的快速普及，整体成本较高的模拟摄像头不能满足 BSV 液晶屏接口的使用要求，其二是因为 USB 接口传输速度大幅度快于串口与并口的速度。

根据功能不同，摄像机还可以分为可见光摄像机和红外摄像机。可见光摄像机的工作场景主要是在光照条件较好的环境，它通过采集可见光来采集图像。红外摄像机可以在光照条件较差的环境下使用，比如夜晚、雾天、光照不好的室内等。根据是否安装驱动，摄像机也可以分为有驱型摄像机和无驱型摄像机。有驱型摄像机是指不论在什么系统下，都需要安装相应驱动程序；而无驱型摄像机是指在多数计算机系统操作环境下，无须安装驱动程序，插入电脑即可直接使用[11]。与有驱型摄像机相比，无驱型摄像机更加便捷，因此目前已成为主流的图像采集设备。

了解摄像机的基本概念和分类后，接下来介绍构成摄像机所需要的主要部件，其中包括镜头、感光芯片和主控芯片，摄像机的结构组成如图 4-1 所示。

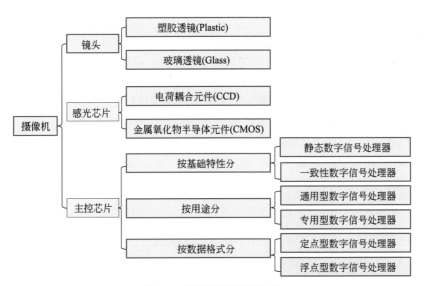

图 4-1 摄像机的结构组成

（1）镜头

摄像机镜头由透镜结构组成，一般包括塑胶透镜（Plastic）和玻璃透镜（Glass）两种。虽然玻璃镜头品质更好，能够呈现更优秀的成像效果，但为了控制成本，现在市场上的大多摄像头产品通常会采用纯塑胶镜头或是半塑胶半玻璃镜头，如采用 1 层塑胶透镜（即 1P）或 1 层玻璃透镜（1G）和 1 层塑胶透镜共同组成（即 1G1P）等。目前顶级的摄像头镜头是五层"全玻（即 5G）"镜头。

（2）感光芯片

摄像机中最重要的组成部分是感光芯片，其又被称为图像传感器（Sensor），根据组成传感器元件的不同可以分为电荷耦合元件（Charge Coupled Device，CCD）和金属氧化物半导体元件（Complementary Metal-Oxide Semiconductor，CMOS）两种。

（3）数字信号处理芯片（DSP）

DSP 芯片相当于摄像设备的大脑，作用与个人计算机里的 CPU（中央处理器）颇为相似，可以说是摄像机组成中最核心的设备。DSP 芯片在图像处理领域的应用主要涉及图像压缩、传输、增强和识别等。在选择 DSP 时，不仅要考虑摄像头的整体成本，也要考虑市场的接受程度。现如今，大多数 DSP 厂商在芯片设计、芯片生产等技术方面已经逐渐走向成熟，所以，不同厂商生产的数字图像处理芯片在各项技术指标上通常不会有明显差别，只是在 DSP 中的细微环节上进行部分修改和增强。

4.2.2　影像获取装置工作原理

摄像机的工作原理可以概述为：首先通过镜头（Lens）将景物发出 / 反射的光线生成的光学图像投射到图像传感器（Sensor）表面上，将其转化为电信号，接着经过模 / 数（A/D）转换器转变为数字信号，然后送到数字信号处理芯片（DSP）中进行加工和处理，最后通过 USB 接口将处理好的数据传输到电脑中以待后续处理。经过上述操作后，我们就能通过显示器看到完整的图像[12]。摄像机的工作原理如图 4-2 和图 4-3 所示。

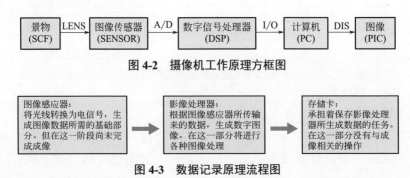

图 4-2　摄像机工作原理方框图

图 4-3　数据记录原理流程图

4.3

影像质量评价

4.3.1 影像质量评价内容

图像在信息表示和描述中扮演着越来越重要的角色，利用图像对空气质量进行检测，不失为一种行之有效且经济的空气质量感知方式。通过图像质量评价，可以更清晰地将空气质量等级进行分类，进而实现对空气质量感知的定量分析。

图像质量评价是测量原始图像与失真图像之间的感知差异性或测量原始图像与增强/修复图像之间的感知差异性。这种差异性通常可通过图像分辨率、色彩深度和图像失真等角度进行评估。

（1）图像分辨率

分辨率表示图像对景物细节的表现能力或图像中细微部分能够被显示出来的能力。图像分辨率越高，图像中储存的信息量越大，细节表现能力就越强。因此，可以从分辨率的角度对图像质量进行评价，通过对比图像之间的分辨率挑选出高质量图像。图像分辨率与输入分辨率、表示分辨率和输出分辨率都密切相关。

（2）色彩深度

色彩深度是指存储的每个像素信息所用的码位数或表示图像每个通道颜色的渐变程度。色彩深度又被称为像素深度或图像深度，它决定了彩色图像中可出现的最多颜色数量或灰度图像中的最大灰度等级。色彩深度越深，图像中的可用颜色数量就越多，图像中各颜色之间的过渡就越平滑和自然；反之，色彩深度越浅，图像中的可用颜色数量就越少，图像中各颜色之间的过渡就越迟钝和呆板，甚至可能产生"色调分离"的现象。

（3）图像失真

图像失真（又被称作"畸变"）指的是通过采集装置获得的图像与真实拍摄场景之间的差异，也可理解为原始图像在传输过程中因图像信息部分丢失产生的图像降质现象。常见的失真类型包括混叠效应失真、模糊效应失真、块效应失真等。混叠效应失真大多是由采样频率过大引起高频成分发生重叠导致的失真。模糊效应包括运动模糊和散焦模糊。块效应失真是指在对图像进行分块处理时引起的块状失真，在相邻块之间出现非连续过渡，给人眼呈现出一种类似马赛克效果的感觉。图像失真的指标包括几何失真（主要有桶形失真和枕形失真）、信噪比、动态范围、彩色还原等。

4.3.2　影像质量评价方法

当前存在着多种图像处理算法，针对不同类型和不同用途的图像选择恰当的处理算法变得尤为重要，这就需要利用不同的评价指标进行对比，从而挑选出最恰当的处理算法。图像质量评价（Image Quality Assessment，IQA）是目前最常用的评价指标，对改善图像质量具有重要的指导意义，其适用于图像去雾、去噪、融合、增强等各类任务。而且，图像质量评价方法还可以动态监测和调整图像质量，使图像和视频采集系统根据质量评价结果自动调整系统参数，以获得最佳质量图像和视频数据。例如，在网络数字视频服务中，我们可以使用评价模型实时检测当前网络传输图像和视频的质量状况、分配数据流资源。

当前常用的图像质量评价方法可按照有无人员参与分为主观评价和客观评价两方面。主观评价以人作为观测者，凭借观测者的主观感知来评价对象（图像/视频）的质量，主要对图像进行主观评价，力求能真实反映人的视觉感知。客观评价方法借助某种数学模型并给出量化指标，反映人眼的主观感知，通过模拟人类视觉系统感知机制衡量图像质量。但目前人们尚没有充分理解视觉特性，特别是难以找出定量方法对视觉心理特性进行描述，因此图像质量评价的研究还任重而道远。常用的图像质量评价方法如图 4-4 所示。

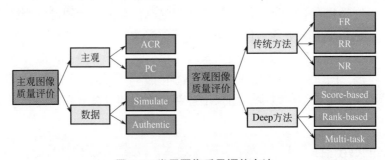

图 4-4　常用图像质量评价方法

注：ACR：自动内容识别，PC：电脑，Simulate：模拟，Authentic：真实，Deep 方法：非传统方法，Score-based：基于打分，Rank-based：基于等级，Multi-task：多任务

（1）主观图像质量评价

主观评价指的是将人作为观察者对图像质量进行评价。人为参与的评价，受主观因素影响而不能做出完全客观的评价，也不能给出定量的评价结果，只能定性评价图像质量。为了使主观评价结果具有参考性和普适性，研究者往往

会采取统计学的思想对参与评价的观察者进行一些条件限制，如要求参加评价的观察者数量足够多，并且选择参加评价的观察者也应该包括足够多且训练有素的"外行"，进而通过这些统计学的条件来保证主观评价结果的真实性与可靠性。按照评价的不同参照标准，主观评价方法可分为绝对评价和相对评价。

① 绝对评价。绝对评价的参照标准是观察者根据自身知识储备，按照某些特定的评价性能对图像质量进行估计，并给出质量评价的主观分数。目前国际公认的"全优度尺度"是观察者对图像进行打分的依据，采用五分制的尺度表，规定了图像质量评价的尺度，如表 4-1 所示。

表 4-1   绝对评价尺度

分数	质量尺度	妨碍尺度	
5 分	丝毫看不出图像质量变坏	5 分	非常好
4 分	能看出图像质量变化但不妨碍观看	4 分	好
3 分	清楚看出图像质量变坏，对观看稍有妨碍	3 分	一般
2 分	对观看有妨碍	2 分	差
1 分	非常严重地妨碍观看	1 分	非常差

② 相对评价。在无原始图像作为参考时，由观察者对一组待评价图像的质量相互比较进行优劣排序，按照尺度表给出相应的评价值。相比图像质量主观绝对评价而言，为了便于观察者做出一致、可靠的判断，主观相对评价规定了相应的评分制度，称为"群优度尺度"，如表 4-2 所示。

表 4-2   图像质量相对评价尺度与绝对评价尺度对照

分数	相对评价尺度	绝对评价尺度
5 分	一群中最好的	非常好
4 分	好于该群中平均水平的	好
3 分	该群中的平均水平	一般
2 分	差于该群中平均水平的	差
1 分	该群中最差的	非常差

（2）客观图像质量评价

客观评价方法没有观察者参与，本质上需要根据人类视觉系统建立相应的数学模型，从而计算图像的质量分数。考虑到主观评价方法有人为参与，需采取多项措施避免知识积累、个人情感等外界因素干扰主观评价结果，这意味着主观评价方法具有操作烦琐、耗时多和成本高等诸多问题。相比较而言，客观图像质量评价方法具有大批量处理、结果可重现等诸多优点，因此实时性和稳定性较强。

根据是否与参考图像像素点一一对应，客观评价可再分为全参考（Full-Reference，FR）、半参考（Reduced-Reference，RR）和无参考（No-Reference，NR）三种方法，其中全参考图像质量评价研究时间最长且发展最为成熟。

① 全参考图像质量评价（FR-IQA）是指利用原始参考图像的全部信息，通过计算失真图像和参考图像之间的误差对图像进行质量评价的一种定量研究方法。经过数十年的研究，因其计算简单且容易实现，FR-IQA 中基础评价方法峰值信噪比（PSNR）和均方差（MSE）成了被大众广泛认可的评价方法。FR-IQA 方法使用了原始图像的全部信息，故评价结果准确性高，评价方法可靠性强，评价过程简单易行。然而，FR-IQA 方法仍存在较多局限性，如对原始图像的依赖程度太高，而原始图像往往会因为采集装置等原因难以获取，故导致 FR-IQA 方法难以适用于各种场合。下面介绍几种代表性的 FR-IQA 方法。

Damera-Venkata 等提出了一种基于对比度金字塔的 NQM（Noise Quality Measurement）方法[13]，它充分考虑了局部平均亮度的变化、对比度掩蔽效应、对比度灵敏性及空间频率之间的对比度相互作用等因素。而且该方法忽略了人类视觉系统方向敏感度，直接获得经过人类视觉系统筛选得到的图像信息，无须计算方向滤波，降低了计算复杂度。经实验证明，NQM 是一个比峰值信噪比更好的视觉质量评价方法。

Wang 等提出了一种基于图像结构信息相似的 SSIM（Structural Similarity）算法[14]。其通过对比参考图像和失真图像在亮度、对比度和结构上的相似性 $[l(x,y),c(x,y),s(x,y)]$ 来评价图像质量：

$$l(x,y) = \frac{2\mu_x\mu_y + C_1}{\mu_x^2 + \mu_y^2 + C_1} \tag{4-1}$$

$$c(x,y) = \frac{2\sigma_x\sigma_y + C_2}{\sigma_x^2 + \sigma_y^2 + C_2} \tag{4-2}$$

$$s(x,y) = \frac{\sigma_{xy} + C_3}{\sigma_x\sigma_y + C_3} \tag{4-3}$$

式中，μ_x 和 μ_y 分别为原始图像 x 和失真图像 y 的均值；σ_x 和 σ_y 分别为原始图像 x 和失真图像 y 的标准差；σ_{xy} 为原始图像 x 和失真图像 y 的协方差；C_1、C_2 和 C_3 分别为小常数。为了避免分母为 0，选取 $C_1=(K_1 \times L)^2$，$C_2=(K_2 \times L)^2$，$C_3=C_2/2$。

其中，K_1=0.01；K_2=0.03；L 为像素值动态范围，一般取为 255。最后得到 SSIM 函数表示式为：

$$SSIM(x,y)=[l(x,y)]^{\alpha}[c(x,y)]^{\beta}[s(x,y)]^{\gamma} \tag{4-4}$$

其中要求 $\alpha>0$，$\beta>0$，$\gamma>0$。通常简单设置 $\alpha=\beta=\gamma=1$。SSIM 算法的核心是从相互独立的亮度、对比度、结构相似度定义图像质量分数。

Sheikh 等提出了一种基于人类视觉信息保真度的 VIF（Visual Information Fidelity）算法[15]，包括一个自然场景统计模型、一个图像失真模型和一个信息论意义下的人类视觉系统模型，通过计算参考图像及其相关失真图像的互信息与参考图像信息的比值评价图像质量。VIF 算法的基本思想是假设人类视觉系统本身是一个失真通道，人眼看到的图像本身存在失真，即形成"单失真"。当图像因外部原因在经过人类视觉系统前就已经被失真污染，那么此时就会产生"交叉失真"。基于上述假设，用信息论的知识将人眼提取获得的信息与从原始图像提取获得的信息进行比较，从而得出最终的质量评价结果。VIF 算法通过比值得到的质量分数是在 [0，1] 的取值范围内，值越大意味着图像质量越高；反之，值越小则表示图像质量越差；当参考图像及其相关失真图像的互信息与参考图像信息内容值相同时，结果为 1。整个 VIF 算法的计算流程示意图如图 4-5 所示，图中"C"表示原始图像中的一个随机向量，"D"表示给定自带损失图像的随机场，"E"和"F"分别表示上述两条通路获取的信息，最后对比两通道的互信息得到 VIF 分数。通过大量实验测试，结果表明 VIF 算法在单失真和交叉失真情况下都会表现出良好的性能。

图 4-5　VIF 算法的计算流程示意图

Chandler 等提出了一种基于近阈值和超阈值的 VSNR（Visual Signal-to-Noise Ratio）算法[16]，具有计算复杂度低、对内存要求不高的优点，在基于物理亮度和视角的条件下，可以适用于不同观看条件。VSNR 算法的基本思路是利用小波域中的近阈值和超阈值特性及视觉掩蔽和视觉叠加效应。具体来说，该方法分为两个阶段，在第一个阶段中，通过对基于小波的视觉掩蔽模型和视觉叠加模型的图像进行计算，以确定视觉的可检测性，即获得相应的用于失真检测的对比度阈值，利用该阈值表示失真是否肉眼可见。如果检测到的失真低于该阈值，则失真图像可以被视为具有完美的视觉保真度，并终止算法，无须进入第二阶段进行分析。如果检测到的失真超过该阈值，则进入算法的第二阶段。在第二阶段中，基于图像感知对比度的低层特性和全局优先性的中层特性，利用多尺度小波分解后的对比度失真空间中的欧氏距离对上述两种图像属性进行量化表示，最终计算相应距离的加权并获得 VSNR 分数。

Gu 等提出了一种基于图像感知相似性的 PSIM（Perceptual Similarity）算法[17]。它是通过系统融合微观结构相似性和宏观结构相似性计算整幅图像的质量分数。根据人类对视觉质量的感知，PSIM 算法可以拆解为如下三步：首先，利用人眼的中央环绕细胞对原始图像和失真图像进行局部比较时表现出的侧向抑制特性来提取图像梯度幅值；然后，利用人类视觉系统在多尺度下采用的空间频率掩蔽分解方式，考虑到人类视觉系统测量由伪影导致的色度信道和色彩信息退化的重要影响，分别在微观尺度和宏观尺度下计算图像梯度幅值的相似性；最后，利用感知池化方法系统融合微观结构相似性和宏观结构相似性估计图像质量分数。与之前的 FR-IQA 方法相比，PSIM 算法具有如下明显优势：一是利用简单算子得到当时国际最佳性能；二是提出了一种全新的基于粗调和细调相结合的模型参数优化策略。

② 半参考图像质量评价（RR-IQA） 与 FR-IQA 方法相比，其无须参照原始图像的全部信息，只需提取原始图像的部分图像特征作为参考，如利用小波变换系数的概率分布、综合多尺度几何分析、对比度敏感函数和可觉察灰度差异特征等模型获取原始图像特征。该方法通过比较部分原始图像特征与失真图像获得图像质量的评价结果，其关键步骤是特征提取和特征比较，因此具有传输数据量小、灵活性强等优点。现有的 RR-IQA 方法可分为四类：第一类方法主要是通过对失真图像进行建模而针对特定应用环境进行设计的；第二类方法是通过对人类视觉系统进行建模，提取来自低级视觉计算模型的感知特征，提供对图像的简化描述；第三类方法主要是基于自然图像统计模型而提出的；第四类方法主要是基于自由能理论而提出的。从应用角度来看，RR-IQA 方法具有非常高的发展潜力，因为其不仅是 FR-IQA 方法和 NR-IQA 方法之间的重要桥梁，也可能变成用于图像后处理优化的 NR-IQA 方法的替代方法。下面将依次介绍几个代表性的 RR-IQA 方法。

Tubagus 等提出了一种基于目标混合图像质量测量的 RR-IQA 方法[18]。该方法是将多种图像增强方法进行融合，同时将人类视觉主观感知考虑在内，且在接收端不需要参考图像。该方法弥补了现有图像质量评价指标（如峰值信噪比算法）中要求"原始图像在接收端可用"的不足，解决了峰值信噪比算法和早期客观评价算法不是基于人类视觉感知提出的问题。大量实验结果表明，该算法对图像质量评价的精度明显高于标准的峰值信噪比算法。

Gu 等提出了一种基于结构退化模型的 RR-IQA 方法[19]。本方法基于一个重要发现，即经过标准高斯低通滤波处理后，不同失真类型和质量等级的图像输出的空间频响衰减程度不同，该方法首先定义了原始图像和失真图像的结构退化信息，然后将上述两组结构退化信息之间的距离进行有效的非线性组合或基于支持向量机的回归估计，最后得到从结构退化角度评价图像的质量分数。

Feng 等提出了一种基于双目信息感知的立体图像 RR-IQA 方法[20]。该方法首先采用稀疏编码和稀疏表示模型分别提取左视觉图像元素和右视觉图像元素的分布统计量，以作为图像结构的表示向量。其中，分别用左视觉图像的熵和右视觉图像的熵来表示单目线索，用它们的互信息熵来表示双目线索；然后，将原始图像与失真图像的双目感知信息差作为感知损失向量；最后，使用支持向量回归方法训练提取的感知损失向量计算立体图像质量的分数。实验结果表明，在 LIVE 非对称立体图像质量主观评价数据库上，该方法比当时最先进的同类方法还具有更高的精度。

Jakhetiya 等提出了一种基于感知预测屏幕内容图像质量的 RR-IQA 方法[21]。该方法利用感知预测模型区分文本和图片区域并赋予二者不同权重以改进现有图像质量评价方法，将分离出的文本区域中的大部分信息作为预测残差，并将预测结果和真实结果的残差进行加权平均以估计图像质量分数，从而达到对图像质量进行评价的目的。通过充分的实验进行性能测试后，结果表明该方法表现出比当时同类半参考图像质量评价算法更优的性能，并达到了当时的国际先进水平。

③ 无参考图像质量评价（NR-IQA） 同上述两类方法进行比较，其最大的特点是完全不需要参考图像的任何信息，只需根据失真图像自身就可直接计算获得其视觉感知质量，因此该方法也被称为盲图像质量评价（Blind Image Quality Assessment，B-IQA）方法。NR-IQA 方法是当前的研究热点，也是最具挑战性的研究方向。根据训练过程，NR-IQA 方法可被进一步划分。其中最常见的分类方法是考虑在计算图像质量时是否需要主观分数进行模型训练，据此，NR-IQA 方法可分为基于有监督学习的算法和基于无监督学习的算法。下面将介绍几种代表性的 NR-IQA 方法。

Mittal 等提出了一种基于自然场景统计的通用 NR-IQA 方法[22]。该方法是利用局部归一化亮度系数的场景统计模型来量化图像"自然度"损失，为了定量描述自然场景统计系数与失真程度的映射关系，引入非对称广义高斯分布来拟合系数与失真的对应关系得到参数特征向量，最后使用支持向量回归器将参数特征向量映射到质量分数，并综合不同失真类型对应的概率获得最终的质量评分。实验结果表明，与之前的 NR-IQA 方法相比，该方法在统计上优于全参考峰值信号噪声比和结构相似度指数，并获得了比 NR-IQA 方法更低的计算复杂度，因此具有实时计算能力，而且其特征还可用于失真类型识别。此外，该方法还能应用于优化图像恢复算法进行盲图像去噪，实验表明经过该 NR-IQA 方法优化过的去噪算法会产生更高质量的恢复图像。

Chen 等提出了一种基于框架做质量评估并可比较图像增强程度的 NR-IQA 方法 [23]。该方法关注的不是单个增强图像的绝对质量评分，而是增强图像之间的相对质量排名。具体来说，该方法首先构建了一个包含能见度较差的原始图像和经过不同增强算法处理的增强图像数据集，然后对增强图像进行成对主观评价得到增强图像的质量排序，最后通过训练秩函数来拟合主观评价结果，并利用秩函数来预测增强图像的秩，从而计算增强图像的质量分数。实验结果表明，该方法在统计上优于当时通用的 NR-IQA 方法。

Yang 等提出了一种基于自然场景统计原理的对比度失真图像专用 NR-IQA 方法 [24]。该方法首先利用大尺度图像数据库建立基于矩和熵特征的自然场景统计模型，然后利用自然场景统计模型偏差程度来表征图像的非自然性，最后基于支持向量回归评估对比度失真图像的质量。在三个公开数据库上的实验充分证明了该方法具有良好的评估精度。但是，由于该方法忽略了色彩丰富性和局部锐利度等重要因素，其应用范围受到了很大的限制，这一点可以在后续的工作中进一步深入研究。

Gu 等提出了一种基于在线和离线大数据训练的 NR-IQA 方法 [25]。该方法首先利用在线大数据样本，融合场景统计模型和图像检索技术获得可用于推断失真图像内容的松散分类器，再利用离线大数据样本训练自由能特征和结构相似度特征，获得图像质量分数的准确估值。在当时仅有的混合数据库 HSNID 上进行充分测试，该算法的线性度、单调性指标均优于当时国际上同一类别中的最先进算法，而且该算法不仅适用于不同失真类型和强度的图像，也适用于包括经典自然场景图像和热门屏幕内容图像在内的多种场景图像。

4.4
影像存储与传输

4.4.1　影像存储方式

目前主流的数字影像存储方式包括两种，一是位图存储（Bitmap），二是矢量存储（Vector）。其中，位图存储保存影像像素信息，矢量存储保存影像位置信息。

（1）位图存储
位图影像是一种由大量像素点构成的可识别影像，因此，位图影像也被称为位映射影像或点阵影像。形象地说，可将任意位图影像块看作一个数学上的矩形，每个小矩形用一个数字表示。这个矩形称为数字矩形，影像中的每一个像素点都与矩形中的每一个元素对应。其中，矩形中的元素值对应影像中对应点的颜色或灰度。位图影像的清晰度与分辨率有关，分辨率越大，影像质量越高，但会使影像占用更大的存储空间，因此需要根据对影像的不同需求选择合适的分辨率对数字影像进行位图存储。如果分辨率选择不当，则放大一幅图像时往往会出现过渡不自然的现象（如存在锯齿状边缘），甚至整幅影像都可能变得模糊。为了使边缘光滑，需要适当增加影像像素的数量。位图影像只注重影像像素数量，而不太关注影像色彩数量，因此非常适合处理内容复杂的影像或对逼真程度要求高的影像。

（2）矢量存储

与直接存储影像像素的位图存储方式不同，矢量存储方式保存影像位置信息，以矢量形式存储的影像可以获得影像的计算方法或函数。具体来说，矢量影像不是直接描述影像数据中的每一个点，而是描述产生这些点的过程及方法，通过数学方程对影像的边线和内部进行描述和填充以建立该影像。矢量影像的核心是计算机通过数学方程描述物体，以指令形式存在，简单指令能描述影像中包含的直线、圆和弧线等属性，复杂指令能表示影像中的曲面、光照、材质等效果。矢量存储最大的优势在于放大或缩小影像时，影像通常不会产生失真现象，也不会因为存储高分辨率影像而占用较大的存储空间，从而提高了影像的存储效率，便于对影像进行增强与复原等操作。此外，矢量图与影像分辨率无关，矢量存储不会因为影像分辨率降低而造成影像质量下降，因此可以自动匹配输出设备分辨率并显示清晰的影像。矢量存储以数学方法描述影像，不存储影像中的每一个像素点，而只存储影像内容轮廓部分的像素点，因此矢量影像的存储空间较位图影像的存储空间要小得多。在矢量影像中可以只编辑某个对象而不影响其他对象，矢量影像中的对象可以互相覆盖且不互相影响。

4.4.2　影像传输方式

空气质量智能感知中最终是要通过影像传输来获取实时拍来的图像，因此影像传输的质量决定着对空气质量的判断是否准确。

数字影像传输是数字影像处理中最重要的环节，若传输过程受到噪声干扰，往往会造成影像质量退化，不利于对影像的分析和识别，因此亟须采取高效的影像传输方式，保证传输过程的准确性，尽量避免相关噪声污染。一个重要的方法是选择可靠的传输介质和设备，高质量的传输介质和设备可在一定程度上降低影像在传输过程中出现失真的概率。为了实现高效传输的目标，需要清晰了解与认识常用的传输介质和设备的特点，以便在实际应用中选择合适的传输介质和设备。一般情况下，数字影像传输方式可以按照传输介质的不同分为同轴电缆、双绞线和光纤三种传输方式，这三种传输方式对应的相关传输设备为同轴视频放大器、双绞线视频传输设备以及光端机这三大类。

(1) 同轴电缆和同轴视频放大器

同轴电缆最早被用于图像传输，是使用时间最长的传输介质。同轴电缆由两个同心导体和一层屏蔽层共同组成。在实际应用中常用的同轴电缆是以铜线作为导体并由绝缘材料作为屏蔽层的，它的优点是抗干扰能力强、传输数据稳定、价格便宜，因此被广泛使用，如闭路电视线（CCTV）、共用天线系统（MATV）以及彩色或单色射频监视器的电缆。然而，同轴电缆也存在先天的局限性，也就是无法进行长距离的传输。信号频率越高，随传输距离变长，衰减越大。影像在同轴电缆传输过程中，其信号的整体幅度和各频率分量都受到一定程度的衰减，尤其是影像的色彩部分受到的影响最大。因此，同轴电缆更适合传输短距离的影像，当传输距离增加并达到某个临界点时，影像质量会大幅下降，与影像色彩和保真相关的质量都会明显降低。为解决上述问题，在实际操作中，可采用同轴视频放大器技术。使用同轴视频放大器能够延长信号传输距离的原因在于该放大器在一定程度上预先对影像信号进行了放大。另外，为了对不同频率的成分进行补偿，该放大器还采用了均衡调整的方法。采取上述措施后均能在一定程度上保持影像在长距离传输过程中的完整性，从而降低了影像被失真降质的可能性。然而，受到自身结构特点的制约，同轴视频放大器无法无限地延长传输距离。通常来说，级联 3～4 个同轴视频放大器时就已达到饱和，此时即使再级联更多放大器，也无法突破瓶颈，获得理想效果。相反，还可能会对传输质量造成负面影响。同轴电缆传输除了受距离约束，还会受自然环境影响，而且不便于后期对电缆进行二次调整。

(2) 双绞线和双绞线视频传输设备

在双绞线和双绞线视频传输设备问世前，为了实现超过 500m 的信号传输，人们往往会使用多模光纤和多模光端机弥补同轴电缆远距离传输不足的问题，但使用多模光纤和多模光端机会大幅增加传输成本，尤其对于五六百米中等长度的传输距离来说，这并非一个性价比高的传输方式。因此，设计一种针对中等传输距离且性价比较高的传输方式是极其重要的。为了满足上述需求，双绞线传输方式应运而生。通过相应的传输设备使用双绞线进行影像传输，其传输效率高、价格便宜，被广泛应用于许多需要进行中距离传输的场合，如工业控制系统等。但当传输距离超过一定范围，双绞线传输的缺陷就自动暴露出来，如不能以太高的频率进行远距离信号传输，否则信号会明显衰减等。为解决不能远距离传输的问题，在使用双绞线传输影像的同时，再加上一个双绞线视频传输设备，可成倍增加传输距离，同时也能保证传输影像的质量不发生明显退化。完善后的双绞线传输方式，不仅没有增加成本，反而在距离增加时与同轴电缆相比减少了许多成本。使用双绞线结合双绞线视频传输设备的影像传输方式具有传输距离远、线缆利用率高和使用方便等优势，而且这种传输方式具有很强的抗干扰能力，传输的影像几乎不会产生失真，很好地保障了影像传输的质量。

（3）光纤和光端机

光纤和光端机传输方式的最大优点在于能够实现远距离和大范围的传输，且抗干扰能力较强。这种"远距离"传输并非上文所述的"中等距离"，而是长达几千米甚至几百千米的传输。由于光纤自身材料和构造的特点，使其在作为传输介质时表现出传输容量大、传输带宽宽和抗干扰能力强等优势，这些优良特性使光纤传输方式能够完成上百千米的远距离传输，且不易造成传输信号的损失。使用一根光纤就可将影像中的大多数信号进行远距离传输，并且不易受到外部环境和电磁干扰的影响。一般地，光纤分为单模光纤和多模光纤，色散和衰耗比较大的多模光纤很少使用，实际应用中多使用单模光纤作为信号传输介质。在光纤的基础上集成光端机可实现信号的多路传输。完善后的传输方式有利于实现信号网络化，使传输方式更加灵活，传输稳定性更高。常用的光端机包括模拟光端机和数字光端机，由于数字光端机的技术含量和使用成本较高，目前主流使用的仍为模拟光端机。如今在科研人员的共同努力下，光纤通信领域得到了大幅进步，加之光纤价格下降，降低了传输成本，这使得光纤和光端机传输方式的应用越来越普遍。

参考文献

[1] 吴志华. 城市环境空气自动监测站的质量管理与维护 [J]. 能源与环境, 2020, (06): 110-111.

[2] 梁国龙. 多谱段临近空间目标探测系统的研究 [D]. 北京：中国科学院大学, 2011.

[3] 张寅. 天基红外相机大气背景测量数据处理与图像仿真技术研究 [D]. 哈尔滨：哈尔滨工业大学, 2016.

[4] 龚再文. 基于卷积神经网络的生物医学图像处理 [D]. 武汉：华中科技大学, 2017.

[5] 邹华东, 贾瑞清, 张畅. 飞思卡尔智能车赛道识别及控制策略研究 [J]. 机床与液压, 2018, 46(15): 94-98.

[6] SATO Y, HASHIMOTO K, SHIBATA Y. A new remote camera work system for teleconference using a combination of

omni-directional and network controlled cameras[C]. International Conference on Advanced Information Networking & Applications. IEEE Computer Society, 2008.

[7] 葛芳民, 李强, 林高兴, 等. 基于 5G 技术院前院内急诊医疗服务平台建设的研究 [J]. 中华急诊医学杂志, 2019, 28(10): 1223-1227.

[8] PRADEEP S, SHARMA Y K. Deep learning based real time object recognition for security in air defense[C]. 2019 6th International Conference on Computing for Sustainable Global Development (INDIACom). IEEE, 2019: 295-298.

[9] 冯学春. 一种用于 LED 显示屏的远程监控系统 [P]. 浙江省: CN211878451U, 2020-11-06.

[10] 卢为骏. 分析物联网监控摄像头漏洞检测方法综述及自动化 [J]. 电子技术与软件工程, 2020, 22: 253-254.

[11] CHEN Z, BARRENETXEA G, VETTERLI M. Event-driven video coding for outdoor wireless monitoring cameras[C]. 2012 19th IEEE International Conference on Image Processing. IEEE, 2012: 1121-1124.

[12] 阿亮. 摄像头的工作原理与构成分析 [J]. 电脑, 2004, (6): 103-104.

[13] DAMERA-VENKATA N, KITE T D, GEISLER W S, et al. Image quality assessment based on a degradation model[J]. IEEE Transactions on Image Processing, 2000, 9(4): 636-50.

[14] WANG Z, BOVIK A C, SHEIKH H R, et al. Image quality assessment: from error visibility to structural similarity[J]. IEEE Transactions on Image Processing, 2004, 13(4): 600-612.

[15] SHEIKH H R, BOVIK A C. Image information and visual quality[J]. IEEE Transactions on Image Processing, 2006, 15(2): 430-444.

[16] CHANDLER D M, HEMAMI S S. VSNR: a wavelet-based visual signal-to-noise ratio for natural images[J]. IEEE Transactions on Image Processing, 2007, 16(9): 2284-2298.

[17] GU K, LI L, LU H, et al. A fast reliable image quality predictor by fusing micro-and macro-structures[J]. IEEE Transactions on Industrial Electronics, 2017, 64(5): 3903-3912.

[18] TUBAGUS I. Identifikasi dan Penetapan Kadar Boraks dalam Bakso Jajanan di Kota Manado[J]. Pharmacon, 2013, 2(4).

[19] GU K, QIAO J, MIN X, et al. Evaluating quality of screen content images via structural variation analysis[J]. IEEE Transactions on Visualization and Computer Graphics, 2017, 24(10): 2689-2701.

[20] FENG Y, REN J, JIANG J. Object-based 2D-to-3D video conversion for effective stereoscopic content generation in 3D-TV applications[J]. IEEE Transactions on Broadcasting, 2011, 57(2): 500-509.

[21] JAKHETIYA V, GU K, LIN W, et al. A prediction backed model for quality assessment of screen content and 3-D synthesized images[J]. IEEE Transactions on Industrial Informatics,

2017, 14(2): 652-660.

[22] MITTAL A, MOORTHY A K, BOVIK A C. No-reference image quality assessment in the spatial domain[J]. IEEE Transactions on Image Processing, 2012, 21(12): 4695-4708.

[23] CHEN Z, JIANG T, TIAN Y. Quality assessment for comparing image enhancement algorithms[C]. Proceedings of the IEEE Conference on Computer Vision and Pattern Recognition, 2014:

3003-3010.

[24] YANG X, LI F, ZHANG W, et al. Blind image quality assessment of natural scenes based on entropy differences in the DCT domain[J]. Entropy, 2018, 20(11): 885.

[25] GU K, XU X, QIAO J, et al. Learning a unified blind image quality metric via on-line and off-line big training instances[J]. IEEE Transactions on Big Data, 2019, 6(4): 780-791.

Cutting-Edge Technologies in
**Smart
Environmental
Protection**

第 5 章

空气质量智能感知系统设计及技术实现

城市空气质量智能感知在不同场景中所运用到的方法是不一样的。本章主要从自然场景、生活场景以及工业场景三大方面介绍空气质量智能感知的方法，并讲述在一些具体情况中的应用。

5.1
空气污染预警和溯源

随着物理学、化学以及气象学的发展，人们渐渐总结出关于空气污染的一些规律，这些规律使研究者在污染源工艺处理、污染物排放检测、空气污染预警和溯源等方面拓宽了视野、开创了新的思路。近年来，人工智能技术的深入发展，也为这一领域注入了新的活力。基于上述分析，本节将从大气污染预测、预测预警建模、预测数据来源三个方面介绍空气污染预警和溯源。

5.1.1　空气污染影响因素

空气污染的影响因素可以分为两大类：气象条件和污染物排放量。气象条件属于自然因素，是不可控的，并且具有很强的波动性；污染物排放量属于人为因素，是空气质量的决定性因素，所以也是研究的重点。

人类的生产和生活中会产生大量的细颗粒物和有害气体，这些气体和颗粒物被排放到空气中，并且超过了大气系统的自净化能力，从而导致空气污染。常见的空气污染物包括氮氧化物、硫氧化物、O_3、CO、$PM_{2.5}$（直径小于 2.5μm 的颗粒物）和 PM_{10}（可吸入颗粒物）等。其中，$PM_{2.5}$ 具有独特的理化性质，可在大气中发生各种物理化学反应，从而造成大气能见度降低等污染现象。

部分悬浮颗粒物是由自然因素（例如强风）引起的灰尘和沙尘暴导致的，其他绝大部分的空气污染物是在人类的生产和生活中生成的，如石化行业的尾气燃烧和排放、火电厂燃煤产生的烟气、燃油汽车产生的尾气以及建筑工地产生的烟尘等。其中，汽车排出的一氧化碳、碳氢化合物、二氧化硫和烟尘微粒是空气污染物的主要来源。

5.1.2　空气质量预测预警建模

近年来，随着全球经济的快速发展，大气环境污染问题日益加剧，引起了各个国家、政府和人民的高度重视。常见的有害空气污染物有 NO_2、O_3、CO、细颗粒物（$PM_{2.5}$）等，当这些空气污染物超过一定浓度后便会对人体健康造成一定的伤害，例如：NO_2、O_3 容易引起呼吸道炎症，CO 可能损害人体血液系统和神经系统。$PM_{2.5}$ 是一种由空气动力学直径小于等于 $2.5\mu m$ 的颗粒混合而成的复杂空气污染物，与之相似的另一种名为可吸入颗粒物（PM_{10}）的污染物是由空气动力学直径小于等于 $10\mu m$ 的颗粒组成的。与 PM_{10} 相比，$PM_{2.5}$ 更容易进入肺部的深处，干扰肺部的气体交换，甚至会引发包括哮喘、支气管炎和心血管等方面的疾病，提高人体的发病率与死亡率。大气污染严重危害着人们的健康和安全，尽管近些年我国采取有效的治理措施，情况有所好转，但是大气污染无法在短时间内彻底改善，故需要一种有效的预测模型来预测未来数小时的空气质量。一方面，这将极大地促进政府的决策与管控，以采取各种方法减少大气污染物的排放；另一方面，进行短期内的空气质量预测在一定程度上可以指导人们更加安全地出行。

5.1.3　预测数据来源

机器学习算法诞生以来，研究者便一直尝试将其应用于实际问题中，针对不同的应用场景与任务进行与之对应的具体分析，并设计合理的学习模型。通常采用的模型是针对"数据特征"而设计的，因此数据的收集和分析是模型设计中的第一步，也是极为重要的一步。简而言之，在进行模型设计与训练时，合适的数据量与恰当的数据特征都是必不可少的。

本节所介绍的用于预测空气质量的相关数据来源于我国北京的 12 个地区，使用 TE-42CTL NO-NO_2-NO_x、TE43C SO_2、TE-49C O_3、TE48C CO、TEOM P1400a 这五种收集器 24h 自动采集气象指标数据和每小时记录的空气污染物数据。具体来说，所收集的数据内容包括 6 种空气污染物（NO_2、O_3、$PM_{2.5}$、PM_{10}、CO、SO_2）的浓度和 6 种气象因素变量（湿度、温度、气压、天气、风速和风向）的数据值，共 12 项数据特征。数据收集的模拟展示如表 5-1 所示。

表 5-1　实时收集数据内容

空气质量指数	114	更新时间	2018-06-18 18:00
$PM_{2.5}$	$82\mu g/m^3$	温度	31℃
PM_{10}	$114\mu g/m^3$	湿度	47%
CO	$9\mu g/m^3$	天气	雨
SO_2	$1\mu g/m^3$	风向	南
NO_2	$12\mu g/m^3$	风速	3
O_3	$107\mu g/m^3$	气压	996hPa

为了使读者更好地理解，收集的数据信息中，天气情况数据被分为了17个等级，数据存储值与天气情况对应如下：0（晴天）、1（多云）、2（阴天）、3（阴雨）、4（小雨）、5（中雨）、6（大雨）、7（暴雨）、8（雷雨）、9（冻雨）、10（雪天）、11（小雪）、12（中雪）、13（大雪）、14（雾）、15（沙尘暴）、16（扬沙）。

其中，风向情况分为8个等级，分别为：0（北风）、1（西北风）、2（西风）、3（西南风）、4（南风）、5（东南风）、6（东风）、7（东北风）；风速分为18个等级，从0级（无风）到17级（超强台风）。

除表5-1所示的数据集之外，本章使用的第二个数据集同样是在北京地区收集的，数据内容包括：记录时间（h）、温度（℃）、相对湿度（%）、风速（m/s）、气压（kPa）、能见度（km）、AOT、CO（mL/m^3）、NO$_2$（μL/m^3）、O$_3$（μL/m^3）、PM$_{2.5}$（μg/m^3），数据收集间隔为1h，收集时长为1周。

5.2
烟雾气体的感知

传统的火灾感知技术受检测器空间分布及气流等因素的影响较为严重。就目前研究来看，提高火灾感知的有效性和可靠性的主要方法为基于图像的火焰检测和烟雾检测技术。在火灾的初发阶段，一般不易感知到火焰，而通过对烟雾的检测能及早地产生火灾警报。烟雾识别在烟雾检测技术的基础上对可疑区域内的烟雾进行判别，目前烟雾检测识别技术已经应用到各种火灾预防中。

5.2.1 烟雾影像的特征分析

本节针对烟雾影像特征中的颜色特征、纹理特征、运动特征、能量变化特征、无序特征和遮蔽特征六方面特征进行详细阐述。

（1）颜色特征
颜色特征是一种全局特征，描述了图像或图像区域所对应的景物的表面性质。烟雾的颜色特征有别于其他物体，燃烧物燃烧的阶段不同，产生的烟雾颜色也不同，比如在火灾初期，烟雾呈现灰白色，研究人员通过颜色空间转换设计特定的烟雾颜色模型，以识别颜色空间中的烟雾与非烟雾。Miranda等通过多种颜色模型计算烟雾图像的像素值分布，并通过Relief特征分析烟雾与非烟雾在各个颜色模型中颜色成分的区分度，从而建立了29维的烟雾颜色模型[1]。Park等提出了一种基于特征包（BOF）和随机森林分类器的森林火灾烟雾检测方法，将烟雾候选区域和颜色信息相结合，然后提取 3D 单元的 HOG(Histogram of Oriented Gradient，方向梯度直方图) 特征，最后使用随机森林分类算法对 BOF 直方图进行分类[2]。Calderara 等利用小波变换系数和颜色信息提取烟雾区域，采用时间序列高斯混合函数建立图像能量统计模型，分析场景中烟雾引起的能量衰减，然后根据衰减的情况对烟雾进行评估检测[3]。

（2）纹理特征

与颜色特征不同，纹理特征更注重相邻像素之间的对比关系，其示意图见图 5-1。Çetin 等通过使用动态纹理识别烟雾区域的轮廓[4]。Ye 等使用 Surfacelet 变换和隐马尔可夫树（HTM）模型提取烟雾动态纹理[5]。该方法首先对图像序列使用金字塔多尺度分解，然后使用高斯混合模型和尺度连续性模型，并采用 Surfacelet 变换获得模型系数，最后通过使用期望最大化算法估计 HTM 模型参数。Yuan 等人提出了一种在每个像素编码中具有高阶方向导数的烟雾纹理特征提取方法[6]，该方法首先将方向导数量化为三元值以生成局部三元模式（LTP），然后将不同序列的所有联合直方图进行组合，以获得局部三元模式（HLTP），最后将支持向量机用于训练和分类。在另一篇论文中[7]，Yuan 等提出了基于金字塔直方图序列的烟雾纹理描述算子，首先通过多尺度分析构造三层图像金字塔，然后使用多种不同模式在图像金字塔的每个尺度上提取 LBP（Local Binary Pattern，局部二值模式）特征，并使用基于方差（LBPV）有相同模式的 LBP 生成 LBPV 金字塔，最后通过计算得到金字塔直方图，并将不同直方图结合以增强特征向量。

图 5-1　利用纹理特征区分烟雾与干扰物

（3）运动特征

Zhou 等提出了一种局部极值区域分割方法来识别较远的森林烟雾[8]。该方法首先使用最大稳定极值区域法获得初始烟雾区域，然后利用烟雾的静态特征从初始烟雾区域中尽可能排除非烟雾区域，随后基于烟雾运动独特的上升和延伸特征来检测累积区域的潜在烟雾扩散运动，从而区分烟雾和其他干扰物体。Lin 等人利用局部二进制模式（VLBP）的方法直接提取动态纹理[9]，通过运用各种 VLBP 方法（LBPTOP、VLBP、CLBPTOP 和 CVLBP）对提取的烟雾特征进行分析比较。如图 5-2 所示，于春雨计算了图像前景部分的光流矢量的大小和速度，并根据烟雾和其他干扰因素之间的统计分布差异来识别烟雾特征[10]。

图 5-2　烟雾的光流信息

（4）能量变化特征

烟雾存在半透明特性，因此烟雾图像中的高频信息会减少，如图 5-3 所示。Töreyin 等人利用当前帧和背景帧之间的小波变换检测图像中高频信息的减少部分，局部极值将出现在背景边缘区域，以此来提取疑似烟雾区域[11]。MoG（高斯混合模型）考虑了由外部亮度或烟雾传播引起的图像能量变化，并可以区分出烟雾区域和移动物体引起的能量变化区域。Chen 等阐述了一般的小波变换方法中由纯色干扰物引起的误报，从而提出对比度图像的概念[12]，在此基础上，对背景帧和当前帧进行小波变换，由于边缘对应于高频，烟雾对应于低频，通过计算高频与低频之比以确定移动区域是否为烟雾。

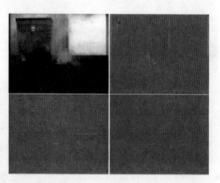

图 5-3　烟雾图像小波分解

（5）无序特征

烟雾的无序特征表现为一种小尺度、快速变化的随机运动。一般来说，这种无序特征表现为烟雾的湍流特性，即在外加光源不变的条件下，烟雾表现出闪烁、相位起伏以及漂移和扩散等现象。这些无序特征会导致烟雾影像信息的改变，从而为基于烟雾影像的烟雾检测与识别技术提供理论依据。Xiong 等人根据烟雾的湍流特性，使用烟雾区域的无量纲轮廓 - 面积比（疑似区域周长与面积平方根的比）来度量形状复杂度进行烟雾识别，当烟雾区域的湍流强度增加时，图像复杂度也会增加，该比例值也会随之升高，在三维空间，该比例值变为表面积和体积的立方根的比[13]。Fujiwara 等人发现烟雾的形状具有自相似分形特征，可以使用分形维数反映烟雾轮廓变化。该方法首先对灰度图像进行分形编码，然后根据编码得到有效的烟雾特征并据此进行烟雾区域探测[14]。

（6）遮蔽特征

在本章文献 [15] 中，烟雾的不透明度被选作烟气检测的特征，通过纯烟雾图像、背景图像和噪声干扰的线性组合建立受烟雾遮挡的图像模型，再通过从视频中学习的背景和当前图像反求烟雾的不透明性和烟雾区域。Ince 等人认为烟雾的出现会引起背景颜色的变化，因此对 RGB 分量的绝对变化值 ΔR、ΔG 和 ΔB 进行阈值处理来识别烟雾区域[16]。

综上所述，从事视频烟雾检测技术的研究人员主要致力于设计烟雾的各种人工特征，例如颜色、纹理、运动、能量、无序和遮蔽特征，以及各种特征的组合，试图挖掘出可以区分烟雾的特征，排除其他相似物的干扰。大多数传统的烟雾检测算法都利用视频序列中的时间序列信息。手动设计的特征提取器提取的烟雾特征表达能力有限，因此添加时间序列特征在区分烟雾和非烟雾方面起着重要作用。此外，一些研究人员还对单个图像的烟雾识别进行研究。在上述研究工作中，Yuan 等人所提出的方法都与各种图像烟雾特征描述符相结合，以构造出强大的烟雾图像特征描述符。夏雪等人主要研究了局部特征学习和表示方法在单个图像上进行烟雾识别的方法，并通过学习过程改进了现有的烟雾特征。该方法包括使用学习过程来获得高阶烟雾特征、跨尺度和多样性的烟雾特征以及多方向和多尺度的烟雾特征，这些研究主要基于传统特征描述符来构建更复杂的烟雾特征模型[17]。Tian 等人提出了一种基于大气散射模型的烟雾图像信息表征方法，使烟雾可以从单帧图像中分离出来。该方法使用基于烟雾和背景元素的双重字典法来解决准烟雾和准背景区域的稀疏表示问题[18]。

5.2.2　烟雾影像的特征提取与检测框架搭建

顾锞等提出的 DCNN 算法[19] 在工业烟雾检测领域有着重要的影响，因此本节将详细阐述 DCNN 算法。对于给定的图像，首先将输入图像分割成小块，然后使用 DCNN 分别对每个小块进行烟雾检测。通过该过程，可以将检测烟雾的任务转换为检测有烟和无烟的二分类问题。

顾锞等所提出的 DCNN 主要是使用双通道深层卷积神经网络来建立烟雾检测模型。DCNN 网络的第一个通道 SBNN 由多个卷积层和最大池化层顺序连接生成，为了缓解过度拟合的问题并加快训练过程，引入了批量归一化（BN）操作。研究发现添加 BN 层会限制提取特征的自由度，因此有选择地将 BN 层附加到最后四个卷积层后面。DCNN 网络的第一个通道 SBNN 主要用于提取烟雾细节纹理信息。通过将两个重要组成部分（跳跃连接和全局平均池化）与卷积层、BN 层和最大池化层合并，完成 DCNN 网络的第二个子通道 SCNN 的构建。SCNN 的第一个组成部分是跳跃连接，它有助于防止梯度消失并增强特征传播性能；第二个组成部分是全局平均池化，它有助于减少参数数量并降低过度拟合。DCNN 网络的第二个通道主要用于捕获烟雾的宏观结构信息，最终通过级联操作使两个通道的网络相互补充，最终完成 DCNN 网络构建。

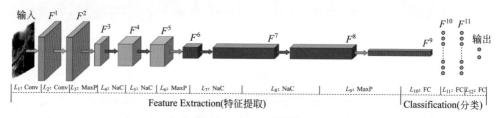

图 5-4　SBNN 结构图

（1）SBNN 框架

受最近提出的 DNCNN 模型的启发，在卷积神经网络的基础上建立了 SBNN，如图 5-4 所示。首先，依次连接 6 个卷积层和 3 个最大池化层以进行特征提取。卷积常被用于捕获局部信息，第 r 个卷积层由 n^r 个特征图组成，表示为 F_p^r（$p=1,2,\cdots,n^r$）。第 $r-1$ 个卷积层中的每个特征图 F_q^r（$q=1,2,\cdots,n^{r-1}$）与滤波器 W_{qp}^r 卷积并与偏置 b_p^r 相加，然后通过非线性激活函数 $\Lambda(\cdot)$，如式（5-1）所示：

$$F_p^r = \Lambda\left(\sum_{q=1}^{n^{r-1}} F_q^{r-1} \star W_{qp}^r + b_p^r\right), \quad p=1,2,\cdots,n^r \tag{5-1}$$

式中，"★"为卷积运算。激活函数利用了整流线性单元（ReLu）函数，因为该函数的特性与生物神经元的特征更加一致[20]。最大池化层的目标是通过激活局部最大响应以学习生物学上较合理的特征。最大池化层的主要优点是它对输入图像具有平移、旋转和缩放不变性，此外使用池化层可以减少网络参数的数量。

训练深层卷积神经网络时，最常用的优化方法是小批量随机梯度下降（SGD）。然而，由于内部协变量偏移的存在，即训练过程中内部数据分布的变化，通常会严重降低训练效率，文献 [21] 提出了 BN 操作以解决这种问题。在非线性激活之前使用比例和移位步长转换内部输入，BN 可以有效地加速网络训练并防止参数过度拟合。基于最小批量均值和方差，每个特征 f_j 的归一化如下：

$$\widehat{f_j} = \frac{f_j - \overline{\mu}_j}{\sqrt{\sigma_j^2 + \varepsilon}} \tag{5-2}$$

式中，$\overline{\mu}_j = \frac{1}{n}\sum_{i=1}^{n} f_{j,i}$，$\sigma_j^2 = \frac{1}{n}\sum_{i=1}^{n}(f_{j,i} - \overline{\mu}_j)^2$ 分别为数据的均值和方差；n 为批量的大小；$f_{j,i}$ 为批量数据中第 i 个样本的第 j 个特征；ε 为一个极小的正常数，用于提高数值稳定性。但是，标准化输入元素可能会降低其表示能力，于是引入两个自由参数 α 和 β 以缓解这些问题，如式（5-3）所示，通过缩放和移位操作变换归一化特征：

$$B(f_j) = \alpha\widehat{f_j} + \beta \tag{5-3}$$

最近的一项研究表明使用 BN 层会使提取到的特征的自由度受到约束 [22]，因此，去除第一个和第二个卷积层中的 BN 层，以便更好地保留图像块的烟雾特征。通过卷积层、BN 层和最大池化层对给定的图像块提取特征，并在最后一个卷积层后附加三个全连接层。全连接层包含大量可学习的参数，但是实验表明全连接层容易导致过度拟合。缓解这一问题的典型方法是引入 Dropout 技术 [22]，具体实现如图 5-4 所示，第一个全连接层 L_{10} 接收 F^9 的所有特征图作为输入信息，以产生 F^{10} 的特征图，式（5-4）所示：

$$F^{10} = W^{10} \star F^9 + b^{10} \tag{5-4}$$

同样可以得出第二个和第三个全连接层的输出，即特征图 F^{11} 和 F^{12}。由两个神经元组成的输出层 L_{12} 产生两类概率，$\hat{x} = \left[\widehat{x_1}, \widehat{x_2}\right]^{\mathrm{T}}$。然后使用 Softmax 函数计算第 u 类的第 u 个神经元的输出概率：

$$\widehat{x_u} = \frac{\exp\left(F_u^{12}\right)}{\sum_{i=1}^{2}\exp\left(F_i^{12}\right)}, \quad u=1,\ 2 \tag{5-5}$$

与 DNCNN 相比，SBNN 主要有两个改进方向：结构更加紧凑，选择使用基于批处理的归一化。

（2）SCNN 框架

如图 5-5 所示，第二个子通道 SCNN 在 SBNN 的基础上进一步引入了跳跃连接和全局平均池化。具体连接方式为先顺序连接 11 个卷积层、7 个 BN 层和 2 个最大池化层，以构造一个用于提取特征的序列网络。第一个卷积层 M_1 的卷积核大小设置为 9×9，以提取更为丰富的图像特征；第二个卷积层 M_2 的卷积核大小设置为 1×1，合并前层提取特征的同时不更改特征结构。BN 层也未附加到第 6 和第 11 个卷积层（即 M_6 和 M_{13}）。SCNN 通道使用了跳跃连接，将第一个特征图 G^1 连接到第五个特征图 G^5（在最大池化层之前）。这两个特征图通过级联操作合并在一起，随后通过卷积核大小为 1×1 的卷积层。该流程如式（5-6）所示：

$$G^6 = \max\left(0, V^6 \ast \left[G^1, G^5\right] + \widehat{b}^6\right) \tag{5-6}$$

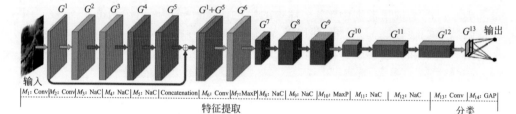

图 5-5　SCNN 结构图

式中，通过串联操作 $[G^1, G^5]$ 将两个特征图 G^1 和 G^5 连接在一起；V^6 和 $\widehat{b}^6$ 为用于卷积操作的权重和偏差。合并的特征图包含初始的简单特征和多个卷积层之后的复杂特征，随后，通过卷积、BN 和最大池化操作，可以筛除合并的特征图中的冗余特征。

与 SBNN 相比，SCNN 使用全局平均池化层取代了 3 个全连接层。具体而言，SCNN 采用一个卷积层 M_{13}（卷积核大小为 1×1，卷积核数量为 2）代替全连接层，然后使用一个简单的全局平均池化层 M_{14} 来生成一组平均值。全局平均池计算如式（5-7）所示：

$$G_t^{14} = \frac{1}{W_t H_t} \sum_{s=1}^{W_t H_t} g_{s,t} \tag{5-7}$$

式中，$g_{s,t}$ 为特征图 G_t^{13} 中的第 s 个像素值；W_t 和 H_t 为特征图 G_t^{13} 的宽度和高度。随后通过使用 Softmax 函数，可以得出第 u 类的第 u 个神经元的输出概率：

$$\widehat{y_u} = \frac{\exp\left(G_u^{14}\right)}{\sum_{i=1}^{2} \exp\left(G_i^{14}\right)}, \quad u=1,2 \tag{5-8}$$

通过使用跳连和全局平均池化，SCNN 具有两个显著的优点：其一是模型参数大大减少，从而减轻过度拟合的问题；其二是 SCNN 可用于容纳各种尺寸的输入图像块。

（3）DCNN 框架

实验证明了所提出的 SBNN 和 SCNN 模型均达到了较高的性能。SBNN 擅长提取烟雾的细节纹理信息，而 SCNN 可以很好地捕获烟雾的基本结构信息。因此，可以综合 SBNN 和 SCNN 的优势以构建用于烟雾检测的双通道 DCNN。具体实现为：去除 SBNN 的三个全连接层得到 $SBNN_0$，同样，去除 SCNN 的全局平均池化层得到 $SCNN_0$。此时 $SBNN_0$ 的输出大小与 $SCNN_0$ 的输出大小不匹配，通过删除第三个最大池化层 L_9 进一步修改 $SBNN_0$，以通过级联操作合并 $SBNN_0$ 和 $SCNN_0$，随后通过连接卷积核大小为 1×1 的卷积层 $\widehat{M_{13}}$。该流程如式（5-9）所示：

$$\widehat{G_{13}} = \max\left(0, V^{13} * \left[F^8, G^{12}\right] + \widehat{b^{13}}\right) \tag{5-9}$$

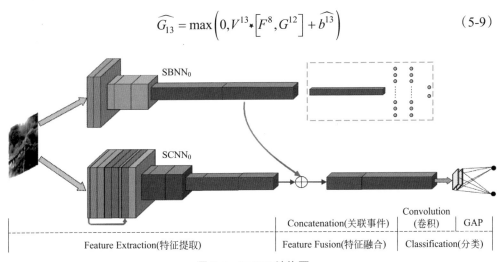

图 5-6　DCNN 结构图

显然，与全局平均池化层相比，全连接层包含更多可学习的参数。因此将全局平均池化层 $\widehat{M_{14}}$ 附加到最后一个卷积层 $\widehat{M_{13}}$，以计算两个平均值。然后使用 Softmax 函数计算两个输出概率值。可以通过参考式（5-7）和式（5-8）来实现以上过程。图 5-6 展示了 DCNN 的整体架构。

5.2.3　烟雾检测网络实现细节

网络训练中，首先独立训练每个子通道，通过试错法确定需要优化的网络结构，其结构如表 5-2 和表 5-3 所示。随后，使用均匀分布法来初始化网络权重，并通过应用动量和学习率衰减来提高训练效果并防止其陷入局部最优。

表 5-2　SBNN 网络参数说明

网络层	类型	网络参数
L_1,L_2	卷积	卷积核大小：3×3，数量：32，步长：1×1，填充：相同，激活函数：ReLU
L_3	池化	池化域大小：3×3，步长：2×2，填充：相同，池化方式：最大池化
L_4,L_5	归一化和卷积	卷积核大小：3×3，数量：64，步长：1×1，填充：相同，激活函数：ReLU
L_6	池化	池化域大小：2×2，步长：2×2，填充：无，池化方式：最大池化
L_7,L_8	归一化和卷积	卷积核大小：3×3，数量：384，步长：1×1，填充：相同，激活函数：ReLU
L_9	池化	池化域大小：2×2，步长：2×2，填充：无，池化方式：最大池化
L_{10},L_{11}	全连接	神经元数量：2048　　　　Dropout：0.5
L_{12}	输出	神经元数量：2

具体来讲，利用随机梯度下降法并将动量系数设为 0.9，模型初始学习率设为 0.01，学习率衰减系数设为 0.0001。与大多数分类任务类似，在 SBNN 的训练过程中采用了 One-Hot 编码，模型损失函数为交叉熵损失函数，如下式所示：

$$e(\boldsymbol{x},\hat{\boldsymbol{x}})=-\sum_{k=1}^{2}x_k\log\widehat{x_k} \tag{5-10}$$

式中，$\boldsymbol{x}=[x_1,\ x_2]^{\mathrm{T}}$ 为类别标签的向量；$\hat{\boldsymbol{x}}=[\widehat{x_1},\ \widehat{x_2}]^{\mathrm{T}}$ 为类别概率的向量。最小批量大小和训练轮数分别设置为 96 和 300。在上述参数设定下，使用训练集调整 SBNN 的模型参数，并将在验证集上取得最佳准确率的模型参数作为最佳参数。通过最小化损失函数 $-\sum_{k=1}^{2}x_k\log\widehat{x_k}$，执行相同过程来训练 SCNN。SCNN 的网络结构如表 5-3 所示。

表 5-3　SCNN 网络参数说明

网络层	类型	网络参数
M_1	卷积	卷积核大小：9×9，数量：32，步长：1×1，填充：相同，激活函数：ReLU
M_2	卷积	卷积核大小：1×1，数量：64，步长：1×1，填充：相同，激活函数：ReLU
$M_3,\ M_4,\ M_5$	归一化和卷积	卷积核大小：3×3，数量：64，步长：1×1，填充：相同，激活函数：ReLU

网络层	类型	网络参数
M_6	连接和卷积	卷积核大小：1×1，数量：64，步长：1×1，填充：相同，激活函数：ReLU
M_7	池化	池化域大小：2×2，步长：2×2，填充：相同，池化方式：最大池化
M_8，M_9	归一化和卷积	卷积核大小：3×3，数量：128，步长：1×1，填充：相同，激活函数：ReLU
M_{10}	池化	池化域大小：3×3，步长：2×2，填充：相同，池化方式：最大池化
M_{11}，M_{12}	归一化和卷积	卷积核大小：3×3，数量：256，步长：1×1，填充：相同，激活函数：ReLU
M_{13}	卷积	卷积核大小：1×1，数量：2，步长：1×1，填充：相同，激活函数：ReLU
M_{14}	池化	池化方式：全局平均池化，激活函数：Softmax

最后，将 SBNN 和 SCNN 合并得到 DCNN，如图 5-6 所示。通过优化部分网络参数（即卷积层 $\widehat{M_{13}}$）并冻结其他参数（即 $SBNN_0$ 和 $SCNN_0$）来训练 DCNN。然后微调 DCNN 的总体参数以搜索最佳参数。在上述两个步骤中，实现最小化损失函数 $-\sum_{k=1}^{2} x_k \log \widehat{x_k}$。

使用图像预处理方法可以进一步减少图像块的方差并提高网络的鲁棒性，比如图像块归一化和数据增强。归一化可以有效地减少亮度变化对烟雾检测的影响。DCNN 使用基于像素的最小 - 最大规格化方法归一化图像块，其计算公式如式（5-11）所示：

$$d_n = \frac{d_r - d_{\min}}{d_{\max} - d_{\min}} \tag{5-11}$$

式中，d_n 为像素的归一化值；d_r 为像素的原始强度值；$d_{\min}$ 和 $d_{\max}$ 分别为图像块中像素的最小值和最大值。

分类任务中，类别之间数据的相对平衡对算法的性能有重大提升。在用于训练网络的数据集中，总共约有 2200 张烟雾图像块和约 8500 张无烟图像块。通过 90°、180° 和 270° 旋转后，烟雾图像块的数量将近似于无烟图像块的数量。根据烟雾的特性可以将这些图像块视为全新烟雾图像块，这些不同方向的烟雾图像块与烟雾流动的不同方向有很强的相关性。为了方便读者，图 5-7 提供了几种代表性烟雾图像块的增强效果。

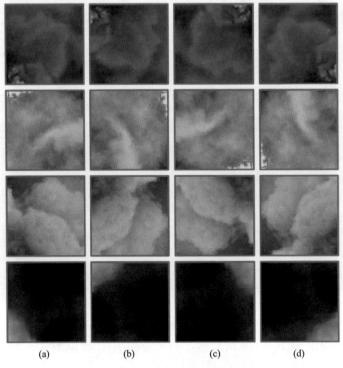

(a)　　　　　　(b)　　　　　　(c)　　　　　　(d)

图 5-7　烟雾图像块增广示例

5.2.4　实验验证与性能对比

实验表明，与 DNCNN[23]、ZF-Net[25]、VGG-Net[26]、GoogLe-Net[27]、Xception[28]、Res-Net[29]、Dense-Net[30] 和 Alex-Net[24] 这些卷积神经网络相比，DCNN 网络在提高烟雾检测性能和减少模型参数数量两方面有着显著的提升。

（1）实验设置

在此实验中，Gu 等提出了公开烟雾检测数据库[19]，该数据库由四个子集组成，包括 Set-1、Set-2、Set-3 和 Set-4。实验使用 Set-1（包括 831 个无烟图像块和552 个烟雾图像块）和 Set-2（包括 817 个无烟图像块和 688 个烟雾图像块）来测试网络的泛化性能。Set-3 由 8804 个烟雾图像块和 8511 个无烟图像块组成，这些烟雾图像块是通过对原始的 2201 个烟雾图像块应用数据增强而产生的。Set-4 包含 9016 个烟雾图像块（通过扩增原始的 2254 个烟雾图像块产生）和 8363 个无烟图像块，该数据集为验证集。图 5-7 的左侧显示了烟雾图像数据库中包含的四个典型烟雾图像块。

使用三个典型的评估指标以量化 DCNN 与其他网络的性能，这些指标包括准确率（AR）、检测率（DR）和误报率（FAR），定义如下：

$$AR = \frac{P_1 + N_2}{T_1 + T_2} \times 100\% \tag{5-12}$$

$$DR = \frac{P_1}{T_1} \times 100\% \tag{5-13}$$

$$FAR = \frac{N_1}{T_2} \times 100\% \tag{5-14}$$

式中，T_1 和 T_2 分别为正样本和负样本的数目；P_1、N_1 和 N_2 分别为正确分类的正样本数、误分为正样本的负样本数和正确分类的负样本数。AR 和 DR 的值越高，FAR 的值越低，则证明模型的性能越好。

（2）性能比较

DCNN 性能指标如表 5-4 所示，该模型获得了非常高的性能，平均准确率甚至超过 99.5%。前两种模型是基于手工特征和径向基函数（RBF）卷积核的 SVM 而设计的。通过网格搜索方法，在 Set-1（1383 个图像块）和 Set-2（1505 个图像块）数据集上训练以获得最佳的 SVM 参数。

表 5-4　DCNN 与基于手工特征的模型对比表

模型		HLTPMC[6]	MCLBP[31]	DCNN[19]
Set-1	AR	96.4%	96.9%	99.7%
	DR	97.7%	97.6%	99.5%
	FAR	4.57%	3.68%	0.12%
Set-2	AR	98.4%	97.8%	99.4%
	DR	98.5%	98.4%	99.0%
	FAR	2.44%	2.86%	0.24%

对于 HLTPMC，将 SVM 中的惩罚系数和伽马系数都设置为 1；对于 MCLBP，则将它们分别设置为 798 和 102。从表 5-4 中可以看到，DCNN 的性能优于 HLTPMC 和 MCLBP，以评价指标 AR 为例，相比于 HLTPMC 和 MCLBP，DCNN 在 Set-1 数据集上取得了 3.3% 和 2.8% 的性能提升，在 Set-2 数据集上则分别提升了 1.0% 和 1.6%。

如表 5-5 所示为 Alex-Net[24]，ZF-Net[25]，VGG-Net[26]，GoogLe-Net[27]，Xception[28]，

Res-Net（152 层）[29]，Dense-Net[30]、DNCNN[23] 和 DCNN[19] 八个网络在 Set-1 和 Set-2 数据集上的测试性能指标结果，DCNN 模型同样取得了最高性能。针对 *AR* 指标来说，与专门针对烟雾任务的深层卷积网络 DNCNN 相比，DCNN 在 Set-1 和 Set-2 数据集上分别取得了 1.9% 和 1.4% 的性能提升；DCNN 和排名第二的 Dense-Net 模型相比，则分别取得了 1.1% 和 1.0% 的性能提升；DCNN 与 Xception 模型相比，则分别取得了 1.8% 和 1.0% 的性能提升。表 5-5 给出了各网络的参数数量。网络参数数量是评价网络效率的重要指标，研究的目标是希望网络包含较少参数量的同时具有较强的泛化能力。其中，DCNN 仅包含 270 万个参数，远低于其他网络模型的参数。此外，还比较了各个网络的标准差，Alex-Net、ZF-Net、VGG-Net、GoogLe-Net、Xception、Res-Net、Dense-Net、DNCNN 和 DCNN 在 Set-1 数据集上的性能标准差分别为 0.2382、0.1436、0.1948、0.0049、0.0031、0.0063、0.0123、0.1014、0.0020，在 Set-2 数据集上的性能标准差分别为 0.2179、0.1338、0.1882、0.0034、0.0034、0.0036、0.0058、0.0502 和 0.0012。从上述实验结果分析，可以确定 DCNN 具有稳定的性能，优于其他对比网络。

表 5-5　DCNN 与现有流行网络检测效果对比表

网络		Alex-Net[24]	ZF-Net[25]	VGG-Net[26]	GoogLe-Net[27]	Xception[28]	Res-Net[29]	Dense-Net[30]	DNCNN[23]	DCNN[19]
Set-1	*AR*	95.6%	96.0%	96.8%	97.0%	97.9%	97.2%	98.6%	97.8%	**99.7%**
	DR	94.9%	93.6%	95.2%	95.8%	96.7%	95.1%	98.3%	95.2%	**99.5%**
	FAR	3.85%	2.41%	2.16%	2.17%	0.13%	1.44%	1.08%	0.48%	**0.12%**
Set-2	*AR*	96.9%	97.6%	97.9%	98.1%	98.4%	98.1%	98.4%	98.0%	**99.4%**
	DR	96.5%	97.9%	97.9%	97.2%	98.0%	97.4%	98.2%	96.3%	**99.0%**
	FAR	2.69%	2.57%	2.08%	1.22%	1.10%	1.22%	1.10%	0.48%	**0.24%**
参数数量		60 M	60 M	120 M	7 M	20 M	60 M	7 M	20 M	**2.7M**

如表 5-6 所示为 DCNN 与它的两个子网络 SBNN 和 SCNN 的性能指标结果，SBNN 受 DNCNN 启发，故表中包括了 DNCNN 模型。从表中可以得出，SBNN 的性能优于 DNCNN，SCNN 的性能优于 SBNN，这可能是由于使用跳跃连接从而防止梯度消失并增强了特征传播能力，同时使用全局平均池化减少了参数数量，从而减轻了模型过度拟合的问题。DCNN 比 SCNN 的性能更好，这可能来源于 SBNN 和 SCNN 的适当融合和相互补充的结果，即融合烟雾的细节纹理信息和基本轮廓信息。

表 5-6　DCNN 与各子网络单独检测效果对比表

网络		DNCNN[23]	SBNN[19]	SCNN[19]	DCNN[19]
Set-1	AR	97.8%	98.3%	98.6%	**99.7%**
	DR	95.2%	97.3%	97.6%	**99.5%**
	FAR	0.48%	0.96%	0.84%	**0.12%**
Set-2	AR	98.0%	98.7%	98.5%	**99.4%**
	DR	96.3%	98.4%	97.2%	**99.0%**
	FAR	0.48%	0.98%	0.48%	**0.24%**

5.3
汽车尾气智能感知

近年来，我国机动车保有量的增长速度非常快，机动车尾气成了城市空气恶化的主要因素之一。机动车排放物是目前城市空气污染物的主要来源，尤其是 CO、HC、NO_x 等空气污染物的主要来源，柴油车排放的细微颗粒在城市区域往往也占很大比重。同时，汽车排放污染物对城市郊区和农村道路附近的区域也造成了明显的空气污染。汽车排放的污染物对人体和生态环境造成了很大的影响，特别是儿童、老人、孕妇和患有心脏病的人，更容易受到伤害。因此，对汽车尾气进行感知十分重要。

在这里我们基于图像对汽车尾气进行感知，即通过汽车尾气排放的黑烟来进行感知。汽车尾气智能感知通过在道路上安装的摄像头对行驶在城市道路上的汽车进行图像采集，将采集到的道路上汽车尾气排放情况的图像通过网络传送给执行检测算法的服务器。该模块可以直接利用目前已经安装在道路上的监控摄像头进行图像采集，这样能够有效地提高目前道路上安装的摄像头的使用效率，大幅减少政府部门在汽车尾气图像采集模块上的预算。该模块在实际应用中的占地面积不大，可以在墙上等立体空间部署，减少土地的占用率，提高空间的利用率，甚至还可以利用可移动的摄像头进行汽车尾气污染物排放情况的图像采集，具有灵活、方便等优势。此方法可以突破固定的空间限制，在任何地点采集该道路上的汽车尾气排放情况。

该模块也可以针对某辆汽车进行实际的汽车尾气污染物排放情况的感知，从而对单个车辆进行针对性的整治。每一个汽车尾气采集模块都可以看成一个微观的汽车尾气污染物排放感知装置，在城市中可以放置无数个这样的采集模块。每一个模块都独立采集互不干扰，但每一个模块的传输方式都是并行的。将上述采集到的汽车尾气图像信息进行整合，就可以得出整个城市汽车尾气污染排放总量的实时情况。相关政府部门可以通过使用上述拼接整合出来的宏观城市汽车尾气排放污染物总量的空间信息制定相关的防治政策与措施，对应不同的城区使用不同的措施来控制汽车尾气排放的污染物总量。摄像头采集行驶在城区道路上的汽车尾气污染物排放情况如图 5-8 所示。

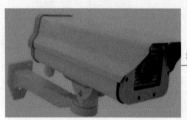 汽车尾气排放情况采集

图 5-8　摄像头采集行驶在城区道路上的汽车尾气污染物排放情况

5.4
水泥熟料烧成系统 NO_x 浓度感知

水泥工业是我国国民经济支柱产业，2020 年我国水泥产量约 23.8 亿吨，占全球水泥产量的 50% 以上。然而，水泥工业是高能耗产业，能源消耗占到水泥熟料成本的 65%，与世界水泥先进生产技术相比，我国水泥综合能耗偏高，能源消耗和环境污染已成为阻碍我国水泥工业发展的关键问题[32]。精确控制风、煤、料的比例，实现水泥熟料生产过程平稳优化运行是降低能耗和减少污染的关键条件。但是，水泥熟料烧成系统是一个复杂、多变量、时变非线性动态系统，生料的气、液和固态之间复杂的物理化学反应存在于整个熟料煅烧过程中，并伴随着强耦合、大滞后、强干扰等因素，致使建模困难，部分关键参数难以实现在线预测，平稳优化运行难以实现。本节内容将介绍水泥熟料煅烧过程中 NO_x 浓度的在线预测问题。

5.4.1　水泥熟料烧成系统研究

新型干法水泥生产线是我国水泥生产的主力军，截止到 2020 年底，我国新型干法水泥熟料生产线有 1600 余条。新型干法水泥生产工艺过程中，水泥熟料烧成系统是水泥生产工艺过程中最重要的一个工艺环节，是水泥生料在高温条件下煅烧成水泥熟料的热工系统。如图 5-9 所示，悬浮预热器、分解炉、回转窑及篦冷机是水泥熟料烧成系统的主要设备。

① 悬浮预热器一般由 4 ～ 5 级旋风筒连接而成，每级旋风筒下料口与下一级旋风筒出风口通过管道相连。悬浮预热器利用分解炉及回转窑输送的高温气体将生料打散、加热，同时起到传输生料的作用，没有燃料燃烧，不产生 NO_x 气体。

② 分解炉是一个集燃料燃烧、热量交换和物料分解同时进行的高温气固多项反应器，输入燃料占全部燃料 60% 左右，温度一般在 850 ～ 950℃之间，生料分解率超过 90%。分解炉内燃料燃烧放热过程和生料分解吸热过程相互耦合，回转窑产生的高浓度 NO_x 进入分解炉，使得 NO_x 在分解炉内既有还原反应，又有生成反应，反应过程更加复杂。

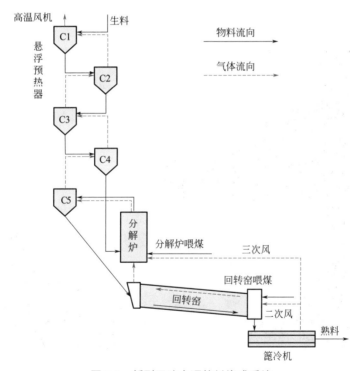

图 5-9　新型干法水泥熟料烧成系统

③ 如图 5-10 所示，回转窑是一个旋转的大型圆筒形设备，由窑尾、窑筒体及窑头组成，物料及高温烟气在窑内相向移动。窑内消耗燃料占总燃料的 40% 左右，物料温度可达 900 ～ 1450℃，烟气温度为 1200 ～ 2000℃。物料在窑内高温环境下进行复杂的物理化学反应形成熟料，同时产生大量的 NO_x 气体。新型干法回转窑内火焰（图 5-11）的温度、形状及强度对于窑内 NO_x 生成量具有决定性的作用，

既保证高效的热交换，又确保不出现局部高温。总之，回转窑是一个多功能设备，输送物料和高温气体，提供煤粉燃烧空间和助燃空气，提供必要的热交换条件，以及创造复杂物理化学反应所需的条件。

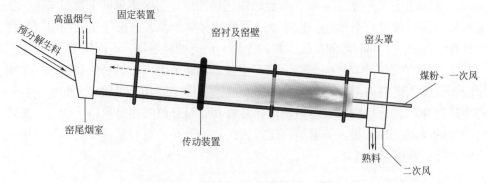

图 5-10　回转窑

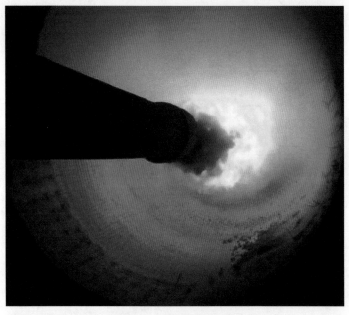

图 5-11　回转窑内火焰

④ 箅冷机是一种骤冷式冷却机，主要功能是对高温水泥熟料进行降温冷却、输送，同时为回转窑及分解炉提供高温空气促使煤粉燃烧。箅冷机这一环节不发生化学反应，所以没有 NO_x 产生。但箅冷机提供分解炉及回转窑煤粉燃烧所需的高温热风，其工作状态对于熟料煅烧质量、能耗及 NO_x 的产生起到很大的作用。

5.4.2 工艺流程

水泥生产工艺概括为"两磨一烧"，既生料磨、熟料煅烧及熟料粉磨，而能耗及污染物排放主要发生在熟料煅烧阶段。新型干法水泥熟料烧成工艺基本流程如图5-9所示，主要包括预热、分解、煅烧及冷却四个阶段，形成相向而行的物料流向和气体流向。在此过程中，高温气体通过对流、辐射、传导三种方式与物料进行热交换，达到煅烧目的。

① 物料流向。生料制备后送入悬浮预热器二级旋风筒气体出口管道内，被高速上升的高温气流打散后悬浮于气流中，进行气固热交换后随气流进入一级旋风筒。气料分离后气体由一级旋风筒出风口排出，生料被送入三级旋风筒出风口管道内，气固热交换后进入二级旋风筒，以此类推直至进入四级旋风筒。在四级旋风筒分离后，生料送入分解炉进行碳酸盐分解。为促进分解，大量煤粉在来自箅冷机高温热风（三次风）的作用下燃烧放热，并产生大量的 NO_x 气体。在高温条件下，生料预分解后经五级旋风筒由窑尾送入回转窑，在窑体转动及物料重力的作用下，由窑尾缓慢向窑头移动，此过程持续 20～30min。同时，煤粉由窑头随一次风喷入窑内，在助燃空气（一次风和二次风）的作用下，快速高温燃烧释放大量的 NO_x 气体。物料在窑内高温环境下继续分解，进行复杂的固相反应和液相反应，形成熟料。最后熟料经窑头进入箅冷机进行冷却。

② 气体流向。气体流向正好与物料流向相反，相向而行。冷空气进入箅冷机与高温熟料热交换后，迅速升温至 1000℃ 左右，形成二次风和三次风，分别进入回转窑和分解炉助燃。在回转窑内，燃料在一次风和二次风的协助下急剧燃烧形成高温烟气，在高温风机抽力的作用下由窑头流向窑尾烟室，顺烟道进入分解炉与三次风一起助燃喷入燃料，促进生料碳酸盐分解。随后高温烟气携带分解后的生料进入五级旋风筒，气固分离后，高温气体向上携带三级旋风筒中的生料进入四级旋风筒，以此类推直至由一级旋风筒排除。

5.4.3 窑炉中 NO_x 浓度的感知

氮氧化物（NO_x）是水泥熟料煅烧过程释放的主要大气污染物之一，是雾霾、酸雨及化学烟雾形成的主要贡献者。在我国，水泥行业 NO_x 排放量占排放总量的 10%～12%，是除电力和机动车外的第三大排放源。针对水泥行业 NO_x 限排问题，国家环境保护部及行业协会颁布了一系列排放标准，限排逐步升级，减排形势日益严峻。另外，NO_x 浓度是水泥熟料煅烧过程平稳优化运行的关键参数之一，反映了水泥熟料在回转窑内的煅烧工况。然而，水泥熟料烧成系统是一个典型的大滞后系统，具有很大惯性，熟料煅烧过程要持续 20～30min，NO_x 测量值反馈滞后。随着"中国制造2025"的深入开展，研究基于数据驱动的水泥熟料煅烧过程 NO_x 在线预测方法迫在眉睫。

水泥生产过程产生的氮氧化物主要以燃料型和热力型 NO_x 为主，目前的处理方法主要有低 NO_x 燃烧、选择性非催化还原法、烟气净化技术、SCR法。低 NO_x 燃烧技术的特点是简单易行，初投资低，但是降低 NO_x 的幅度受到一定限制。烟气净化技术能大幅度降低 NO_x 排放量，但存在初投资巨大、运行费用高的问题。选择性非催化还原法温度区间过窄。SCR法有着良好的前景，但是此方法目前尚有一些问题需要解决，如催化剂活性的提高、操作温度范围的扩大，以及尾气中 NH_3 的残留。由此看出，根据水泥窑炉中 NO_x 的生成以及现有的处理技术存在的缺点，研究更高效的 NO_x 处理技术具有良好的前景。

5.5
放空火炬烟气感知

在石化企业中，放空火炬是保障安全的必要设备。其用以处理生产过程中产生的工业废气，在预防重大事故、保障安全生产、防止有毒有害气体泄漏等方面起到至关重要的作用。保障安全生产与保护大气环境是新时期我国石化产业发展中的重点和难点问题，受到了党和国家的高度重视。然而，在石化生产中，系统设计缺陷、人员操作不当等原因引发的放空火炬烟气超标排放或挥发性有机物直接泄漏等事故，严重污染大气环境、危害周围居民生命安全和身体健康。

火炬气是否完全燃烧是放空火炬系统的核心问题。本节对放空火炬系统进行简述，讨论放空火炬系统在不完全燃烧情况下的烟气排放问题及其处理方法，并针对放空火炬燃烧的特性和烟气排放过程，对放空火炬燃烧影像的分析处理方法进行介绍。

5.5.1 放空火炬概述

（1）放空火炬系统

在石油化工厂和炼油厂等大型工厂的生产过程中，不可避免地会发生诸如设备故障、停水、停气、停电、人为误操作等问题。火炬气是指在发生上述意外事故或化工厂停机检修等特殊工况下，生产设备中产生的大量易燃易爆的工业废气，以及生产过程中所产生的一些不可回收气体。目前，对这些火炬气进行燃烧处理，如图 5-12 所示。具体来说，就是利用放空火炬系统对这些火炬气进行燃烧，将其转化为二氧化碳、水蒸气等对空气无害的气体。上述处理措施能够有效降低火炬气对环境的污染，同时极大地保护工业生产过程中的设备及人员安全。

图 5-12　放空火炬燃烧现场

由于正常生产流程的需要，生产装置或管线持续或断续地排放出工业废气时，或者在某些突发情况下出于生产安全的需要而排放出大量工业废气时，放空火炬系统就承担起燃烧这些排出气体的重要任务。

（2）放空火炬基本组成

放空火炬系统一般包括基础火炬设备、自动点火系统、消烟控制系统。

① 火炬设备的基本组成　火炬设备的基本组成包括火炬管网、分液罐、水封罐、火炬头、分子密封器等，如图 5-13 所示。

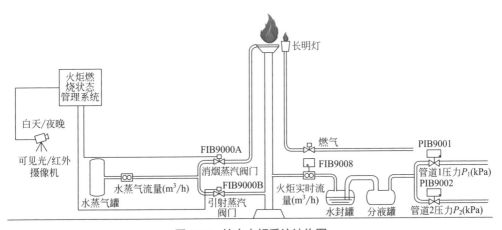

图 5-13　放空火炬系统结构图

火炬管网是将生产装置排放出的气体引导至放空火炬的通道。它关系到整个气体传输系统的安全性以及稳定性，进而间接影响到所有连接到管网系统的安全阀运行情况，因此火炬管网系统的设计在整个放空火炬系统中十分重要。火炬管网也是整个放空火炬系统中结构较复杂、要求较严格的部分之一，整个设计过程需要反复地计算和校对来完成。火炬管网大体上包括以下几个部分：安全泄放装置出口的尾管部分、装置的汇管部分以及整个化工厂的泄放总管。根据火炬管网的设计准则要求，火炬总管的流速要求低于 0.2 马赫，火炬分支汇管的流速要求低于 0.5 马赫，安全装置尾管的流速要求低于 0.7 马赫[33]。

火炬气分液罐是将火炬气中残留的液体和固体去除的装置，是火炬系统的重要组成部分之一。每根火炬排放总管均应设有分液罐，在遭遇突发事故时，火炬系统会瞬间释放大量火炬气，而分液罐能够将气体传输过程中产生的凝液除去，进而减少火炬气燃烧放空时的阻力降。通常情况下，在火炬系统内也会通过设置分液罐来减少火炬气总管凝液量，以保证火炬气的排放过程不危害环境和人员安全。具体来说，当火炬头位置距离火炬系统较远时，火炬气在传输过程中会产生一些凝液。如果这些液体被携带进火炬头，就可能会被点燃，进而形成火雨现象危害环境和附近人员的安全。此外，当火炬系统设置位置离化工装置较远时，为了防止火炬气在输送过程中产生凝液，通常在火炬气进入火炬筒体前也需要设置分液罐，避免火炬装置损坏或者产生回火的情况。分液罐的结构如图 5-14(a) 所示。

水封罐的主要作用是保护火炬管网不发生回火现象，一般选择将其设置在分液罐与火炬头之间且靠近火炬的位置。水封的过程是利用水的压力来对火炬气进行密封，与此同时将火焰与火炬管网隔离开。水封罐中储存有一定液位的水，火炬气从入口进入水封罐后就溶入这些水中，只有当水封罐内压力到达一个设定的阈值时这些火炬气才会进入火炬头[34]。而一旦产生回火，火焰从出口处一直蔓延到水封罐内，由于火炬气入口位于水封罐下方，水封罐中的水就能够阻挡住火焰蔓延的趋势，从而阻止了回火的危害[35]。水封罐的结构如图 5-14(b) 所示。

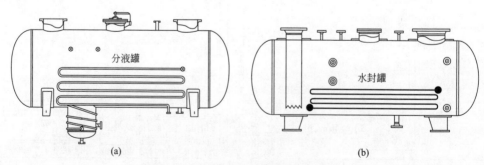

(a) (b)

图 5-14　分液罐、水封罐结构示意图

火炬头是火炬系统的核心部件之一。如图 5-15 所示，它是一个燃烧装置，处理排放到火炬系统中的火炬气。对火炬头的基本要求包括：能够安全燃烧各种工况下产生的火炬气；燃烧后的产物对周围环境污染符合有关规定；要结构简单，选材得当，使用寿命长，并且便于安装和维修。目前，常见的火炬头有简易火炬头、无烟喷气火炬头、无烟鼓风火炬头、多管火炬头和附壁效应火炬头五种类型，不同类型火炬头的消除黑烟效果也有所不同。下面将分别对五种火炬头进行简要介绍。

图 5-15　某电力设备有限公司生产的通用筒形火炬头

a. 简易火炬头：它是一种由点火系统、长明灯等必要器件组成的简易管式火炬头，用于连续燃烧分子量低于 20 的火炬气，或在短时间内应急燃烧分子量大于 20 的烷烃类气体。若气体中重烃含量高，使用这种火炬头燃烧时会生成大量烟气。

b. 无烟喷气火炬头：它在简易火炬头上增加高压气喷嘴，利用少量高压气喷射促进火炬无烟燃烧。

c. 无烟鼓风火炬头：这种火炬头由两根同心管组成。火炬气通过环形空间，而低压空气由鼓风机送入内管，两种气体在火炬头端进行充分混合，有助于火焰稳定和无烟燃烧。无烟鼓风火炬头可用于连续燃烧分子量大于 20 的烷烃类气体。

d. 多管火炬头：这种火炬头的顶端有许多排气小管嘴，燃烧时的气体流速范围较大。通常情况下，这种火炬头不需要防止回火的水封罐和助燃的气体或空气。

e. 附壁效应火炬头：这种火炬头是一种专门用于烃类气体无烟燃烧和要求低辐射低热的无烟火炬头。它的工作原理是依据气体的附壁效应，即气体以高流速通过一个曲形壁面并从该曲面发散出去形成涡流，该涡流能带入相当于燃烧气体20 倍体积的空气，这就保证了火炬的高效燃烧。这种火炬头要求较高的火炬气出口压力（35～530kPa 表压），较高的出口气流速能够产生不倾斜的火焰，也能抵抗较强的风力。

此外，火炬头在点火、火炬气燃烧过程以及停止工作时都可能会发生回火和爆炸事故，主要原因是当气体排放量急剧下降、火炬头出口处气流速过低且筒体直径较大时，由于空气比火炬气的分子量更大，空气将从火炬筒体顶端沿壁流入筒体内，此时在筒内的某处空气和火炬气混合物可能处于爆炸极限之内，一旦遇到火苗就会发生回火或爆炸的情况。为了避免出现这种危险现象，在工业生产中需要连续地供给一定量的安全气体给火炬系统，以减少空气倒流入火炬筒内。同时，为了减少该类安全气体的需要量，在火炬头结构内一般需要安装有防止空气进入的密封部件。

火炬头可能发生的故障主要有被烧毁或者脱火，为防止这些情况产生，通常会采取以下两种措施来确保火炬气能够稳定燃烧，并延长火炬头的使用寿命：

- 使用镍基耐热合金材料打造的火炬头，从而保证火炬头具有较好的耐高温和耐腐蚀能力；

- 对火炬头出口气流的最大马赫数进行一定限制。火炬头无烟燃烧马赫数一般处于 0.1～0.2 之间，为最大排放量的 15%～25%[36]。同时应装设火焰稳定器，以确保在预期情况下不发生脱火。

火炬头的动态密封用到的是动态密封器，是安装在火炬头上的一个装置，可以保证在火炬气排放燃烧过程中阻止空气倒流进入火炬筒体内，以免烧坏火炬头或发生爆炸事故。动态密封器的工作原理是利用其松果形的结构，通过产生不同的速度梯度以达到阻止空气倒流进入火炬筒体内的目的。

将火炬头进行密封也可以使用如图 5-16 所示的分子密封器，一般设置在火炬头底部，两端连接法兰，与火炬头和火炬筒体分别相连。分子密封器的原理是保持氮气的持续通入，维持分子密封器上部的气压，防止外界空气在火炬气燃烧过程或停用状态下进入火炬系统，从而使火炬系统与外界进行隔离，有效地防止爆燃事故发生。分子密封器需要利用氮气的输入来维持运转，容易产生较高的资源成本，因此它并非火炬系统中必备的安全设备，通常根据化工企业自身的需要来设置。

② 自动点火系统的基本组成　自动点火系统用于点燃火炬气，主要包括点火器、长明灯、点火控制柜等部分。一般点火器可分为地面传爆式点火器和高空点火式点火器。地面传爆式点火器由于难以做到自动点火，现大多已经被淘汰，因此目前火炬系统主要使用的是高空点火式点火器。一般情况下，自动点火装置都能够手动点火，以确保在一些意外情况下不能自动点火时点火装置仍然能够工作，使得生产过程更加安全可靠。

长明灯的作用是在检测到有火炬气排放时能够保证及时点燃火炬。长明灯要求燃烧过程稳定，能够抵抗较为恶劣的环境。长明灯的结构如图5-17所示。其原理是采用燃料气体引射周围空气，将燃料和空气预先混合，形成均匀的可燃混合气体。长明灯的燃烧方式是采用预混燃烧，以达到在一定范围内的预混合效果要求。它的头部通常都会装配有用于维持火焰的保护罩，用来保证长明灯的使用过程稳定可靠。

图5-16　分子密封器　　　　　　图5-17　火炬长明灯

在火炬系统正常运行的情况下，火炬气首先经过火炬管网系统进入分液罐，将气体中包含的残留液体以及固体分离出去，之后进入水封罐储存。等待水封罐累积达到一定气压后，火炬气突破水封进入火炬头。此时点火装置检测到有火炬气进入就进行自动点火，火炬系统进入正常工作状态。

③ 消烟控制系统的基本组成　目前，国内石化工厂放空火炬的消烟控制系统主要采用可编程控制器（PLC）和分布式控制系统控制器（DCS）来实现自动控制，如图5-18所示。放空火炬消烟控制系统的操作界面通常使用组态软件，其调控方式分为两种。

图5-18　PLC控制系统（左）与DCS控制系统（右）

a.大多数企业采用人工手动调整阀门的方式来调节助燃蒸汽流量。当传感器检测到火炬气流量时，先将助燃蒸汽阀门打开到开度的三分之一，之后再通过操作人员的观察来判断燃烧中的黑烟情况，并由操作人员手动控制阀门开度，调整助燃蒸汽流量从而达到消烟的目的。这种方式需要操作人员以远程的方式，结合自身经验来调整和控制助燃蒸汽流量的大小。由于人工方式的控制难免会存在一些控制精度差、响应时间慢、疲劳失误、经验差异等问题，容易造成操作不及时、助燃蒸汽流量不合适等弊端。而且此方式自动化程度低，人工成本大，对黑烟识别准确率不高，因此难以做到及时、精准地消烟。

b.还有一些企业会根据火炬气与助燃蒸汽比值来设计自动控制系统，在变送器得到火炬气流量后 PLC 控制器可根据比值自动计算出助燃蒸汽流量值[37]。但这种方式也存在一定的不足，比如无法达到完全消烟效果或者投入助燃蒸汽流量过大而造成资源浪费，增加企业成本。它不但很难保证火炬气高效燃烧，还会降低设备寿命，同时造成助燃蒸汽的大量浪费，因此这种方法也不是理想的解决方案。值得注意的是，放空火炬系统工作的时候大多数是在发生事故的情况下，如停水、停电等。事故状态下提供的助燃蒸汽流量、备用电源有限，因此需要实现放空火炬助燃蒸汽流量自动控制，在助燃蒸汽的用量满足完全消烟的前提下，尽量控制助燃蒸汽用量最少，能耗最小。

（3）放空火炬性能要求

① 放空火炬燃烧问题　放空火炬虽然能安全地处理废弃的大量烃类火炬气，减少对环境的污染，但是火炬本身也可能会带来一些问题，如热辐射、液体飞溅、火炬烟气、光污染和噪声。

a.热辐射：火炬燃烧过程不可避免地会释放出大量的热量，其中热辐射对火炬系统影响比较大。辐射能量的大小与燃烧过程中的火炬气体量及其热值有关。热辐射对人员和设备都有危险，当热辐射强度达到 63kW/m² 时，8s 左右人就会产生痛感，20s 皮肤就会起泡。虽然操作人员穿上工作服能防止一定热辐射，在紧急作业时能在 473kW/m² 热辐射环境中坚持几分钟时间，但是在设计火炬时，仍需要考虑火炬系统各部分的容许热辐射强度、操作人员在该处的停留时间、火炬燃烧方式和防热辐射的遮蔽条件。

热辐射是确定火炬安置位置的重要因素。作为一项火炬定位准则，需要按照一定的原则来确定火炬的容许热辐射强度。对火炬附近设有操作岗位或经常有人员停留的场所，其容许热辐射强度不能高于 157kW/m²，这个值包括来自太阳的热辐射强度（0.79kW/m²），而对于非操作人员活动场所的容许热辐射强度，原则上可以高于以上规定值。但考虑到紧急事故作业时，操作或维修人员需在火炬系统附近停留，即便有合适的安全帽和工作服加以防护，其容许热辐射强度仍不得高

于 $473kW/m^2$。

在火炬塔底部一般不会设置连续操作的岗位，而只有可供人员通过的走道。通常在计算火炬臂长度时，对连续燃烧的火炬，该处的热辐射强度取为 $1.89kW/m^2$；对 16s 短时间间断燃烧的火炬或只有在紧急事故时放空燃烧的火炬，该处的容许热辐射强度可取 $43kW/m^2$。上述值要包括太阳的热辐射强度 $0.79kW/m^2$。

此外，火炬设备受热后的最高容许温度也在火炬系统设计时需要考虑的范围之内。设备的最高容许温度根据设备的材质、结构、用途以及所在地区的气候条件等因素而定。这种热平衡计算往往比较复杂，因此在工程上一般不进行具体计算，只考虑对火炬附近的设备用适当的隔热措施加以保护。

b. 液体飞溅：在通向火炬头的火炬气管道内如有烃类液体存在，该液体就可能随气流携带到火炬头点燃并作为"火雨"飞溅降落下来。"火雨"是放空火炬系统安全问题中最严重的问题。同对待热辐射一样，人员活动的场所和设备布置应尽量远离"火雨"可能达到的范围，将这种危险性降至最低。解决液体飞溅问题最根本的办法是减少或清除气体管道内的液体。火炬气分液罐的作用就是在气体流向火炬头时将气体中携带的液体分离出来。但当分液罐的尺寸不合理时，这些液体的去除也会随之受到不同程度的影响，因此火炬气分液罐的尺寸也需要根据火炬系统的实际需要而定。

c. 火炬烟气：理想的燃烧火焰应该是明亮的，而许多烃类气体燃烧时会产生一定的烟气，这是因为其在高温燃烧时形成了炽热的碳粒子，在特定条件下，这些碳粒子从明亮的火炬中以烟的形式被释放出来。在烃类气体中，诸如甲烷、氢和一氧化碳等分子量较轻的气体，只要燃烧完全就不会产生烟气，此外气体分子量小于 20 的烷烃类混合物完全燃烧时也不会产生烟气。而烃类物质的分子量越大，不饱和烃的含量就越多，越容易形成烟气。因此火炬气完全燃烧的基本条件是有充足的空气并使其在燃烧中能与空气很好地混合。

d. 光污染：发光现象是物质燃烧过程中大量热能释放引起的自然现象，过量的光会对人们的日常生活和生产过程造成一定的危害，并且会导致能源浪费。光污染还会损害人们的视力，引起人体一系列不适感，如损伤眼睛、导致焦虑情绪等。

e. 噪声：目前主要认为的噪声方式有喷射噪声和燃烧噪声两种。喷射噪声是指由经过气体出口的高流速火炬气体所产生的噪声，燃烧噪声主要是指燃料火炬气在燃烧过程中产生的噪声，并且火炬系统可能对燃烧噪声起放大作用。燃烧噪声通常难以避免，但可以通过合理设计火炬结构来调整气体出口的流速，从而抑制喷射噪声。因此在设计火炬时既要保持有一定的流速，确保火炬气与空气能有效地混合，又要限制出口气流速不能过高，以免产生较大的噪声。

② 放空火炬性能分析　如图 5-19 所示，放空火炬系统是工业冶金、石油化

工、油田开采、燃气储存与运输等行业的必备安全措施。放空火炬系统能够取得如此广泛的应用与其性能要求是密不可分的，为了避免正常生产过程中产生的废气污染，以及在意外事故发生时能够保证设备和作业人员的人身安全，放空火炬系统的性能也因此显得十分重要。

图 5-19　放空火炬系统的应用

放空火炬在燃烧时产生的是明火，因此放空火炬设置的位置、相对高度、与生产设备和作业人员之间的距离等都将直接或间接地影响生产安全。放空火炬设计的初衷是为了保障石油化工厂由于意外事故而停车时的工厂安全。如果放空火炬的性能无法满足要求或在生产过程中熄火，不仅不能起到保证生产安全的作用，反而有可能将原本分散在各处的小排量可燃气体集中成一个大容量的气体而导致更加危险的结果发生。例如，将火炬气与残留液体分离的分液罐没有被正确设置，火炬气中就会夹带大量的可燃液滴，进而会形成火雨现象；放空火炬系统的设计标准不达标，火炬气燃烧过程中产生的强烈热辐射就有可能对生产设备造成严重伤害，甚至会危害周围人员的生命安全。因此，放空火炬系统对于火炬气的燃烧不是简简单单地仅在火炬头处点燃就可以完成的，必须按照一定的规范，经过一系列计算后，慎重地选择不同材料的不同设备，并结合使用环境按照实际情况具体分析设计。总体来说，放空火炬系统的主要性能指标有以下几点[38,39]：

　　a. 利用蒸汽引射技术，使火炬气在各种工况下的燃烧更完全、更稳定；

　　b. 利用蒸汽助燃消烟技术，使燃烧、排放过程中无黑烟，并且降低噪声；

　　c. 火炬头使用高温合金制作，以达到延长使用寿命的目的，并配备动态密封器；

　　d. 利用软件分析火炬头中的流体阻力，使得火炬系统处于正常工作状态时，流动阻力最小；

　　e. 设置火炬管网阻火器或水封罐，以保证火炬系统的燃烧点与生产设备位置的有效分离[38]；

f. 利用自动点火装置，使系统更加节能环保，操作简单方便，自动化程度高，并选配附加地面点火系统，保证点火安全可靠；

g. 利用一些先进的影像分析技术，对火炬系统的燃烧状态进行实时高效的监测和控制；

h. 利用柔性塔架技术设计、建造火炬塔架，减少对自然资源的攫取，将建造成本控制在一定范围之内；

i. 能够结合上位机集成人机交互界面进行便捷、快速的管理操作。

5.5.2 放空火炬燃烧状态感知研究

由上述分析可知，火炬在不同燃烧状态下会呈现出不同的燃烧颜色特征，而且产生的黑烟更是可以直接被观察到，因此，基于影像信息来分析火炬的燃烧状态是一种较为理想的解决方案。此外，伴随着人工智能、机器学习以及深度学习的发展，计算机视觉在近些年取得了突飞猛进的发展。越来越多的模型在图像识别、分类以及检测中逐渐超越人眼能够分辨的视觉极限，这些都为基于影像的火炬燃烧状态检测提供了巨大便利。

放空火炬燃烧图像在采集过程中，不可避免地会引入噪声等问题。虽然神经网络技术已经被应用于各种领域，但受其自身或配套技术的限制，很多算法仍然处于实验阶段，特别是在一些复杂背景的工业现场，基于深度神经网络的方法并不能充分发挥其作用。为了弥补上述的缺点与不足，本节将介绍一种基于视觉的火炬烟气监测器，以监测石化企业在火炬气燃烧过程中是否排放烟气为最终目标。该模型首次尝试采用图像分析技术，从火炬气燃烧的影像集中快速定位火焰并自动感知烟气，实现了放空火炬的高效燃烧检测技术，显著降低了工厂能源成本[40]。

通过分析现有条件，本节所介绍的这一模型认为火炬气燃烧只有三种情况，即"无火焰无烟气""有火焰无烟气"和"有火焰有烟气"。由于火焰是火炬烟气的主要来源，该模型首先利用一种全新的广泛协调的颜色通道识别输入影像中是否存在火焰。

（1）建立火炬影像数据库

数据库是一个长期存储在服务器计算机内的，能够按照数据结构的不同，将需要的某些数据统一进行组织、储存、管理的集合。通常数据库的存储空间都很大，可以安全有效地存放千万条甚至上亿条实时和历史数据。

数据的类型和来源通常有很多，本节主要说明的是火炬影像数据库的建立。放空火炬可能工作在多种工况下，因此烟气排放类型也较多。将这些影像数据采集并加以研究和分析，能够及时发现石化工厂火炬气燃烧过程中存在的问题，以指导后续控制系统运作进而抑制火炬烟气。数据库的容量大小、性能特点等方面都将会对数据的调用、查询、管理产生一定影响。因此，设计一个完善、有效的火炬影像数据库是放空火炬控制系统的一个关键环节。

放空火炬的燃烧影像大多数以天空为背景，而天空的背景经常会包括一些云朵或飞鸟之类的景物干扰。因此，在这种情况下所采集的放空火炬燃烧影像需要包含大量不同背景。这里介绍的这一模型主要研究白天的放空火炬燃烧状态，如此一来，放空火炬的天空背景主要可以分为晴天和阴天两种情况。晴天下的放空火炬背景多为蓝色天空，主要干扰是动态的云、阳光和天空亮度等。而阴天下的放空火炬背景多为灰色天空，主要干扰为天空颜色，其与烟气颜色接近使得传统算法难以识别[41]。在建立影像数据库时，应该同时考虑天空背景的干扰和周围建筑物、树木等其他物体对火炬烟气识别的影响。本节使用的数据库采集于山东省一家石化工厂的视频录像，其包含大量不同时间、不同天气和不同角度的火炬烟气影像，使得各种情况下的天空背景信息更加全面。并且，为了增加天空背景的多样性，还增加了部分具备复杂背景的无烟气影像块，如图 5-20 所示。

图 5-20　部分放空火炬影像数据图

（2）快速火焰检测

火焰的存在是火炬烟气存在的基础，因此火炬气燃烧只有三种情况，即"无火焰无烟气""有火焰无烟气"和"有火焰有烟气"。因此，所研究的这一模型将根据以下公式确定火焰是否存在：

$$D_{\text{flame}} = F_1 B_1 \left(P_R \downarrow - P_B \downarrow \right) \tag{5-15}$$

式中，"↓"为下采样算子，用于将图像分辨率降低3倍以提高运算执行效率；P_R、P_B分别为 RGB 照片的红色通道和蓝色通道；B_1为阈值为 115 的二进制运算操作；F_1为滤波核大小为 4 的用于排除非火焰像素的中值滤波器。

上述检测算法可以确定一幅火炬燃烧影像中是否存在火焰，其得到的结果中有火焰的部分会高亮显示出，无火焰的部分将呈现出黑色。

参考文献

[1] MIRANDA G, LISBOA A, VIEIRA D, et al. Color feature selection for smoke detection in videos[C]// 2014 12th IEEE International Conference on Industrial Informatics (INDIN), 2014: 31-36.

[2] PARK J, KO B, NAM J Y, et al. Wildfire smoke detection using spatiotemporal bag-of-features of smoke[C]// 2013 IEEE Workshop on Applications of Computer Vision (WACV), 2013: 200-205.

[3] CALDERARA S, PICCININI P, CUECHIARA R. Vision based smoke detection system using image energy and color information[J]. Machine Vision and Applications, 2011, 22(4): 705-719.

[4] ÇETIN A E, DIMITROPOULOS K, GOUVERNEUR B, et al. Video fire detection-review[J]. Digital Signal Processing, 2013, 23(6): 1827-1843.

[5] YE W, ZHAO J, WANG S, et al. Dynamic texture based smoke detection using Surfacelet transform and HMT model[J]. Fire Safety Journal, 2015, 73: 91-101.

[6] YUAN F, SHI J, XIA X, et al. High-order local ternary patterns with locality preserving projection for smoke detection and image classification[J]. Information Sciences, 2016, 372: 225-240.

[7] YUAN F. Video-based smoke detection with histogram sequence of LBP and LBPV pyramids[J]. Fire Safety Journal, 2011, 46(3): 132-139.

[8] ZHOU Z, SHI Y, GAO Z, et al. Wildfire smoke detection based on local extremal region segmentation and surveillance[J]. Fire Safety Journal, 2016, 85: 50-58.

[9] LIN G, ZHANG Y, ZHANG Q, et al. Smoke detection in video sequences based on dynamic texture using volume local binary patterns[J]. KSII Transactions on Internet and Information Systems, 2017, 11(11): 5522-5536.

[10] 于春雨. 基于光流法火灾烟雾视频图像识别及多信息融合探测算法研究 [D]. 合肥：中国科学技术大学, 2010.

[11] TÖREYIN B U, DEDEOĞLU Y, CETIN A E. Wavelet based real-time smoke detection in video[C]// 2005 13th European Signal

Processing Conference, 2005: 1-4.

[12] CHEN J, WANG Y, TIAN Y, et al. Wavelet based smoke detection method with RGB Contrast-image and shape constrain[C]// 2013 Visual Communications and Image Processing (VCP), 2013: 1-6.

[13] XIONG Z, CABALLERO R, WANG H, et al. Video-based smoke detection: possibilities, techniques, and challenges [J].Journal of Hubei Radio &Televison University, 2007.

[14] FUIIWARA N, TERADA K. Extraction of a smoke region using fractal coding[C]// IEEE International Symposium on Communications and Information Technology, 2004. ISCIT 2004. IEEE, 2004, 2: 659-662.

[15] TIAN H, LI W, WANG L, et al. A novel video-based smoke detection method using image separation[C]// 2012 IEEE International Conference on Multimedia and Expo. IEEE, 2012: 532-537.

[16] INCE I F, GYU-YEONG K, GEUN-HOO L, et al. Patch-wise periodical correlation analysis of histograms for real-time video smoke detection[C]// 2014 IEEE International Conference on Industrial Technology (ICIT). IEEE, 2014: 655-658.

[17] ZHOU Y, YUAN F, XIA X, et al. Single image haze removal by feature mapping. 2019 IEEE International Conference on Multimedia & Expo Workshops (ICMEW), 2019: 144-149.

[18] TIAN H, LI W, OGUNBANA P O, et al. Detection and separation of smoke from single image frames[J]. IEEE Transactions on Image Processing, 2018, 27(3): 1164-1177.

[19] GU K, XIA Z, QIAO J, et al. Deep dual-channel neural network for image-based smoke detection[J]. IEEE Transactions on Multimedia, 2020, 22(2): 311-323.

[20] GLOROT X, BORDES A, BENGIO Y. Deep sparse rectifier neural networks[C]//Proceedings of the fourteenth international conference on artificial intelligence and statistics. JMLR Workshop and Conference Proceedings, 2011: 315-323.

[21] IOFFE S, SZEGEDY C. Batch normalization: Accelerating deep network training by reducing internal covariate shift[J]. arXiv preprints arXiv: 1502.03167, 2014.

[22] SRIVASTAVA N, HINTON G, KRIZHEVSKY A, et al. Dropout: a simple way to prevent neural networks from overfitting[J]. Journal of Machine Learning Research, 2014, 15(1): 1929-1958.

[23] YIN Z, WAN B, YUAN F, et al. A deep normalization and convolutional neural network for image smoke detection [J]. IEEE Access, 2017, 5: 18429-18438.

[24] KRIZHEVSKY A, SUTSKEVER I, HINTON G E. ImageNet classification with deep convolutional neural networks[J]. Proceedings of Advance Neural Information Processing System,

2012, 25: 1097-1105.

[25] ZEILER M D, FERGUS R. Visualizing and understanding convolutional networks[C]. Proceedings of European Conference on Computer Vision, 2014: 818-833.

[26] SIMONYAN K, ZISSERMAN A. Very deep convolutional networks for large-scale image recognition[J]. arXiv preprint arXiv: 1409.1556, 2014.

[27] SZEGEDY C, LIU W, JIA Y, et al. Going deeper with convolutions[C]. Proceedings of IEEE Conference on Computer Vision and Pattern Recognition, 2015: 1-9.

[28] CHOLLET F. Xception: deep learning with depthwise separable convolutions[C]. Proceedings of IEEE Conference on Computer Vision and Pattern Recognition, 2017: 1251-1258.

[29] HE K, ZHANG X, REN S, et al. Deep residual learning for image recognition[C]. Proceedings of IEEE Conference on Computer Vision and Pattern Recognition, 2016: 770-778.

[30] HUANG G, LIU Z, LAURENS V, et al. Densely connected convolutional networks[J]. Proceedings of the IEEE Conference on Computer Vision and Pattern Recognition, 2017: 4700-4708.

[31] LIU X, YUAN Z, XU Y, et al. Greening gement in China: a cost-effective roadmap[J]. Applied Energy, 2017, 189: 233-244.

[32] 潘博，陈擎宇，谭玲. 火炬系统及其应用概述[J]. 广东化工，2015, 42(17): 113-114.

[33] 焦厚骏. 火炬气回收装置水封阀系统应用分析[J]. 化工技术经济，2003(01): 44-49.

[34] 孟庆海. 火炬系统"本质安全"设计[J]. 石油化工安全环保技术，2014, 30(04): 7-9.

[35] 刘兴茂，寇国，王相飞，等. 蒸汽消除火炬黑烟的原理与方法[J]. 河北化工，2010, 33(06): 68-69.

[36] 郑万里. 火炬系统消烟控制的优化设计[J]. 石油化工自动化，2017, 53(2): 71-73.

[37] 周龙，李珍，王庆典，等. 放空火炬系统综合设计研究[J]. 工业炉，2014, 36(3): 18-21.

[38] 肖祖骐，等. 海上油田油气集输工程[M]. 北京：石油工业出版社，1994.

[39] GU K, ZHANG Y, QIAO J. Vision-based monitoring of flare soot[J]. IEEE Transactions on Instrumentation and Measurement, 2020, 69(9): 7136-7145.

[40] 刘茂珅. 基于卷积神经网络的放空火炬烟雾识别方法研究[D]. 北京：北京工业大学，2019.

[41] John H R, Tichenor A T, Joannes L, et al. Combustion efficiency of flares[J]. Combustion Science Technology, 1986, 50(4-6): 217–231.

第 6 章

空气质量智能识别方法

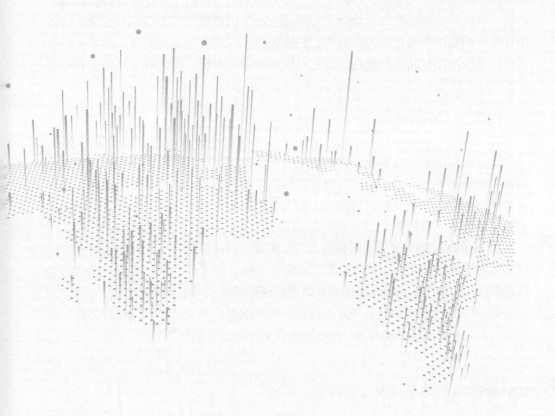

本书对空气质量的感知、识别与监控的研究主要基于对图像的采集与分析。前面对空气质量的智能感知进行了介绍，即通过采集各类空气污染的图像来感知空气中是否含有污染物，并对各个典型应用实际场景进行详细研究。但是准确、迅速地监控空气质量仅进行感知是不够的，仍需要对空气进行分类、定量分析等精细化研究。空气质量智能识别正是对采集到的图像进行进一步的分析与识别，为下一步空气质量的智能监控奠定基础。本章着重研究了空气质量智能识别的影像数据处理原理与方法。

6.1
空气质量智能识别概述

6.1.1 空气质量智能识别意义

摄像头捕捉的原始图像中通常包含大量信息，如房屋、树木和建筑物等。为了区分研究目标与干扰物，实现空气质量的精准识别，需要计算机对图像进行复杂的分析与处理等。计算机提取图像本身所具有的特征并依据这些特征信息从图片中识别出特定语义信息。具体来说，首先需要对原始图像进行分析并提取不同特征，其次对这些特征加以融合、处理及分析来识别空气污染物成分或浓度。利用计算机识别图像信息与人类直接识别图像信息在本质上是相同的，即都是依据图像的某些特征对其进行识别。通过对图像的识别分析，可针对不同的污染场景采取相应的措施。

6.1.2 空气质量智能识别技术

图像识别技术可大致分为模板匹配法、集成学习法、贝叶斯分类法、核方法和神经网络法等。其中神经网络图像识别技术在当前最为流行，尤其是基于卷积神经网络深度学习模型的识别技术，作为人工智能领域的新星，在图像识别领域取得了令人瞩目的成果。

① 模板匹配法是将已知的模板与目标图像进行匹配比较，在图像中搜寻与模板相同的方向、尺寸、位置的对象。此方法对模板的设计有较高要求，且精确度往往取决于目标图像与模板中的单元之间的匹配情况。

② 集成学习法通过将各类算法按照一定规则进行整合，使不同的分类器一起学习，常见的集成学习法有 Bagging 算法和 Boosting 算法。

③ 贝叶斯法是以概率统计中的贝叶斯定理为基础对图像进行分类，但某些情况下这种方法不能很好地提取图像特征，导致分类精确度出现问题。常见的贝叶斯分类算法有朴素贝叶斯算法和树增强型朴素贝叶斯算法。

④ 核方法通常用于解决非线性问题。该方法有更好的过拟合、泛化能力，且通过非线性变换时无须选择非线性映射关系。常见的核方法有正态随机过程、支持向量机等，已在图像处理和机器学习等领域中获得越来越广泛的应用。

关于神经网络方面的研究，在之后的章节会更加详细地介绍，本章将主要围绕图像识别基础知识展开介绍。

6.2
影像数据处理

6.2.1　影像基本特征

不同情况下获得的自然场景图像会包含不同特征，为了能够精准识别图像的语义信息，往往需要先对图像进行特征提取。图像中常见的特征可分为颜色、纹理、形状以及空间关系这四大类。本部分将对这四个特征分别加以阐述。

（1）颜色特征

颜色特征是在图像分析与处理中应用最广泛的一种全局特征。作为基础视觉特征，它主要用于描述图像整体或区域中的景物。因为图像的内容和颜色具有很强联系，所以相对于其他图像特征而言，颜色特征对于图像本身的尺寸、方向以及视角等方面的变化不敏感，具有高鲁棒性。常用的图像颜色特征提取方法包括颜色直方图、颜色集、颜色矩、颜色聚合向量和颜色相关图等，下面将针对这些方法进行概述。

① 颜色直方图　颜色直方图是表示颜色特征常用的方法之一，应用覆盖范围广。颜色直方图中常用到的颜色空间是 RGB 颜色空间和 HSV 颜色空间，其中前者使用更多。但是，考虑到 RGB 颜色空间的结构与人类对颜色相似性的主观判断存在较大差异，所以在图像分析过程中，也会使用更接近于人眼对于颜色主观认识的 HSV 颜色空间。当计算颜色直方图时，一般将这些颜色空间划分成若干个足够小的颜色空间，这些小颜色空间称为颜色直方图的一个"bin"，将大空间分为小空间的过程一般称为颜色量化（Color Quantization）[1]，然后通过计算颜色落在

每个小区间内的像素数量就可以得到颜色直方图。此类颜色特征提取方法不受图像角度变化、平移变化或尺度变化等的限制，能对图像中不同色彩所占的比例进行定量描述，但具有无法描述图像中颜色局部分布及每种色彩所处空间位置的缺点。

② 颜色集　由于颜色直方图难以对图像的局部颜色信息进行区分，Smith 和 Chang 提出了用颜色集（Color Sets）方法作为对颜色直方图的一种近似[2]，该方法可以在图像分析中大规模应用。颜色集方法的具体过程是先将图像 RGB 颜色空间转化为 HSV 颜色空间，然后同样将 HSV 颜色空间量化为若干个"bin"，再采用色彩自动分割技术将图像分为若干区域，并且将量化后的颜色空间中某个颜色分量作为该区域的索引，最终使该图像成为一个二进制的颜色索引集。利用这种二进制索引集构造的二分查找树方法加快了色彩检索与分析速度，目前已经广泛应用于大规模图像检索中[3]。

③ 颜色矩　区别于以上两种方法，颜色矩的最大特点是不需要对图像中的颜色特征进行量化。它是由 Stricker 和 Orengo 参考数学中矩的概念所提出的一种简单有效的表示颜色特征的方法[4]。图像中的每一个颜色分布都可以用颜色矩来表示，根据分布特点，颜色分布中的信息通过颜色一阶矩（Mean）、二阶矩（Variance）和三阶矩（Skewness）这样的低阶矩表现出来。与其他颜色特征相比，颜色矩具有简单高效的优点。图像中的颜色矩由 9 个分量构成，其中包括 3 个颜色分量，每个颜色分量上有 3 个低阶矩。但是这样的矩存在如下缺点，即低阶矩会降低图像分辨力，因此在实际应用中经常将颜色矩和其他特征结合使用，以尽量避免这种影响。具体操作时，在使用其他特征前，先使用颜色矩对提取的图像颜色特征进行过滤和缩小范围（Narrow Down）。

④ 颜色聚合向量　颜色聚合向量（Color Coherence Vector）方法是由 Pass 所提出的一个用于解决直方图和颜色矩对图像色彩空间位置表达不足问题的方法[5]。它是对直方图方法的改进，核心思想是：首先将图像分为连通和不连通两部分，然后将连通区域中图像像素分为聚合和非聚合部分，如果图像中某些像素所占据的连续区域面积大于预设阈值，那么该区域内的像素就可作为聚合像素，反之这些像素就作为非聚合像素。颜色聚合向量包含了颜色分布的空间信息，因此相比于颜色直方图，该方法具有更加丰富的颜色表达能力。

⑤ 颜色相关图　颜色相关图（Color Correlogram）是基于对颜色直方图方法的改进而提出的一种颜色特征提取方法[6]。传统的颜色直方图方法通常只能描述一种颜色的像素数目与像素总数目的占比情况，而颜色相关图除了能够描述这种占比，还能反映不同颜色之间的空间相关性。因此，利用颜色相关图能够有效提高检索图像的效率，尤其是检索具有空间一致性的图像。

（2）纹理特征

纹理特征是反映图像物体表面的一种特征，用于描述图像区域中景物的表面性质。对于物体在粗细、疏密方面具有明显差异时，采用纹理特征分析图像是非常高效的方法。而且，纹理特征作为一种统计特征，具有旋转不变性，因此可以抵抗较强的噪声干扰。但是，由于该特征无法获得高层次图像内容，故不能完全反映出物体的本质属性。另外，受到光照、反射等影响，当图像纹理之间的粗细度和稀疏性等差别不大时，利用纹理特征分析图像往往会失效，一些虚假的纹理可能会对分析过程造成"误导"。例如，光滑物体表面和水面之间的互相反射就会造成图像纹理变化不明显，或者当图像分辨率发生变化时，计算获得的纹理也可能存在较大偏差。根据纹理特征描述的不同，可将纹理特征提取方法分为如下几类。

① 统计方法　统计方法是用来研究图像中纹理区域的统计特性，如像素及其邻域内灰度的一阶、二阶或高阶统计特性等。由 Haralick 和 Shanmugam 等提出的灰度共生矩阵（GLCM）纹理分析方法是统计方法中的典型代表[7]。灰度共生矩阵方法通过实验来研究共生矩阵中的各种统计特性，从而得出灰度共生矩阵中的四个关键特征，即能量、惯量、熵和相关性。另外一个代表性方法是从图像的自相关函数（即图像的能量谱函数）提取纹理特征，即通过计算图像能量谱函数提取纹理的粗细度及方向性等特征参数[8]。

② 几何法　几何法是建立在纹理基元理论基础上的一种纹理特征分析方法。纹理基元理论认为众多简单纹理基元按照一定规律重复排列从而构成复杂纹理。Voronio 棋盘格特征法和结构法是几何法中比较常用且被广泛熟知的算法[9]，但是其应用的领域范围约束多，因此后续对此类方法的研究较少。

③ 模型法　模型法是基于纹理图像来估计模型参数并采用模型参数作为纹理特征的一类方法。使用某种分类策略可以分割图像，因此该类方法的核心问题在于如何构造模型参数。常用的模型纹理特征提取方法包括随机场模型方法和分形模型方法。随机场模型方法是指以概率模型来描述纹理的随机过程，先采用统计法计算其中的随机数据或随机特征，然后估计纹理模型参数，最后将模型参数通过聚类来形成与纹理类型数一致的模型参数。随机场模型法中的典型方法包括马尔可夫随机场模型法[10]和 Gibbs 随机场模型法[11]。分形模型方法是图像处理领域中备受人们关注的一种方法，其以分数维作为分形的重要特征和度量，从而实现将图像空间信息和灰度信息进行简单有机结合的功能。

④ 信号处理法　信号处理法也称作滤波方法。如想获得信号处理类的纹理特征，基本思路是利用线性变换、滤波器以及滤波器组将纹理转换到变换域，再根据能量准则提取纹理特征。常用的信号处理法包括 Tamura 纹理特征、自回归纹理模型、小波变换等[12]。此类方法具有如下优点：将空间域和频域相结合来分析纹

理特征、能在更精细的尺度上分析纹理等。此类方法的主要缺点是计算量比较大。

⑤ 结构分析法　结构分析法主要研究存在于纹理基元之间的"重复性"结构关系。结构分析法非常强调纹理的规律性，但在实际中获取的图像大多具有不规则自然纹理，所以此类方法适用于研究人造纹理，而在自然纹理分析上受到了一定的限制。常用的结构分析法包括句法纹理描述方法和数学形态学方法。

（3）形状特征

在进行图像分析时，除了分析图像颜色特征和纹理特征外，图像形状特征也非常重要。形状特征描述了图像区域和所对应的景物之间的表面性质，将图像中的物体从图像中分割出来以后，可以将物体的形状特征和尺寸大小相结合作为区分不同物体的衡量标准，该特征在图像分析过程中发挥着重要作用[13]。然而，目前对于形状特征的描述还存在诸多问题，例如缺乏较完善的对形状特征描述的数学模型，或者当目标物体存在一定变形时，基于该特征的目标检索会产生一定的偏差及类似问题。通常来说，形状特征包含两类常用的表示方法：一类是轮廓特征表示法，另一类是区域特征表示法。

① 轮廓特征　图像轮廓特征是指物体的外边界。轮廓即构成图形或物体外缘的线条，常由一系列相连的点构成。轮廓具有连续性特点，主要用来分析物体形态，着重研究黑色背景中的白色物体，避免寻找图像的轮廓特征时产生偏差。常用的轮廓特征表示方法包括边界特征法和傅里叶形状描述法。边界特征法主要是通过描述图像的边界特征来获取形状参数，典型方法包括 Hough 变换检测平行直线法、边界方向直方图法等。傅里叶形状描述法的核心思想是对图像中物体边界进行傅里叶变换，然后用变换后的边界作为图像的形状描述，通过区域边界的封闭性和周期性进行降维处理，从而将二维问题转换为一维问题。

② 区域特征　图像区域特征关系着整个形状区域。区域特征常用的描述方法包括几何参数法、形状不变矩法等。几何参数法是较简单的区域特征描述方法，其首先对图像进行分割，然后对分割后的图像进行有关形状的定量测量，如测量形状的面积和周长等特征，最后提取形状参数。但是，当图像的分割效果较差时，会无法提取图像形状参数。形状不变矩法的基本思路是将图像中的目标所占区域的矩作为图像的形状参数来进行提取。

（4）空间关系特征

通常情况下，一张图像中不仅包含上述颜色、纹理和形状等特征，往往还会具有空间关系特征，其同样可以作为图像分析中的重要信息。空间关系特征就是

指图像中多个物体之间的空间位置或者相对方向关系，它们一般可以分为连接 /
邻接关系、交叠 / 重叠关系和包含 / 包容关系等。物体之间的空间关系是图像内容
的一部分，同时也是场景理解中的关键部分，例如绿色的草原和茂密的森林。如
果依据颜色特征中的直方图方法，那么这两种景物的颜色直方图非常接近且不易
辨别，容易造成分析结果偏差大等问题。但是如果此时再加上空间关系这一特征
进行检索，指明"处于图像上部分的绿色区域"，则可以区分出草地和森林。基于
物体间空间关系的特征对于图像分析研究十分重要，具有广泛的应用前景和实用
价值。提取空间关系特征的方法一般可以分为两类：一类是首先对图像进行自动
分割，然后划分出其中所含的对象或颜色区域，最后根据这些区域对图像进行索
引；另一类方法是将图像均匀划分为若干规则子块，对每个图像子块提取特征建
立索引。

　　Freeman 是对空间关系特征进行研究的早期学者之一，他主要的贡献是定义
了 10 种基本的空间关系 [14]。后来，这 10 种基本的空间关系被 Bloch 总结成一个
较为完整、清晰的综述 [15]，对一些非精确的空间关系特征进行了总结和阐释并予
以归类说明，为后续对空间关系特征的研究奠定了坚实的基础并提供了诸多参考
思路。后来，经过数十年的研究和发展，对空间关系特征的探索已经发展到相当
完善和成熟的地步。特别是近年来，在图像分割研究中取得了飞速发展，还出现
了大规模带有分割标注的图像数据库，为此类研究工作开展创造了良好条件。空
间关系特征可加强对图像内容描述的区分能力，但空间关系特征常对图像或目标
的旋转、反转、尺度变化等比较敏感。另外，在实际应用中，仅仅利用空间信息
往往不足以有效准确地表达场景信息。为了实现图像分析的目标，除使用空间关
系特征外，还需要使用其他特征来配合。

6.2.2　影像处理的一般方式

　　由上述内容可以看出，无论是通过摄像头等图像采集装置直接获取图像，还
是利用图像查询检索出来的图像，最终的目标都是对图像进行处理分析。图像处
理（Image Processing）是指通过计算机设计各种算法和程序对图像进行处理的过
程，例如图像增强和复原及图像变换、图像分割等，都属于图像处理的不同方式。
图像处理可以分为"模拟图像处理"和"数字图像处理"。在如今计算机及其相关
技术快速发展时期，图像处理一般指"数字图像处理"，也称作"计算机图像处
理"。图像首先需要被离散化为数字图像才能够在计算机中利用软件进行处理。图
像处理技术发展越来越成熟和完善，被广泛应用于许多领域，例如在遥感监测 [16]、
生物医学 CT 检测 [17]、工业制造 [18]、航空航天 [19] 及军事侦察 [20] 等领域都发挥着
越来越重要的作用。以下将对几种图像处理技术进行概述。

（1）图像变换

在数字图像处理中，为了使图像处理及分析更高效，一般会将图像从空间域转换到另一域，利用变换域特性可以对图像进行各种便捷和快速的处理与分析。对于一些难以用空间域表现出来的图像特征（如图像饱和度、亮度、色调、频谱等），可以利用变换域表现出来。图像处理由空间域变更为变换域后再将变换域中的结果逆变换为空间域中所需结果的一系列转换过程称为图像变换。在空间域中，待处理的数字图像阵列较大，导致算法的计算量增加，从而降低算法效率，削弱处理效果。图像变换的方法种类繁多，常用的变换方式有傅里叶变换、沃尔什变换、离散余弦变换等间接处理方法。此外，目前新兴研究的小波变换由于在时域和频域中表现出良好的局部化特性而被广泛应用于图像处理中。傅里叶变换是图像变换中最基础的变换，同时也是应用最广泛的变换。傅里叶定律指出，任何信号（数字图像也是一种信号）都可以分解为一系列正弦信号，相应的频率、幅值和相位可以用来描述图像中的信息[21]。基于傅里叶变换，研究人员提出了不同变换算法，如一维快速傅里叶变换算法和二维快速离散傅里叶变换算法等。在冈萨雷斯版《数字图像处理》一书中有一个非常形象的解释，将傅里叶变换比喻成一个玻璃棱镜，当一束太阳白光射入玻璃棱镜时，棱镜将这束白光分解为不同颜色，每个成分的颜色由波长（或频率）决定[22]。同样，傅里叶变换可以看作是数学上的棱镜，将任一函数按照频率分解为不同成分，当将此思想应用到数字图像处理中时，傅里叶变换能通过频率成分来分析图像信息。

（2）图像增强和复原

在数字图像处理的众多技术中，图像增强技术和复原技术作为目前研究热点，具有广泛的应用前景和现实意义。图像增强技术和图像复原技术的共同目的是提高退化图像的质量，但是两种技术提高的侧重点不同：图像增强技术主要是增强图像的可懂度，不考虑图像退化原因，只突出图像中感兴趣的部分，所以此过程也可能引入失真，如将图像中的高频分量进行增强，从而突出图像轮廓；图像复原技术主要是提高图像逼真度，经过复原处理的图像与参考图像接近程度越高，该图像质量越高。与增强技术相比，图像复原技术一般需要考虑图像退化原因，再基于图像退化原因建立不同数学模型，从而采取针对性的补偿方法，进而使复原后的图像尽可能逼近原始图像。对于图像增强和复原方法的研究是近年来的研究热点，众多工作从退化图像的不同角度入手，积极寻找图像增强及复原的高效方法，目前已取得了巨大进展与丰硕成果，极大促进了该领域的发展，推动工业智能化不断前进。

（3）图像分割

图像处理中的一个重要组成部分是图像分割技术，该技术类似于图像增强技术，同样是将图像中感兴趣的区域提取出来。但是在提取感兴趣的区域前，图像分割技术需要依据一定的评判标准，按照某种特征，将原始图像中所有对应于一个物体或同一物体某个部分的所有像素组合在一起并且标记，指明它们属于同一个区域，最后再将图像分割成不同的区域。上述过程就是一个完整的图像分割过程。一般图像分割需要三步：首先将图像进行逐级分割，从简到难；然后控制背景环境，降低分割难度；最后增强感兴趣的区域，缩小不相干区域。常用的图像分割方法包括边界分割法、阈值分割法及区域分割法等。

目前，随着机器计算能力的增加以及深度学习的发展，基于深度学习的分割方法在分割效果上已远远超过传统的图像分割方法。但由于图像分割问题本身的困难性，目前尚不存在一个通用且完美的图像分割方法，因此，图像分割仍是目前图像处理中的研究热点之一。

（4）图像描述

图像描述是指抽象地表示图像内容。当给机器输入一张图像时，需要机器去感知图像中的物体，甚至捕捉物体间的关系，最后生成一段描述性语言。图像描述又被称作图像标注，类似于看图说话，但不是由人完成，而是利用机器自主实现，因此图像描述是图像识别和理解的必要前提。对人来说，描述一幅图像是自然简单的事情，但对于机器来说，描述一幅图像却充满了挑战，因为其不仅需要先识别出图像中的景物，还需要理解景物之间的关系，然后用合适的语言表达出来。根据不同图像的特点，可以采取不同的描述方法，如对于最简单的二值图像，一般采用几何特性来描述图像中物体的特性。在实际应用过程中，常用的图像为普通 RGB 图像，这时采用的描述方法一般是二维形状描述。这种描述方法主要分为两类，一类是边界描述法，另一类是区域描述法。

（5）图像分类

图像分类是指对于给定分类的集合，为输入图像分配一个对应标签的过程，在实际应用中使用较为广泛。传统图像分类方法的流程包括特征提取、特征编码、空间约束和图像分类四个过程。人们可以轻松将图片中的物体识别出来，但机器完成同样的任务具有相当的难度，因此其成了计算机视觉领域的核心问题之一。图像分类常采用经典模式识别方法，如统计模式分类和句法（结构）模式分类等。

近年来，新发展起来的模糊模式识别和人工神经网络模式分类在图像识别中也越来越受到重视。不仅如此，图像分类方法还包括基于图像分析的图像分类方法和基于深度学习模型的物体分类方法。随着人工智能的快速发展，基于深度学习的物体分类方法已成为当前研究热点，其基本思想是通过有监督或无监督方式学习层次化的特征表达，对物体进行从底层到高层的描述。主流的深度学习模型包括自动编码器（Auto-Encoder）[23]、受限玻耳兹曼机（Restricted Boltzmann Machine，RBM）[24]、深度信念网络（Deep Belief Nets，DBN）[25]、卷积神经网络

（Convolutional Neural Networks，CNN）[26] 等。

6.2.3　影像处理的发展及其趋势

简单来说，数字图像处理技术是指利用计算机等机器对量化后的图像进行处理 [27]。该技术最早开始于 20 世纪 20 年代，首先被运用于报纸行业，当时采用数字压缩技术传输了第一张数字照片。但是由于当时技术的限制，在随后的发展过程中，数字图像处理的技术陷入了停滞状态。直到 20 世纪 50 年代，随着计算机的出现，人们才开始尝试利用计算机处理图形和图像相关信息。从此之后，在数学和计算机行业进入快速发展的过程中，为了满足社会各领域需求，图像处理技术开始飞速发展。在 20 世纪 60 年代初，数字图像处理作为一门独立的学科出现，从而真正意义上实现了图像处理。当时在图像处理领域最有名气的便是美国喷气推进实验室在 1964 年将数字图像处理技术应用于航天探测器，获得了更为清晰的月球表面形貌照片，这次实践促进了数字图像处理这门学科的诞生 [28]。特别是在 20 世纪 60 年代到 70 年代，离散数学的创立和完善更是为数字图像处理技术的发展提供了强有力的工具。之后，麻省理工学院、贝尔实验室及马里兰大学的一些研究机构都相继开发设计了许多数字图像处理方法，在各领域应用中大放异彩 [29]。在医学成像领域，研究人员利用数字图像处理技术成功研制出可供全身使用的 CT 装置，为医学技术进步做出了重大贡献。到 20 世纪 70 年代末，Marr 提出了计算机视觉理论，该理论为以后计算机视觉领域的发展奠定了坚实的基础 [30]。20 世纪 80 年代末，数字图像处理技术在遥感领域发挥了巨大作用，极大促进了该领域的快速发展。进入 20 世纪 90 年代，数字图像处理技术发生了历史性的突破，小波分析理论的产生使得信号和图像分析处理在数学方法中取得了巨大突破，至此数字图像处理技术已经趋于成熟。进入 21 世纪后，计算机技术发生了巨大飞跃，数字图像处理技术作用也越来越明显，在众多领域获得了显著进步。

从数字图像处理技术的发展历程可以看出，影响数字图像处理技术发展的因素主要包括以下三种：首先，计算机技术快速发展是数字图像处理技术发展最主要的动力；其次，基础数学理论的发展，尤其是作为基础学科之一的数学的发展促使数字图像处理技术在理论上获得了突破和创新；最后，社会各领域对于图像处理技术的需求，如生物医疗领域、卫星遥感领域甚至军事侦察领域等，大力推动了该技术的发展。上述三种主要影响因素对数字图像处理技术的发展起到了功不可没的推动作用，从基础理论到工程技术，再到实践应用，自下而上地使数字图像处理技术取得了全面而具有突破性的进展。

数字图像处理技术之所以能够被广泛应用于各领域，正是由于该技术相比于传统技术有着无可比拟的优势，如精确性高、灵活性强、实时性强等。但是它也存在着一定局限性，如数字图像处理技术对计算机性能要求高，特别是计算机存储量和运行速度等客观因素会对图像处理产生巨大影响，造成图像在生成、处理和传递的过程中出现噪声污染发生退化等问题。再则，虽然该技术已经实现高度自动化，但在某些方面还需要人为参与，也正是由于人为参与，在提高了系统可靠性的同时，也带来了由于人为操作失误或技术能力不达标等因素影响图像处理效果的问题。这些都对数字图像处理技术的发展产生了制约作用。

近年来，数字图像处理技术随着计算机的普及，发生了历史性飞跃，在人工智能、神经网络以及深度学习等领域的研究向着更高、更深层次的水平持续发展，是目前众多科研人员研究的重点和热点问题。在当前网络社会中，人们在运用多样化通信手段时，已经更加倾向于使用直观的图像去表达信息，数字图像处理技术已经逐渐与人们的生产生活息息相关，成了人类社会进步发展的重要部分。未来数字图像处理技术要想取得更加高水平的发展，必然离不开理论和算法的创新，如：Wavelet、Fractal、Mor-phology、遗传算法和神经网络等。研究者需要将这类新理论新算法与数字图像处理技术进行有机结合，并在实践中对技术不断进行完善，使数字图像处理技术经过初创期和普及期，朝着图像处理更高层次的实时性、智能化、网络化、低成本的趋势发展。

6.3
影像质量增强

6.3.1　图像恢复与增强

通常情况下，在获取、传输和处理原始图像的过程中，由于外界环境、记录设备、传输介质等原因，图像质量在一定程度上有所降低，这种现象称为图像"退化"。本节针对空气质量监测，将图像增强与恢复原因分为以下三类并加以分析，如图 6-1 所示。

（1）环境原因

在诸多图像退化因素中，环境是最重要最复杂的因素。不同天气状况、不同空气分子颗粒大小会对光线产生不同影响。天气晴朗，空气能见度较高时，空气中的颗粒较小，对光线产生的影响较小，此时得到的图像质量较高。但是在雾霾、暴雨、沙尘等极端天气情况下，空气中的能见度和透明度受到严重影响，相比于晴天，此时空气中的颗粒体积较大，对光线的强度或颜色造成的影响更为明显。当光线性质发生变化时，此时所获得的图像质量退化较严重，对后期进行图像处理造成了很大的阻力，不利于计算机等进行正确信息的提取和分析，同时也不利于人眼进行观察。基于此，本章将空气对光线的干扰分成以下三类。

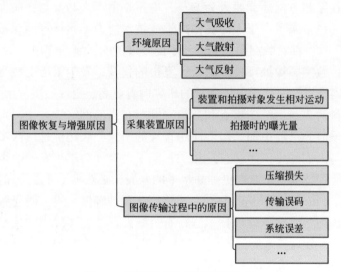

图 6-1　图像恢复与增强原因分类

首先，空气对光线具有吸收作用，容易造成获得的图像亮度偏暗，遥感图像表现得尤为明显。上述吸收作用主要是指空气中的颗粒对光线的吸收，其中，二氧化碳和水汽是吸收光线辐射能量最主要的成分。这种对光线的吸收作用是导致紫外、红外以及可见光波段中光线能量衰减的主要原因[31]。

其次，由于电磁波在传播过程中遇到小微粒会发生方向转变，向各方向散开（如图 6-2 所示），光线进入大气中会和灰尘、颗粒相互作用，形成散射。散射会使光线原始传播方向的辐射强度减弱，而增加其他各方向的辐射。根据大气中粒子直径大小与光线波长的长短分类，散射形式包括瑞利散射、米氏散射以及无选择性散射三种形式。

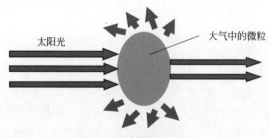

图 6-2　散射作用示意图

① 瑞利散射　瑞利散射是指当大气中颗粒的直径比光线的波长小得多时发生的散射现象。其特点是散射强度与波长的四次方成反比，即波长越长，光线的散射作用越弱。瑞利散射对可见光影响较大，对波长较长的光线影响较小。当散射作用太强时，瑞利散射会造成图像发生辐射畸变，使图像模糊，降低图像"清晰度"和"对比度"；除此之外，还会造成彩色图像带有蓝灰色。

② 米氏散射　米氏散射是指当大气中颗粒的直径与光线的波长可比拟时发生的散射现象，主要是由大气中的微粒（如烟、尘埃、小水滴以及气溶胶等细小颗粒）引起的。其特点是散射强度与波长的二次方成反比，前向散射比后向散射更强，存在明显的方向性。米氏散射主要会导致图像的细节信息变模糊，从而发生图像退化。

③ 无选择性散射　无选择性散射是指当大气中颗粒的直径远远大于光线的波长时发生的散射现象。其主要特点是无选择性散射的散射强度与光线的波长大小无关，处于无选择性散射条件下任意波长的光线，其散射强度均相同。无选择性散射可能会造成图像降质。

最后，大气对光线的反射作用也会造成图像降质。大气反射主要发生在云层顶部，在太阳辐射传播过程中，太阳辐射不能完全穿过云层，部分光线被反射到宇宙空间中，削弱了太阳辐射强度。大气反射对各种波长光线没有选择性，反射光呈白色。反射强度随云层形状和云层厚度不同而变化，云层越厚反射越强。特别是在阴天情况下，云层厚度增大使大气对光线反射作用更加明显，使天空呈现灰白色。此外，大气反射还与太阳高度角、入射界面粗糙度有关，即介质折射率越大，反射作用越强，反之，反射作用越弱。图 6-3 展示了大气反射作用示意图。大气反射作用会降低图像对比度，影响图像质量，给图像后续处理增加难度，属于图像增强和复原中急待解决的问题之一 [32]。

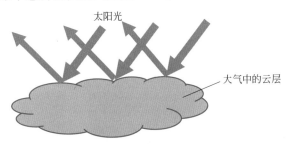

太阳光

大气中的云层

图 6-3　大气反射作用示意图

在大气环境较好时进行图像采集，可以获得较高质量的图像，但在雾霾、暴雨、阴天以及沙尘等恶劣天气状况下进行图像采集，获得的图像质量会被严重污染，不利于后续图像分析，因此需要进行图像增强与复原，以便获得较高质量的图像，满足不同领域的需要。图 6-4 展示了受到运动模糊污染的失真图像。

(a) 原始图像　　　　　　(b) 运动模糊图像

图 6-4　运动模糊图像举例

（2）采集装置原因

首先，在图像获取过程中，当被拍摄对象或者采集图像的装置发生运动时，摄像机无法准确对焦，图像会产生运动模糊等问题，导致图像降质。不过由于运动模糊是相机、物体和背景间相对运动造成的效果，可以借助移动镜头追踪移动的物体来避免。其次，当装置本身的组成部件存在某些质量问题时，也难以获得高品质图像，例如摄像头中的核心部件图像传感器作为光敏成像器件，在拍摄时由于器件本身性能的影响，图像的边缘像素会出现一定的偏色、眩晕等。此外，高质量透镜与高质量传感器同等重要。若摄像头中的透镜选择不当，在拍摄时会出现图像模糊问题，影响摄像头的成像质量，且后期仍然需要对图像进行增强或复原处理。最后，在拍摄过程中的曝光量不足或过度等问题会引起图像模糊和失真。其中曝光量和感光度存在非线性关系，感光度越高，越容易使图像产生噪点，这也是影响图像质量的重要原因之一。

外部装置或个人操作不当也会对图像质量造成各种影响，在图像上直接体现为各种各样的噪声，如常见的高斯噪声、椒盐噪声等。噪声是一种不可预测的随机信号，但是这种随机信号的产生会大大妨碍人们对信息的理解或计算机等机器对信息的正确提取。图 6-5 依次展示了原始图像、椒盐噪声图像和高斯噪声图像。对于人眼来说，添加了噪声的图像相比于原始图像具有的最直观问题是妨碍观察。

(a) 原始图像　　　　　(b) 椒盐噪声图像　　　　　(c) 高斯噪声图像

图 6-5　噪声影响图像质量举例

（3）图像传输过程中的原因

当图像采集装置获得原始图像后，通常需要进行图像压缩、编码、存储和传输等过程，其中压缩和传输过程可能造成图像信息损失，从而对图像质量产生较大影响。图像压缩容易造成图像分辨率下降，丢失图像细节和原始内容信息。当传输过程中发生传输误码情况时，会损失大量图像信息，严重降低图像质量。为解决图像失真问题，通常不采用改进硬件层面的方法，因为改进硬件往往会显著增加成本。因此，常用办法是使用软件算法对图像进行恢复与增强，修复图像信息，具有使用便利且不增加人力和物力的优点。图 6-6 展示了数字图像成像过程，强调了使用图像恢复与增强技术的重要性。

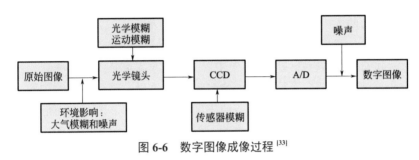

图 6-6　数字图像成像过程 [33]

6.3.2　图像恢复与增强研究方向

具体来说，上节所提到的造成图像退化的原因可进一步细化为电子系统噪声、物体相对运动、光学系统失真、曝光不足或过亮等。受到这些客观因素影响，获得的图像在一定程度上与原始图像之间或原始景物之间存在某种差异，通常将这种差异称作"降质"或"退化"现象。根据不同的影响因素可以将图像质量退化分为三种类型，即图像噪声、图像丢失以及图像模糊 [34]。这些影响因素会使图像出现毛糙、特征淹没等问题，导致图像视觉质量下降，甚至使计算机等机器从中获取到错误信息，或者造成获取信息减少。如果不加以处理，会使图像退化更加严重，因此必须对降质或退化的图像进行改善处理，来提高图像的质量，便于后期对图像进一步处理。

清晰化图像主要包括两种途径：首先是图像增强（Image Enhancement）技术，旨在突出感兴趣的区域内容，抑制不显著特征，改善图像视觉效果，但通过图像增强技术处理后的图像不一定逼近原始图像。进一步说，图像增强从主观角度出发，不考虑造成图像退化的原因，只对待处理图像中感兴趣的区域加以处理或突出所需图像特征即可，所以改善后的图像可能并不一定非常逼近原始图像。其次是图像复原（Image Restoration）技术，可以去除或减轻数字图像成像过程中产生的模糊、噪声等图像退化问题，从而获取趋近未退化的理想图像。图像复原从客观角度出发，通过分析图像降质或退化的具体原因，采取针对性的补偿策略，使改善后的图像尽可能逼近原始图像。从图像质量评价角度来看，图像复原的主要目的是提高图像逼真度，而图像增强的主要目的是提高待处理图像的可懂度[35]。在利用数字图像处理技术识别空气质量时可率先采用如下两种策略进行图像预处理：其一是图像超分辨率重建技术，其二是图像对比度增强技术。这两类方法覆盖范围较广，技术较为成熟。本节内容将会对这两类研究方向进行简要介绍。

（1）图像超分辨率重建技术

分辨率表示一幅图像中单位英寸内所包含的像素点数，体现了反映物体细节信息的能力，是衡量图像细节表现力的技术参数，是评价图像质量的重要指标。目前，分辨率主要分为两大类，即屏幕分辨率和图像分辨率。就其定义而言，图像分辨率的定义更趋近于分辨率本身的定义。鉴于本节主要介绍关于数字图像处理方面的相关情况，因此如果不做特殊说明，本书中提到的分辨率都是图像分辨率。

图像分辨率的高低会直接影响图像呈现出的效果，高分辨率的图像意味着更大的像素密度、更丰富的纹理细节，使得图像细腻且细节清楚，而低分辨率会大大降低图像质量，影响图像细节的表达。但是对于高分辨率图像而言，其占用的存储空间随分辨率升高而增大，而低分辨率图像则不需要占用较大的内存空间。因此，在实际应用过程中，往往需要根据图像用途的不同，在图像的分辨率与内存空间二者中进行取舍。利用数字图像处理技术分析空气质量，需要较高的图像质量，选择高分辨率图像，则需要牺牲一些计算机的存储空间作为代价。但是在内存空间有限的情况下，为了能够存储更多的图像，需要降低图像分辨率。随着目前存储技术的提高，可采取相应的图像编码压缩技术使图像在占用尽量少的存储空间的同时保持图像基本不失真，在以下章节中会概述相关内容。

提高图像分辨率的方法可从硬件和软件两方面进行改进，从硬件的角度进行改进是最直接的方法。硬件法主要是对采集系统中的光学硬件进行改进，即通过对图像传感器进行相应改造以提高图像分辨率。首先将图像传感器中的像素尺寸减小，提高阵列密度可有效提高图像的分辨率。此方法在理论上可以实现，但实际应用中受到传感器制造技术的限制，无法将传感器的像素尺寸缩小到期望尺寸。且当像素尺寸缩小到一定程度时，由硬件产生的噪声将维持在一个稳定值，不再发生变化，但此时有效信号的能量却随着传感器像素尺寸成比例减小，导致图像信噪比下降，使图像退化更加严重。其次，增加成像阵列芯片的面积也可提高图像分辨率，通过增大芯片面积可以增加图像中像素的数量，提高图像分辨率，但同时会显著增加经济成本。目前摄像头中主要采用 CMOS 传感器，通过提高传感器的制造工艺和构成材料可有效改善传感器的光照特性、光敏单元特性和非暂态空间噪声，但此硬件法必须有一定的成本投入才能在性能上有质的飞跃。

因此，硬件法具有一定局限性，只有在对精密度有着极高要求的领域（如军工领域）才可能提供足够资金对硬件优化，而在对传感器性能没有太高要求的民用领域，硬件法难以普及。与硬件法不同，软件法常采用超分辨率重建技术（Super Resolution，SR）提高图像分辨率，起到改善图像质量的作用。软件法不直接处理传感器硬件，从而避免了因改造传感器而带来的各种不利影响。超分辨率技术的算法相对灵活，通过对算法适当修改就可以满足不同需求。相比而言，通过超分辨率技术提高图像分辨率的方法受到的约束较小，花费的成本较低。超分辨率技术有效弥补了硬件法的局限，在提高图像质量的同时没有大幅增加成本。超分辨率重建技术是目前在复原退化图像方面具有广泛应用的技术之一[36]。

超分辨率重建技术以从低分辨率图像获得高分辨率图像为目标，其主要优势在于突破了现有成像设备的硬件限制，通过算法增加低分辨率图像的高频细节，消除图像退化进而得到高分辨率图像。超分辨率重建技术根据得到高分辨率图像方式的不同主要分为两大类：其一是利用多张低分辨率图像合成一张高分辨率图像；其二是采用一张低分辨率图像重建高分辨率图像。随着深度学习的快速发展，基于深度学习的超分辨率技术成了当前研究的热点。基于深度学习的单图像重建技术（Single Image Super-Resolution，SISR）本质上是求逆，但因为可能存在着许多不同的高分辨率图像与一张低分辨率图像相对应，所以在求解对应的高分辨率图像时往往需要添加一个先验信息进行规范化约束，才能使求出的高分辨率图像是低分辨率图像的唯一对应解。图 6-7 列举了超分辨率重建技术常用的三种方法，即基于插值的方法、基于重建的方法和基于学习的方法。

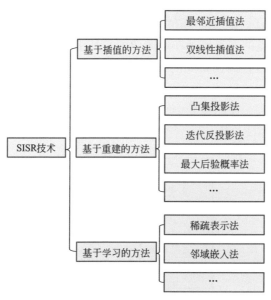

图 6-7　超分辨率技术常用方法

① 基于插值的方法 超分辨率重建技术中，基于插值的方法是最早被提出的，算法比较简单。图像缩放和几何空间变换等处理中经常使用基于插值的方法，处理后的图像仍然可以保持较高的分辨率。这种方法的核心思想是找到目标高分辨率图像与低分辨率图像之间的联系，衡量图像中已知点的周围点和与该点的位置，根据未知点和已知点之间的映射关系，将这种关系转化为公式，通过公式推算未知点。该方法复杂度低且计算量相对较小，具有较好的实时性。基于插值的方法适应性比较差，多应用在一些情景比较简单的图像处理中。如果图像中的灰度值变化比较大，该方法对图像进行复原的效果就不是很理想，会使图像中灰度值变化比较剧烈的区域产生振荡，使图像边缘模糊不清或高频细节丢失。常见的插值算法主要分为三类，包括最邻近插值法、双线性插值法和双三次插值法。其中最邻近插值法是最简单的算法，为了进一步提升图像超分辨率效果，随后又陆续出现了双线性插值法以及双三次插值法。

a.最邻近插值法。最邻近插值法（Nearest Neighbor）也称零阶插值法，最邻近插值输出图像的某点像素值等于后向映射后距离该点在原始图像所得浮点坐标最近的坐标值。该算法运算简单，但缺点也较明显，即当图像中的相邻灰度值变化比较大时，会出现块效应，造成图像模糊、图像细节信息丢失等问题，导致图像产生人为加工的痕迹[37]。图 6-8 描述了二邻域的最邻近插值法的计算过程。

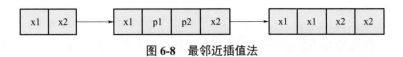

图 6-8　最邻近插值法

b.双线性插值法。双线性插值法（Bilinear Interpolation）也称一阶插值法，其原理为：待插值点的像素值为在原图像中与其相邻的四个点的像素值在水平和垂直两个方向上做线性内插得到的像素值[38]。这种插值法的特点是运算量不高，并具有类似低通滤波的性质，但由于仅仅考虑了待插值点的四个邻近值，容易造成图像高频分量受损，使图像轮廓出现模糊。在实际应用中，在对图像质量要求不高的情况下具有重要价值[39]。该算法的推导过程如图 6-9 所示。

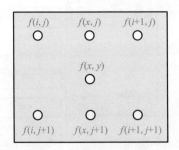

图 6-9　双线性插值法

图 6-9 中，$f(x,y)$ 为待插像素值点，$f(i, j)$、$f(x, j)$、$f(i, j+1)$、$f(i+1, j)$、$f(x, j+1)$ 和 $f(i+1, j+1)$ 为已知像素值点。

$$y=y_1(x-x_2/x_1-x_2)+y_2(x-x_1/x_2-x_1) \tag{6-1}$$

式中，(x, y) 为待插入像素值，(x_1, y_1)、(x_2, y_2) 为已知值，将图 6-9 中各点代入化简可得到：

$$f(x,y)=(j+1-y)(j+1-x)f(i,j)+(j+1-y)(x-i)f(i+1,j)+$$
$$(y-j)(i+1-x)f(i,j+1)+(y-j)(x-i)f(i+1,j+1) \tag{6-2}$$

② 基于重建的方法　基于重建的超分辨率方法将低分辨率图像和高分辨率图像之间像素的依赖关系作为先验知识以及约束条件，获得目标高分辨率图像[40]。算法常用的重建模型[41]，可表示为：

$$L_k = \mathbf{D}\mathbf{B}_k\mathbf{M}_k H + N_k (k=1,2,3,\cdots,n) \tag{6-3}$$

式中，L 为低分辨率图像；H 为高分辨率图像；$\mathbf{D}$ 为降采样矩阵；$\mathbf{B}$ 为模糊矩阵；$\mathbf{M}$ 为几何运动矩阵；N 为附加噪声；k 为第 k 张低分辨率图像，共有 n 张。

常见的基于重建的超分辨率方法有迭代反投影法（IBP）、凸集投影法（POCS）和最大后验概率法（MAP）等。基于重建的超分辨率方法使用一些先验知识来正则化重建过程，而没有使用样本图像训练中得到的训练先验。这类方法的优点是简单、计算量低，但难以很好地处理自然图像中的复杂图像结构[42]。

③ 基于学习的方法　随着人工智能和计算机硬件的不断发展，深度学习迅速成为研究热点，其主要是指将深度神经网络这个数学模型作为工具，根据统计的方法使模型得到关于数据的规律。深度学习对现有数据的强大拟合能力，使得基于学习的理念被广泛应用于超分辨重建领域，目前基于学习的超分辨率算法是图像超分辨重建领域的主流算法。

常见的基于学习的超分辨率重建算法包括邻域嵌入法（NE）、稀疏表示法（SC）以及基于神经网络的 SRCNN 方法。如图 6-10 所示，基于学习的超分辨率重建方法的流程主要包括特征提取、设计网络结构及损失函数、训练模型以及验证模型 4 个主要步骤。

图 6-10　基于学习的超分辨率重建方法的流程

基于学习的超分辨率方法首先需要大量样本图像，通过利用现有样本作为训练数据，使模型学习得到低分辨率图像和高分辨率图像的对应关系，根据学习到的映射关系预测未知样本低分辨率图像对应的高分辨率图像。基于学习的方法通过对大量样本进行学习，不再局限于边缘的先验知识，可以得到各种复杂图像的结构知识，有能力生成含有丰富高频信息的高分辨率图像。该类方法很好弥补了基于插值和重建等方法适应性低的问题，使得超分辨率重建技术能够处理更复杂的图像。

（2）图像对比度增强技术

图像对比度是指图像像素亮暗差值，即图像最大灰度级和最小灰度级之间的差值，即通俗意义上的图像明暗对比程度。对比度大，给人眼的直观感觉为图像画面较硬朗，图像黑白分明；对比度小，即不同颜色之间的反差小，使图像画面呈现朦胧感。图像过亮或过暗时，人眼都会对图像特征不敏感，这是由人眼视觉特点中对比度强的区域更为敏感这一特点决定的。但是在实际图像的采集过程中往往会受到成像设备、系统发生相对运动、光线不均匀等因素影响，造成获取的图像发生退化，其中包括图像对比度变差，导致图像出现过亮或者过暗的情况发生。图像的对比度差不仅影响人眼视觉效果，也不利于计算机自动处理应用，如前景分割[43]、目标识别[44]、目标跟踪[45]、预测分析[46]等。较差的对比度使得计算机不能准确分析和理解图像信息，不能做出正确判断，因此需要对图像进行处理，使图像对比度恢复到合适程度。对比度恰当的图像往往灰度分布均匀，因此常用图像灰度方差（标准差）衡量图像对比度状况，方差大则对比度明显，方差小则对比度不明显。图像对比度增强技术的应用很广泛，对改善不同领域的退化图像发挥着重要的作用。图像对比度增强的方法可以分为两大类：直接对比度增强方法和间接对比度增强方法，如图 6-11 所示。在实际工程中，常用的间接对比度增强方法包括直方图拉伸和直方图均衡化方法。

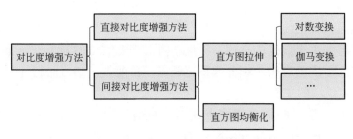

图 6-11　常用的对比度增强方法

① 直方图拉伸　直方图拉伸是图像增强中一种较基础和直接的处理方法，主要目的是使图像的显示效果更加清晰。设输入的图像为 $f(x,y)$，经过变换后输出的图像为 $g(x,y)$，记修正函数或变换函数为 $T[\,\cdot\,]$，则有：

$$g(x,y) = T[f(x,y)] \tag{6-4}$$

选择不同的映射变换函数可以达到不同的修正效果，如对数变换和伽马变换。

a. 对数变换。对数变换是指输出图像像素点的灰度值与对应输入图像像素点的灰度值之间为对数关系。对数变换的一般公式为：

$$g(x,y) = a + \frac{\ln(f(x,y)+1)}{b\ln c} \tag{6-5}$$

式中 a、b、c 为人为设定的常数；$g(x,y)$ 为输出图像像素点的灰度值；$f(x,y)$

为输入图像像素点的灰度值。对数变换一般适用于扩展低灰度区，其变换效果如图 6-12 所示。

 (b) 对数变换后的图像

图 6-12　对数变换举例

b. 伽马变换。伽马变换主要用于对灰度过高或者灰度过低的图片进行修正，以增强对比度。其变换公式的意义为对原图像上每一个像素值做乘积运算。

$$S=cr^\gamma , \quad r \in [0,1] \tag{6-6}$$

式中，c 为常数；S 为输出图像像素点的灰度值；r 为输入图像像素点的灰度值；γ 为伽马系数。

伽马变换对图像的修正作用是通过增强低灰度或高灰度细节实现的。伽马变换对图像的效果如图 6-13 所示。

(a) 原始图像　　　　　　　　　　　(b) 伽马变换后的图像

图 6-13　伽马变换举例

② 直方图均衡化　直方图（Histogram）表示数字图像中每一灰度级与其出现频数（该灰度像素的数目）之间的统计关系，包括图像灰度范围、灰度级分布、整幅图像平均亮度等。因为单张图像和其直方图之间存在一一对应关系，所以修改直方图可以实现图像增强。具体来说，用横坐标表示灰度级，纵坐标表示其频

数，直方图可定义为：

$$P(r_k) = \frac{n_k}{N} (k = 0, 1, \cdots, K-1) \tag{6-7}$$

式中，N 为一幅图像的总像素数；n_k 为第 k 级灰度的像素数；K 为最高灰度级。在大多数情况下可直接令 $r_k=k$，$P(r_k)$ 为该灰度级出现的相对频数。在实际应用中，可能并不需要考虑图像的整体直方图分布，而只是希望有针对性地增强某个灰度级分布范围内的图像。这样可以直接改变直方图，使它成为某个特定形状，即实施图像的直方图均衡化，以满足特定增强效果。直方图均衡化是将原图像通过某种变换，得到一幅灰度直方图为均匀分布的新图像的方法。这种处理方法是图像增强算法中最常用、最重要的算法。直方图均衡化以概率论为理论基础，运用灰度点运算以实现直方图变换，达到图像增强的目的。该类算法增强了图像对比度，更多展现了图像细节，改善了图像视觉效果。但是其大多不以图像保真为原则，而只是有选择地突出人或机器分析感兴趣的区域，抑制冗余信息，以提高图像的使用价值。图 6-14 展示了直方图均衡化效果。

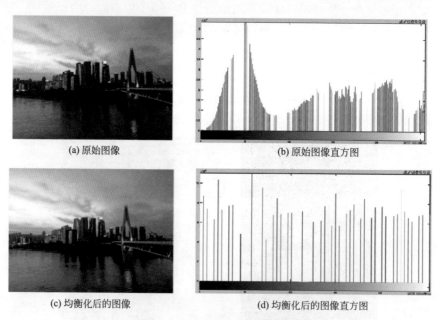

(a) 原始图像　　　　　　　　　　(b) 原始图像直方图

(c) 均衡化后的图像　　　　　　　(d) 均衡化后的图像直方图

图 6-14　直方图均衡化效果图

直方图均衡化方法具有两个特点：一是直方图变换后的灰度级可能会减少，这种现象被称为"简并"现象，是由于像素灰度有限所导致的必然结果，因此数字图像的直方图均衡化只是近似均衡化；二是根据各灰度级别出现频率的大小，对各灰度级别进行相应程度的增强，增大各级别之间的间距，适用于处理对比度较弱的图像。在具体应用中，应针对不同图像采用不同图像增强方法，或同时采用几种适当的增强算法进行实验，然后从中选出视觉效果较好的、计算不复杂的、合乎应用要求的某种增强算法。

6.3.3 图像恢复与增强研究现状

（1）图像超分辨率重建技术

超分辨率的概念首先出现在光学领域，直到 20 世纪 60 年代左右，由 Harris 和 Goodman 首次将此概念应用到图像处理领域并提出了基于频域角度合成高分辨率单帧图像的方法，但遗憾的是当时图像超分辨率的概念并没有引起人们关注。直到 20 世纪 80 年代左右，Tsai 和 Huang 等 [47] 在研究并总结了大量前人成果的基础上，首次提出利用多张低分辨率图像合成一张高分辨率图像的算法。算法通过对低分辨率图像进行离散傅里叶变换（Discrete Fourier Transform，DFT），然后利用变换系数推理并合成出相应的超分辨率重建图像。此算法简单直观，经过该算法处理后的失真图像的质量得到明显改善，推动图像超分辨率技术研究获得广泛关注，促使越来越多的科研人员参与到该技术的研发当中，为图像超分辨率技术的迅猛发展奠定了坚实基础。

为了解决短时傅里叶变换（Short-Time Fourier Transform）无法确定是否得到最好效果的窗口宽度问题，小波变换（Wavelet Transform）被应用到图像处理的问题中，因此采用小波变换的超分辨率算法可以得到在频域和时域中分辨率都较高的图像。小波变换不仅可以得到信号由哪些频率构成，同时也可以得到不同频率出现的确切时刻。小波变换的这种特性可以使图像的局部信息被更好地表达。自傅里叶变换后，小波变换的提出使图像处理问题的科学解决方法迈向了一个更高的台阶。

在超分辨率重建技术中，基于插值的重建算法是最经典的算法之一，是大多数超分辨率重建技术初学者需要掌握的基本算法。基于插值算法的核心思想是利用图像中已知像素点的值去推算该点周围未知点的值，常用的算法包括最邻近插值算法（Nearest Interpolation）、双线性插值（Bilinear Interpolation）、双三次插值（Bicubic Interpolation）。除此之外，随着深度学习技术的快速发展，超分辨率重建技术将深度学习方法与经典插值算法相结合，如基于决策树的图像插值算法和基于字典学习的图像插值算法等。插值算法利用原始图像的先验知识使重建后的图像达到更好效果，但对于纹理特征信息较丰富的图像，使用插值算法进行图像重建会使图像产生伪影或振铃效应等问题，造成图像质量下降。

除了基于插值的算法，基于正则化的超分辨率重建方法也是一类具有代表性的工作。该类方法与插值算法有异曲同工之妙，都需要利用图像的先验信息，而它们之间的区别在于正则化算法采用目标高分辨率图像的先验信息。正则化算法根据先验知识推测未知图像的信息，使用了许多统计学的概念，其中使用最多的统计思想是贝叶斯思想。贝叶斯思想是指"逆概率"思想，通过将未知图像的先验信息和统计观测得到的低分辨率图像的先验信息与已知图像的特征作对比，得到未知图像。研究者基于贝叶斯思想提出了多种算法，目前使用最多的两种重建算法是由 Dempster 等提出的最大似然估计算法（Maximum Likelihood，ML）[48, 49] 和由 Besag 等提出的最大后验估计算法（Maximum a Posterior，MAP）[50]。除了以贝叶斯思想为核心的算法，还有 Tikhonov 正则化约束重建算法 [51]，也是基于正则化的超分辨率重建算法中的经典工作之一。尽管此算法会导致低分辨率图像中的边缘等细节信息产生损失，但是可以利用相应的平滑正则化约束去抑制低分辨率图像中的噪声干扰，在一定程度上提高图像质量。

基于插值和正则化的算法是超分辨率重建技术中发展较完善的算法，随着人工智能、深度学习等相关领域的发展，将学习的思想应用到超分辨率重建技术中是目前研究人员关注的热点和重点，已经取得了许多具有重要影响力的成果。首先，Freeman 等基于贝叶斯思想提出了称为马尔可夫随机场（Markov Random Field，MRF）的学习策略 [52]，广泛应用于图像去噪、去模糊、三维重建、物体识别等处理方法中。随后，以 Freeman 的工作成果为基础，Sun 等进一步完善了马尔可夫随机场（Markov Random Field，MRF）的学习策略 [53]，使重建得到的图像边缘细节信息更加清晰。上述基于学习的超分辨率重建算法，大多数是根据低分辨率图像特征，从已知的数据集中学习相似特征，建立相应的映射关系，以达到图像超分辨率重建效果。后来，Chang 等提出了一种新型的学习算法 [54]，假设低分辨率图像和高分辨率图像的特征空间具有局部等距特性，进而通过数据集中的高分辨率图像的线性组合对未知的高分辨率图像进行估计。但该算法的最大问题发生在高、低分辨率图像进行匹配时，如果匹配过多往往会导致出现过拟合情况，造成重建后的图像出现模糊不清的问题。为了弥补此方法的不足，Gao 等提出了一种联合学习技术（Joint Learning Technique）[55]，通过同时训练两个投影矩阵使高分辨率图像和低分辨率图像在匹配时形成统一的特征子空间，解决了图像匹配过度的问题，得到了更好的超分辨率重建结果。当前，将超分辨率重建技术和深度学习相结合是数字图像处理领域的研究热点，使用深度学习的超分辨率重建技术极大提高了重建后图像的质量，具有重要的实用价值。

（2）图像对比度增强技术

用户操作失误、光照条件不理想和采集设备功能不完善等问题会使获取的图像对比度降低。为了解决该问题，出现了众多的后期处理算法，如增强图像对比度、调整白平衡、边缘锐化和扩大动态范围的方法等。

在数字图像处理和计算机视觉领域，对比度增强技术一直是研究人员研究的重点课题，对比度增强的目标是产生一种满足视觉效果和携带大量信息的图像。通过重新分配图像中的像素值可以使图像的对比度得到明显提高，如采用直方图均衡化（HE）[56] 方法可以改善图像对比度等。直方图均衡化方法的目标是使图像直方图的熵最大化，从而使图像表现出尽可能多的细节信息。该算法计算简单、实时性强，已被广泛应用于许多图像处理系统中，是对比度增强技术中较经典的算法之一。但在使用该方法时，如果没有掌握好算法参数的选取，可能会出现由于过度增强造成图像轮廓模糊等问题。多数研究人员认为该方法并非理想的对比度增强算法，许多研究者都在对该方法进行完善，以期待能够获得增强效果更好的图像。使用 HE 时，一种重要方法是保持输入图像的亮度。在早期方法中，亮度保持双直方图均衡化算法（BBHE）[57] 和二维子图直方图均衡化算法（DSIHE）[58] 是常用的两种方法。二者都首先将输入图像的直方图分解成二元论子直方图，然后在每个子直方图上分别应用 HE。两种方法的主要区别在于 BBHE 的分解步骤依赖于图像的全局均值亮度，而 DSIHE 使用的是图像的全局中值亮度。随后出现的递归均值分离均衡算法 [59] 和递归子图均衡算法（RSIHE）[60] 采用相似的递归方法提高 BBHE 和 DSIHE 两种算法的性能，使图像亮度能够保持得更好。除此之外，还有一种方法称为加权阈值化 HE（WTHE）[61] 方法。该方法的核心思想是在对图像进行直方图均衡化之前通过加权和阈值化的方式修改原始图像的直方图，然后在此基础上，再将动态范围的概念引入对比度增强算法中，在每个子直方图中利用 HE 使图像向一个新的动态范围进行扩展。后来 Ibrahim 和 Kong[62] 又提出了两种基于归一化的彩色图像增强算法，用来保持输入图像的亮度。

最近，研究人员提出了一种改进的拉普拉斯金字塔框架。该框架首先将输入图像分割成带通图像，然后采用新提出的鲁棒 HE 方法控制图像噪声和保持图像局部信息 [63]。该算法的另外一个进步之处是将对比度增强作为优化准则，通过最小化损失函数求解。Majumder 和 Irani 在前人的基础上提出了一种通过控制局部梯度参数来提高图像局部对比度的方法 [64]。该方法在不进行图像分割的情况下，严格遵循韦伯定律的感知约束，实现输入图像的平均局部对比度最大化。通过利用线性规划产生最优对比色调映射（OCTM）方法，解决了图像对比度和色调失真之间的优化问题。OCTM 成功地将以上两个相互冲突的质量标准（即色调逼真和对比度增强）折中处理，而这在以前的方法中往往被忽视。该方法允许用户添加或者调整一些限制条件，从而获得理想的视觉效果。尽管对比度增强方法层出不穷，但是对比度增强技术中的过度增强和欠增强的问题仍是现有技术的一大挑战。为了获得更好的效果，研究者不得不利用手工方式进行参数调整，但会耗费大量时间和精力。针对图像过度增强和欠增强问题，Gu 等提出了一种具有图像显著性保持的自动鲁棒对比度增强（RICE）模型[65]，通过显著性保持和自动参数选择有效地增强图像对比度。虽然已经在图像增强方面取得大量成果，但相关技术的发展还面临着诸多挑战，需要科研人员继续努力去解决这些难题，为科学技术发展做出贡献。

6.4
影像模式识别

6.4.1　模式识别原理及现状

模式识别是一种对被感知事物进行分类与判别的方法，人类日常生活中的活动大多都属于模式识别[66]。例如阅读书籍、报刊并理解文字含义等过程都属于文字模式识别，区分悦耳声音和嘈杂噪声的过程属于声音模式识别，其他一些较为复杂的行为活动甚至会同时涵盖多种类型的模式识别。模式识别过程往往涉及多个领域的知识，它需要将所感知得到的信息特征进行筛选、描述分析并加以区别，从而完成识别的目的。

人类在客观描述物体存在的某一类特征时，需要根据经验进行分析与判断，这种模式化描述的重复过程会加深人脑的印象，最后大脑会将这种描述过程储存，作为今后判断类似事物、特征时的一种依据。人类拥有强大的模式识别能力，能够分辨出不同的音调，熟练区别生物和环境的声音，因此在复杂环境下，人依旧能够判断出不同事物。而计算机完成这些对人类而言相对简单的活动时，则会变得困难重重。在模式识别领域的研究中，并不以"人是如何实现模式识别"为指导理念进行研究，而是注重以"机器该如何学习，从而实现识别"的角度研究。因此，如何使计算机能够像人脑一样准确识别事物特征与信息是个复杂问题，也是本书在模式识别和人工智能领域中将被探讨的主要问题。计算机的模式识别过程主要可分为以下两步[67]：

首先，将代表"模式"的相关信息输入计算机。输入的模式信息是识别对象的一种抽象信息，这种信息通过模型化后形成计算机所需的对象，并作为计算机识别过程中所使用的依据。上述提到的"模式"可以是一组统计数据，也可以是一类向量组。通常提到的"特征"是用于表征样本的一组观测值，表现为一组数字。在实际应用中，外界景物的模式通常用一组向量表征，当存在多个特征时，就组成一组特征向量。当原始特征不以数字形式表征时，则需要通过算法将其转换为数字特征。特征提取需要大量计算工作，并且提取的特征可能包含"噪声"，即副作用特征，故在模式识别系统设计之初，都必须解决特征选择和特征提取之间相互关联的问题。

其次，特征向量作为模式信息的表征输入计算机后，计算机便开始模式识别过程。从本质上讲，模式识别是一种将信息特征分类的过程，此过程中需要辨别输入信息所属类型，并根据既定原则，对所获取的特征向量进行合理分类。分类规则既可以人为事先赋予，也可以在计算机通过对大量样本的学习后获得。综上所述，模式识别是指通过处理和分析表征事物或现象的不同形式的信息（包括数值、文字和逻辑关系等）以对事物或现象进行描述、辨认、分类和解释的过程，是信息科学和人工智能的重要组成部分。

在模式识别发展的初期，其研究重点在于数学方面。在 20 世纪 50 年代末，F. Rosenblatt 等率先通过模拟人脑的形式实现数字识别模型的设计[68]，通过对识别系统进行特定训练，初步实现对其他类型信号的正确识别。1957 年，Zhou 等率先提出了基于统计决策理论的模式识别方法[69]，该理论极大促进了模式识别研究的发展。1982 年和 1984 年，Hopfield 通过进一步研究人工神经元网络所具有的联想存储和计算能力推进了模式识别相关研究工作的进展[70]。

近二十年来，模式识别技术开始在世界范围内受到重视。在国外，它的应用范围已遍及国民经济、军事侦察等各个领域。在国内，有关模式识别的理论和应用的研究工作虽然起步较晚，但是其研究进展十分迅速，这主要体现在目前国内庞大的研究队伍以及一系列可喜的研究成果。目前，模式识别技术已从模式信息的处理与识别阶段进入对模式信息深入理解的阶段。在方法上，模式识别从先前的统计理论、结构化等单一性数学处理方法过渡到采用以大量先验知识为指导的模式推理识别方法，是目前模式识别技术研究采用的主要方法。

自 2006 年以来，端到端的深度学习方法已逐渐代替传统的数据处理系统和学习系统，成为诸多模式识别任务中的前沿解决方案。传统的处理系统和学习系统需要经过多阶段处理，而端到端深度学习方法去掉了中间阶段，采用单个端到端的神经网络完成数据处理和学习，极大提高了数据特征提取能力和识别能力。例如，在基于卷积神经网络的手写数字数据集的测试中，不需要传统手工标记特征即可轻松实现超过 99% 的准确性；在 ImageNet 大规模视觉识别这一更具挑战性的任务上，卷积神经网络的准确性逐年提高，Alex-Net（精确度：84.7%）、Google-Net（精确度：93.33%）和 Res-Net（精确度：96.43%）最新的精确度已经远远超过人类视觉系统的分辨能力。同时，在面部识别、语音识别和手写识别等不同模式识别任务中，识别准确性也取得了巨大提升，从准确性的角度分析，模式识别已经得到一定的发展。尽管如此，模式识别仍然面临着挑战。在模式识别的科学研究中，通常假定类集处于封闭状态，而在实际应用中，具有动态更改类集的开放集则更为常见。例如：尽管 DNN 模型的准确性非常高，但在处理异常值时却比不上具有较强鲁棒性的人类视觉系统，输入样本的小扰动会导致模式识别系统的输出产生较大扰动，因此在实际应用中使用此类系统时会带来极大的对抗风险。而且，模式识别会遭遇数据分布不匹配的状况，即使很小的分布偏移也会导致高精度模式识别系统的性能大幅下降。因此，模式识别系统的准确性、适应性和可转移性在实际应用中尤为重要。多数模式识别系统只存在单个输入和输出，增加系统输入和输出可以提高系统鲁棒性，多模式学习及多任务学习也是鲁棒模式识别中的重要研究问题。此外，模式极少单独存在，观测对象通常带有丰富的上下文信息，此时可从多种模式之间的依赖中学习特征以提高决策的鲁棒性。

6.4.2 模式识别问题分类

从不同角度出发，模式识别有多种不同的分类方式。按照模式识别研究的面向领域，模式识别可以分为两类：一是研究生物体感知对象理论领域，该领域属于认识科学的范畴，主要研究人员为生理学家、心理学家等；二是计算机模式识别领域，研究主力为数学家、信息学家和计算机科学工作者等。以下是模式识别领域的主流分类方式。

（1）识别方式划分

按照模式识别的方式，模式识别可以划分为六类，即统计模式识别、结构模式识别、模糊模式识别、神经网络模式识别、聚类分析以及支持向量机的模式识别，如图 6-15 所示。

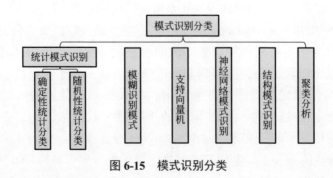

图 6-15 模式识别分类

① 统计模式识别　统计模式识别主要着眼于能反映模式特点的特征。经过特征选择后，该模式所产生的特征可以对应于欧式空间中某一向量，采用最优准则，将特征空间划为若干部分，每一部分与一个模式类型相对应。当输入一个未知模式时，可根据统计特征落入的空间来判定类别。

② 结构模式识别　在实际应用中，诸多模式信息主要反映在结构上，对这种模式信息识别的过程称为结构模式识别。结构模式识别对于简单的结构进行识别会产生高质量的识别效果，而对于复杂的结构模式，往往需要进行多次分解，直到最后一层子模式不能继续分解为更简单的子模式为止，此时通常将最后一层的子模式称为模式基元[71]。基于结构模式识别的特点，这种识别方式常用于使用结构特征为主的目标识别中，如文字、指纹和染色体识别等。结构模式识别较常用、流行的算法是句法结构识别算法，该方法的核心思想是将对目标对象结构信息的识别类比成语句的构造，此时可以利用语言学的理论方法对"模式"进行分析和处理。相比于其他方法，该方法显著提高了算法运算效率。

③ 模糊模式识别　模糊模式识别是对传统模式识别方法即统计方法和句法方法的额外补充，其理论基础是模糊数学。采用模糊技术设计机器识别系统，可简化识别系统的结构，模糊识别更深入地模拟人脑的思维过程，从而产生对客观事物更有效的分类与识别。

④ 神经网络模式识别　神经网络模式识别是指将若干个处理单元通过一定的互联模式连接成为一个网络，通过一定的机制可以模仿人类思考过程，以达到识别分类的目标。有别于其他模式，此方法对待识别的对象不需要有较多的分析与了解，只需此方法具有一定的智能化处理的特点。

⑤ 聚类分析　聚类分析的概念与分类类似，却又不完全等同于分类。聚类分析最主要的特点是在进行划分前没有明确的分类依据，需要依靠算法判断数据之间的相似性，然后将具有相似点的数据归在一起。聚类分析关键的步骤是探索和学习数据中潜在的差异和联系，可以更形象地理解为"物以类聚，人以群分"。从定义上讲，聚类是针对大量数据或者样品，根据数据本身的特性研究分类的方法，并遵循此分类方法对数据进行合理划分，最终将相似数据分为一组，即"同类相同、异类相异"。聚类分析常用在数据挖掘和数据分析等领域。

⑥ 支持向量机　支持向量机（Support Vector Machines，SVM）并不是一种机器，而是一种机器学习算法，最早由Cortes和Vapnik于1995年提出[72]。支持向量机实际是一种二分类模型，根据使数据间隔最大化的标准，找出一个合适的超平面对数据进行分割，最后转化为一个二次凸规划问题。根据训练数据线性可分程度，支持向量机可分为线性可分支持向量机、线性支持向

量机和非线性支持向量机。该模型算法适合解决小样本、非线性和高维模式识别问题。

（2）处理问题的性质和解决问题的方法

① 监督分类　监督分类首先从某已知类别的所有训练对象中提取各类别的训练样本，然后选择对应的特征变量来确定判别函数或判别式（判别规则），进而将各个特征变量划分到各个对应的类别中。监督分类法根据是否使用训练样本数据的统计参数可以分为参数分类方法和非参数分类方法。参数分类方法主要包括最小距离分类法（MDC）、最大似然法、光谱角制图法（SAM）等。非参数分类方法包括支持向量机（SVM）和决策树等，其中支持向量机是最近几年被广泛应用的有监督的分类方法。部分算法的介绍如下。

a. 最大似然法。假定训练样本的光谱特征近似服从正态分布。利用训练样本可求出类别均值、方差以及协方差等特征参数，进而得到总体的先验概率密度函数。这种方法所消耗的时间长且需要大量训练样本。

b. 最小距离分类法。最小距离分类法（Minimum Distance Classification）是分类方法中较简单的一种方法，主要分类依据是特征空间中的距离。最小距离分类法的分类过程一般可以包括以下几个步骤：首先需要确定分类类别，并且确定该类别对应的已知样本；其次从这些已知样本中提取出每个样本所独有的特征（即特征提取）；然后从每个类别的特征集合中计算出特征中心并对特征中心归一化，消除量纲的影响；最后利用选取的距离准则，对待分类的样本进行判定。

c. 光谱角制图法。光谱角制图法（Spectral Angle Mapper，SAM）最早是由 Kruse 等在 1993 年提出的一种通过比较测试光谱和已知光谱的相似度进而使用光谱曲线识别的方法。算法将光谱向量化，通过计算两个向量的夹角衡量测试光谱和已知光谱之间的相似性，夹角越小表示这两个光谱的相似性越高，属于同类物体的可能性越大。而且，利用光谱角进行制图计算时可以在一定程度上减少环境因素的影响，操作也较方便。

② 无监督分类　无监督分类与识别方式分类中的聚类分析相类似，其主要分类思想为"物以类聚"，即将具有共性的模式划分为同一类别。在实际应用中，有监督分类方法往往需要提供大量已知类别的样本作为标签样本，实际问题中很难获取大量标签样本，因此研究无监督的分类方法十分必要。无监督分类中不需要使用训练样本先学习后分类，而是根据判别准则自动分类，主要采用聚类分析方法，将一组像元按照相似性归成若干类别，使同类别的像素点间的差异尽可能小，而不同类别像素点间的差异尽可能大。此方法快速简单且可以保证一定的分类精度。目前较常见的无监督分类方法有 K 均值聚类算法和

ISODATA 算法。

a. K 均值聚类算法。如图 6-16 所示，该算法是一种无监督的聚类算法。K 均值聚类算法的优点是计算简单，能够动态聚类，具有一定的自适应性。但它也存在一些局限性：一方面，初始化使用的聚类数目不同，产生的分类结果也不同；另一方面，缺少合适的选取初始聚类中心的方法，通常是随机选取的，但不同的初始聚类中心点可能产生不同的结果，如果某一类聚类中心选择不当，在聚类过程中没有其他像元点分入该类，则会导致输出结果中该类只有一个像素点。

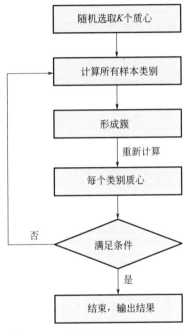

图 6-16　K 均值聚类算法示意图

b. ISODATA 算法。ISODATA（Iterative Self Organizing Data Analysis Techniques Algorithm）是一种动态聚类算法，即迭代自组织数据分析算法。其与 K 均值算法相似，同样以均值迭代确定聚类中心。但是该算法的特殊之处在于，可以通过设置算法的初始化参数以引进人机对话环节，并且还引入了合并和分裂的机制。所谓"合并"，就是当某两个类别的中心间距小于某一阈值时，或者样本的数量太少时，就将这两个类别合并成一类。"分裂"正好是一个相反的操作，当某个类别的样本的标准差大于某一阈值时，或者其样本数目超过某一阈值时，则将它分为两类。ISODATA 算法流程如图 6-17 所示，该算法得到的分类数目更加合理、灵活性更强。

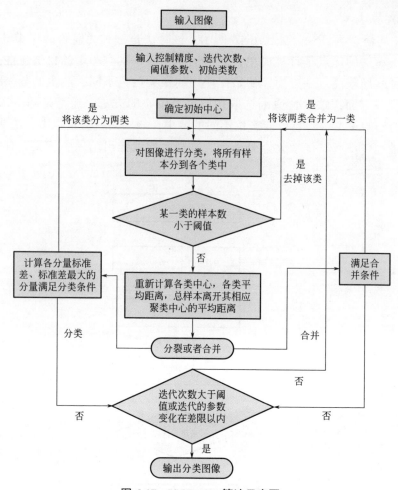

图 6-17　ISODATA 算法示意图

参考文献

[1] 叶齐祥，高文，王伟强，等．一种融合颜色和空间信息的彩色图像分割算法 [J]. 软件学报，2004, 15(4): 522-530.

[2] SMITH J R, CHANG S F. Tools and techniques for color image retrieval[C]// Storage and Retrieval for Still image and Video Databases IV. International Society for Optics and Photonics, 1996, 2670: 426-437.

[3] 刘嘉唯，肖勇锋，白小明，等．融合颜色与 LBP 纹理特征的布料色卡图像检索 [J]. 软件导刊，2016, 15(8): 173-176.

[4] STRICKER M A, ORENGO M. Similarity of color images[C]// Storage and Retrieval for Image and Video Databases Ⅲ. International Society for Optics and Photonics, 1995, 2420: 381-392.

[5] PASS G, ZABIH R. Histogram refinement

for content-based image retrieval[C]// Proceedings Third IEEE Workshop on Applications of Computer Vision. WACV' 96. IEEE, 1996: 96-102.

[6] HUANG J, KUMAR S R, MITRA M, et al. Image indexing using color correlograms[C]//Proceedings of IEEE computer society conference on Computer Vision and Pattern Recognition. IEEE, 1997: 762-768.

[7] HARALICK R M, SHANMUGAM K, DINSTEIN I H. Textural features for image classification[J]. IEEE Transactions on Systems, Man, and Cybernetics, 1973 (6): 610-621.

[8] TAMURA H, MORI S, YAMAWAKI T. Psychological and computational measurements of basic textural features and their comparison[C]// Proceeding of 3rd International Joint Conference on Pattern Recognition, 1976: 273-277.

[9] KASTRISIOS C, TSOULOS L. A cohesive methodology for the delimitation of maritime zones and boundaries[J]. Ocean & Coastal Management, 2016, 130(9): 188-195.

[10] COMER M L, DELP E J. The EM/MPM algorithm for segmentation of textured images: analysis and further experimental results[J]. IEEE Transactions on Image Processing, 2000, 9(10): 1731-1744.

[11] TEKALP A M. Digital video processing[M]. 北京 : 清华大学出版社 , 1998.

[12] TAMURA H, MORI S, YAMAWAKI T. Textural features corresponding to visual perception[J]. IEEE Transactions on Systems, Man, and Cybernetics, 1978, 8(6): 460-473.

[13] AMANATIADIS A, KABURLASOS V G, GASTERATOS A, et al. Evaluation of shape descriptors for shape-based image retrieval[J]. IET Image Processing, 2011, 5(5): 493-499.

[14] FREEMAN W J, ROGERS L J, HOLMES M D, et al. Spatial spectral analysis of human electrocorticograms including the alpha and gamma bands[J]. Journal of Neuroscience Methods, 2000, 95(2): 111-121.

[15] BLOCH I. Fuzzy spatial relationships for image processing and interpretation: a review[J]. Image and Vision Computing, 2005, 23(2): 89-110.

[16] 郭强 . 遥感图像处理技术在测绘领域中的应用分析 [J]. 数字技术与应用 , 2020, 38(4): 77, 79.

[17] 张博 . 基于改进的 Canny 算子医学细胞图像边缘检测的研究 [D]. 包头 : 内蒙古科技大学 , 2018.

[18] 张玲 , 吴巍 , 刘苇娜 . 图像处理在工业制造中的应用 [J]. 计算机与数字工程 , 2006, 34(12): 105-107.

[19] 姜涌 , 曹杰 , 杜亚玲 . 航空、航天科学技术其他学科 - 基于视觉的码头集装箱 AGV 导引系统 [J]. 中国学术期刊文摘 , 2007, 013 (008): 244.

[20] 刘飞飞 . 模糊图像复原技术在刑事侦查中的应用 [J]. 科技与创新 , 2016, (11): 153, 155.

[21] B I A N U C C I M, M A N N E L L A R.

Recovering the Fourier law in harmonic chains: a Hamiltonian realization of the Debye/Visscher model[J]. Communications in Nonlinear Science and Numerical Simulation, 2020, 95: 105652.

[22] 冈萨雷斯 RC, 伍兹, 等. 数字图像处理: 英文版 [M]. 北京: 电子工业出版社, 2010.

[23] 刘勘, 袁蕴英. 基于自动编码器的短文本特征提取及聚类研究 [J]. 北京大学学报: 自然科学版, 2015, 02(2): 282-282.

[24] 王卫兵, 张立超, 徐倩. 一种基于受限波尔兹曼机的推荐算法 [J]. 哈尔滨理工大学学报, 2020, 25(5): 62-67.

[25] NAKASHIKA T, TAKIGUCHI T, ARIKI Y. High-frequency restoration using deep belief nets for super-resolution[C]// International Conference on Signal-image Technology & Internet-based Systems. IEEE, 2013: 38-42.

[26] LUONG T X, KIM B K, LEE S Y. Color image processing based on nonnegative matrix factorization with convolutional neural network[C]// 2014 International Joint Conference on Neural Networks (IJCNN). IEEE, 2014: 2130-2135.

[27] 郑李强. 数字图像处理技术的发展及应用 [J]. 电脑知识与技术, 2018, 14(2): 169-171.

[28] 马启周. 数字图像处理技术的发展现状及趋势 [J]. 电脑迷, 2018(11): 183.

[29] 于浩. 数字图像处理技术的现状及其发展趋势 [J]. 科技展望, 2017(13): 12.

[30] MARR D, POGGIO T. A computational theory of human stereo vision[J].

Proceedings of the Royal Society of London. Series B. Biological Sciences, 1979, 204(1156): 301-328.

[31] 王润科, 薛玉峰, 李志鹏. 大气对可见光波段遥感图像影响因素的分析 [J]. 甘肃高师学报, 2011, 16(02): 54-56+106.

[32] 刘薇. 超分辨率图像重建关键问题研究 [D]. 西安: 西安理工大学, 2013.

[33] 侯力铭. 图像去模糊与图像增强的研究 [D]. 重庆: 重庆邮电大学, 2018.

[34] 朱学玲, 刘丽. 图像增强中的平滑滤波技术 [J]. 科技信息, 2012(32): 512.

[35] BAI K, LIAO X, ZHANG Q, et al. Survey of learning based single image super-resolution reconstruction technology[J]. Pattern Recognition and Image Analysis, 2020, 30(4): 567-577.

[36] AKGUN T, ALTUNBASAK Y, MERSEREAU R M. Super-resolution reconstruction of hyperspectral images[J]. IEEE Transactions on Image Processing, 2005, 14(11): 1860-1875.

[37] 方永铭. 基于插值和多帧重建的图像超分辨分析 [J]. 商, 2014, (46): 146, 87.

[38] 吴俊斌, 吴晟, 吴兴蛟. 矢量填充和插值算法的图像放大 [J]. 计算机与数字工程, 2016, 44(6): 1146-1150, 1166.

[39] FARSIU S, ROBINSON M D, ELAD M, et al. Fast and robust multiframe super resolution[J]. IEEE Transactions on Image Processing, 2004, 13(10): 1327-1344.

[40] 李欣, 崔子冠, 朱秀昌. 超分辨率重建算法综述 [J]. 电视技术, 2016, 40(09): 1-9.

[41] 马永强, 王顺利, 孙伟, 等. 基于高斯金字塔和拉普拉斯金字塔融合的图像对比度增强算

法研究 [J]. 信息与电脑 (理论版), 2018(04): 38-40.

[42] 苏衡 , 周杰 , 张志浩 . 超分辨率图像重建方法综述 [J]. 自动化学报 , 2013, 39(8): 1202-1213.

[43] 刘嘉鑫 . 基于 matlab 的图像对比度增强处理的算法的研究与实现 [J]. 中国新通信 , 2019, 21(24): 160.

[44] BHANU B. Automatic target recognition: state of the art survey[J]. IEEE Transactions on Aerospace and Electronic Systems, 1986 (4): 364-379.

[45] LI X R, JILKOV V P. Survey of maneuvering target tracking. Part I: Dynamic models[J]. IEEE Transactions on Aerospace and Electronic Systems, 2003, 39(4): 1333-1364.

[46] ROBINSON D K R, HUANG L, GUO Y, et al. Forecasting innovation pathways (FIP) for new and emerging science and technologies[J]. Technological Forecasting and Social Change, 2013, 80(2): 267-285.

[47] HUANG T S. Multiple frame image restoration and registration, in Advances [J]. Computer Vision & Image Processing, 1984, 1.

[48] DEMPSTER A P, LAIRD N M, RUBIN D B. Maximum likelihood from incomplete data via the EM algorithm[J]. Journal of the Royal Statistical Society: Series B (Methodological), 1977, 39(1): 1-22.

[49] DEMYSTIFIED E M, CHEN Y, GUPTA M R. EM demystified: an expectation-maximization tutorial[J]. 2010.

[50] BESAG J. On the statistical analysis of dirty pictures[J]. Journal of the Royal Statistical Society: Series B (Methodological), 1986, 48(3): 259-279.

[51] ZHANG X, LAM E Y, WU E X, et al. Application of Tikhonov regularization to super-resolution reconstruction of brain MRI images[C]// International Conference on Medical Imaging and Informatics. Berlin, Heidelberg: Springer, 2007: 51-56.

[52] FREEMAN W T, JONES T R, PASZTOR E C. Example-based super-resolution[J]. IEEE Computer Graphics and Applications, 2002, 22(2): 56-65.

[53] SUN J, ZHENG N N, TAO H, et al. Image hallucination with primal sketch priors[C]// 2003 Proceedings of the IEEE Computer Society Conference on Computer Vision and Pattern Recognition. IEEE, 2003, 2: II-729.

[54] CHANG H, YEUNG D Y, XIONG Y. Super-resolution through neighbor embedding[C]//Proceedings of the 2004 IEEE Computer Society Conference on Computer Vision and Pattern Recognition. IEEE, 2004, 1: I-I.

[55] GAO X, ZHANG K, TAO D, et al. Joint learning for single-image super-resolution via a coupled constraint[J]. IEEE Transactions on Image Processing, 2011, 21(2): 469-480.

[56] BAXES G A. Digital image processing: principles and applications[M]. John

Wiley & Sons, Inc., 1994.

[57] KIM Y T. Contrast enhancement using brightness preserving bi-histogram equalization[J]. IEEE transactions on Consumer Electronics, 1997, 43(1): 1-8.

[58] WANG Y, CHEN Q, ZHANG B. Image enhancement based on equal area dualistic sub-image histogram equalization method[J]. IEEE Transactions on Consumer Electronics, 1999, 45(1): 68-75.

[59] CHEN D, RAMLI A R. Contrast enhancement using recursive mean-separate histogram equalization for scalable brightness preservation[J]. IEEE Transactions on Consumer Electronics, 2003, 49(4): 1301-1309.

[60] SIM K S, TSO C P, TAN Y Y. Recursive sub-image histogram equalization applied to gray scale images[J]. Pattern Recognition Letters, 2007, 28(10): 1209-1221.

[61] WANG Q, WARD R K. Fast image/video contrast enhancement based on weighted thresholded histogram equalization[J]. IEEE Transactions on Consumer Electronics, 2007, 53(2): 757-764.

[62] KONG N S P, IBRAHIM H. Color image enhancement using brightness preserving dynamic histogram equalization[J]. IEEE Transactions on Consumer Electronics, 2008, 54(4): 1962-1968.

[63] PARK G H, CHO H H, CHOI M R. A contrast enhancement method using dynamic range separate histogram equalization[J]. IEEE Transactions on Consumer Electronics, 2008, 54(4): 1981-1987.

[64] MAJUMDER A, IRANI S. Perception-based contrast enhancement of images[J]. ACM Transactions on Applied Perception (TAP), 2007, 4(3): 17-es.

[65] GU K, ZHAI G, LIU M, et al. Brightness preserving video contrast enhancement using S-shaped transfer function[C]// 2013 Visual Communications and Image Processing (VCIP).IEEE, 2013: 1-6.

[66] SCHALKOFF R J. Pattern recognition [J]. Wiley Encyclopedia of Computer Science and Engineering, 2007.

[67] PITTNER S, KAMARTHI S V. Feature extraction from wavelet coefficients for pattern recognition tasks[J]. IEEE Transactions on Pattern Analysis and Machine Intelligence, 1999, 21(1): 83-88.

[68] ROSENBLATT F. The perceptron: a probabilistic model for information storage and organization in the brain[J]. Psychological Review, 1958, 65(6): 386.

[69] ZHOU H, CHEN J, DONG G, et al. Bearing fault recognition method based on neighbourhood component analysis and coupled hidden Markov model[J]. Mechanical Systems and Signal

Processing, 2016, 66: 568-581.

[70] HOPFIELD J J. Neural networks
and physical systems with emergent
collective computational abilities[J].
Proceedings of the National Academy
of Sciences, 1982, 79(8): 2554-

2558.

[71] 牟少敏, 时爱菊. 模式识别与机器学习技术
[M]. 北京 : 冶金工业出版社 , 2019.06.

[72] CORTES C, VAPNIK V. Support-vector
networks[J]. Machine learning, 1995,
20(3): 273-297.

Cutting-Edge Technologies in
**Smart
Environmental
Protection**

第 7 章

空气细颗粒物及
汽车尾气识别方法

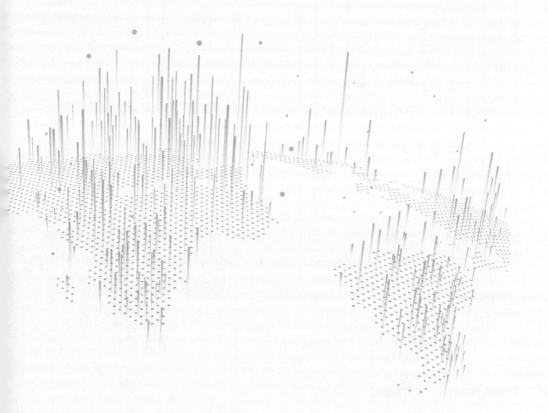

前面主要介绍了空气质量智能感知的方法以及在具体典型场景中的智能感知，并且阐述了空气质量智能识别的意义，对基于影像的智能识别技术进行了研究。感知主要是为了判断大气中污染物的有无，而空气质量的识别则是为了对空气中存在的污染物进行浓度、种类的定量检测分析。本章以空气中细颗粒物的检测与汽车尾气智能检测两个实例，对空气质量智能识别技术进行研究。

7.1
空气质量预测预警中的智能识别

7.1.1　预测数据特性分析与潜势研究

对现实世界中的系统进行建模往往具有很大的难度，如空气质量预测模型的建立等。建立空气质量预测模型的一种解决方案是机理建模，该建模方法使用化学传输模型（Chemical Transport Models，CTMs）来模拟空气污染物产生过程中所包含气体种类和化学反应的过程，然而此类方法需要的 CTMs 一般是非常复杂的，并且建模所需的信息往往也准备得不够充分，以上种种原因均增加了建模的难度 [1, 2]。尽管如此，基于机理建模仍是一种非常重要的方法，例如斯坦福大学 Mark Z. Jacobson 等从气象模型、示踪剂传输、化学和气溶胶微物理模型及辐射传输 4 个方向出发，提出了一种用于城市空气质量研究的三维空气污染建模系统。

为了建立各种变量之间的关系，还可以采用基于数据驱动的方法进行建模。数据驱动能更好地发现数据间潜在的联系，还可以避免机理模型建立过程中较为复杂的缺点。当大气因素和空气质量之间存在近似线性关系时，使用线性回归模型的基于数据驱动的建模方法可以获得较好的结果。然而，实际生活中各个变量之间的关系往往是非线性的，因此需要非线性模型来实现数据回归，随机森林（Random Forest，RF）、支持向量回归（Support Vector Regression，SVR）和神经网络（Neural Network）等是最常用的非线性模型。国内外众多学者使用结合了一些例如主成分分析法（Principal Component Analysis，PCA）和自适应模糊神经网络方法（Adapt Fuzzy Neural Network）等其他方法的非线性模型，针对空气中特定污染物（例如 $PM_{2.5}$、PM_{10}、氮氧化合物等）浓度预测设计了相应的方法和模型 [3, 4]。

泛化性能是机器学习中验证模型性能的重要指标，对真实数据缺乏泛化能力就等于直接宣布模型的失败。以神经网络为例，较浅的神经网络通常无法充分挖掘数据特征之间的关联性；对空气污染物浓度预测而言，是无法从历史的气象和污染物数据的学习中建立一个利用现有数据预测未来污染物浓度的良好映射。也就是说，在使用训练集和测试样本集特征时，这些模型容易发生欠拟合，从而产生较大的误差。相比之下，复杂的深层神经网络通过使用更深层次和更多神经元数量的网络，具有较强的数据拟合能力，之后对训练集上的气象和污染物历史数据特征进行学习，从而更好地预测未来时刻的$PM_{2.5}$浓度。但是，它们可能会在测试集上表现出过拟合或者较大的方差，也就是神经网络泛化能力较差。

将复杂的神经网络与大数据进行融合，能够有效地增加神经网络的性能，以此为背景，一些研究学者利用卷积神经网络（Convolutional Neural Networks，CNN）和长短期记忆网络（Long Short-Term Memory，LSTM）等设计出空气污染物预测模型。除此之外，网络结构设计、损失函数设计等也是增强模型性能的重要手段。尽管与深度学习有关的理论和学习算法还有待于进一步完善和提高，但是深度学习目前的发展现状已经展示了它强大的能力。

与犹如一个"黑盒子"的神经网络相比，支持向量机（Support Vector Machine，SVM）模型具有深厚的数学理论、良好的可解释性和较好的鲁棒性，是机器学习中发展成熟且应用较广泛的模型之一。本节内容将以 SVM 为基础模型从两个方面来讲述如何利用机器学习进行 $PM_{2.5}$ 浓度预测，即集成学习与循环策略。

支持向量回归（SVR）作为 SVM 在回归方向的扩展，是回归任务中的经典算法。关于 SVM 的介绍将在后面涉及，在此之前，先使用 SVR 解决简单回归问题。以 5.1.3 节所述的数据集作为数据来源，任务设定为利用当前时刻获取的气象因素（Meteorological Factors，MFs）值与空气污染物浓度（Air Pollutant Concentrations，APCs），预测未来每小时的 APCs 估计值。简单随机地将数据集分为 80% 的训练集和 20% 的测试集，重复训练测试 100 次后，计算皮尔逊线性相关系数（Pearson Linear Correlation Coefficient，PLCC）值作为评估预测性能指标，其结果如图 7-1 所示。

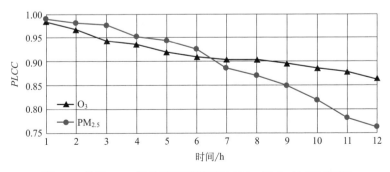

图 7-1　使用 SVR 线性回归模型预测 $PM_{2.5}$ 和 O_3 的 *PLCC* 值

图 7-1 给出了 $PM_{2.5}$ 和 O_3 的预测结果 $PLCC$ 值，圆点和三角形分别代表 $PM_{2.5}$ 和 O_3 预测结果的 $PLCC$ 值，其值越大，预测精度越高。随着时间的增加，$PM_{2.5}$ 和 O_3 的 $PLCC$ 值逐渐下降，短时间内的结果充分证明了 SVR 的性能优越性，但同时，数据相关性变弱，从而导致中长期的性能有所下降。如何评估和提高模型（算法）的性能是学者不断研究的问题。不同的任务往往会有不同的评价指标，图 7-1 的任务使用 $PLCC$ 来描述预测数据与真实数据之间的线性关系。一般来说，机器学习通常希望得到一个精度高且泛化能力较强的模型，这样就可以使用"偏差-方差分解"从偏差和方差的角度对模型的性能进行估计。

在机器学习中，通过定义损失函数，在损失函数最小化过程中提高模型的性能。机器学习模型是为了解决特定任务中的一般化问题，但是最小化损失函数得到的模型并不能保证该模型在解决更一般的问题时是最优的，甚至无法保证模型一定是可用的。泛化误差是指模型对未知数据预测的误差，它可以分解为偏差、方差和噪声。

方差和偏差从两个角度分别来描述训练得到的模型的性能。偏差旨在衡量模型的预测值与真实值之间的差异，其对象通常是单个模型。对于单个模型，可以重复模型训练的过程，由于数据和训练过程的随机性，重复过程会得到一系列单个模型的预测输出，进而得到单个模型的数学期望。方差的对象是多个模型，用于衡量使用不同训练数据集所得模型预测值之间的差异。对于单一模型，在保持数据内容各不相同的情况下，重复训练过程可以得到"不同"模型的预测输出，从而衡量各个模型预测值的差异。

设 D 为数据集，x 为数据样本，y 为数据的真实标记，y_D 为数据 x 在 D 中的标记，由于噪声的存在，y 可能不等于 y_D。f 是根据 D 得到的模型，$f(x, D)$ 是使用 D 模型对 x 的预测值。以回归任务为例，对于一个训练集 D，模型 f 对样本 x 的预测输出为 $f(x, D)$，模型的期望为：

$$\overline{f}(x) = E_D[f(x, D)] \tag{7-1}$$

其中，$\overline{f}(x)$ 为模型对 x 的输出期望，在概率论和统计学中，数据期望（或均值）是实验中每次可能结果的概率乘以该结果的总和，可用于反映随机变量平均取值的大小。

概率论中使用方差来度量随机变量和期望之间的偏离程度，方差刻画着随机变量取值对于其数学期望的离散程度。根据数学定义，模型 f 的方差可以定义为：

$$Var(x) = E_D\left[(f(x, D) - \overline{f}(x))^2\right] \tag{7-2}$$

方差用于描述所得不同模型性能的变化，反映预测的偏离与波动程度。偏差反映的是不同模型在样本上预测输出与真实值之间的偏差，用于刻画模型精度，即模型本身的拟合力。模型 f 的偏差定义为：

$$bias^2(x) = (\bar{f}(x) - y)^2 \qquad (7-3)$$

噪声是指数据集中实际标记与真实标记的偏差，因为噪声的存在是导致过拟合的原因之一，所以用于刻画学习本身的难度，噪声定义为：

$$\epsilon^2 = E_D\left[(y_D - y)^2\right] \qquad (7-4)$$

可以通过公式证明：泛化误差 = 偏差 + 方差 + 噪声。对于特定学习任务，较小的偏差不但可以确保模型充分拟合数据，同时还可以保证方差较小，并且可以减少数据扰动对模型的影响，最终使模型取得更好的泛化性能。

使用靶图解释方差和偏差[5]，如图7-2所示为不同程度偏差与方差在靶心图上的分布。

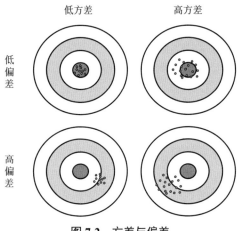

图 7-2　方差与偏差

假设靶中心为模型正确预测值，小黑点为使用各个数据集所得模型预测值，随小黑点从中心向外移动，模型预测性能变差。较集中的小黑点分布代表低方差，较分散的小黑点分布代表高方差。通过小黑点与靶心区域的位置关系可知，靠近靶心的小黑点分布代表偏差较小，而远离靶心的小黑点分布代表偏差较大。

模型复杂度与方差、偏差之间存在一定的关系，如图7-3所示。简单的模型偏差高而方差低，复杂的模型偏差低而方差高。简单模型易产生欠拟合，欠拟合即模型无法拟合训练样本，出现较大的偏差；复杂模型易发生过拟合，过拟合即模型过分拟合训练样本，面对新分布的测试集表现变差，出现较大的方差。

一般情况下，方差与偏差之间存在的内在冲突被称为"偏差-方差窘境"（Bias-variance Dilemma）。偏差和方差与泛化误差的关系如图7-4所示。

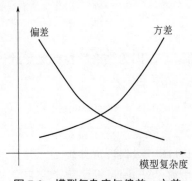

图 7-3　模型复杂度与偏差、方差

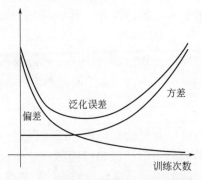

图 7-4　偏差、方差和泛化误差关系图

对于学习任务，其偏差、方差、泛化误差均随着训练进程而发生变化。训练初期，模型对于样本的拟合能力较弱，训练数据的扰动一般不会造成模型的预测输出发生较大的变化，此时泛化误差主要以偏差为主；随着训练次数的增加，模型拟合样本的能力逐步增强，模型通过逐步学习训练数据的特征，使得偏差进一步下降，同时训练数据的扰动开始对模型造成影响，此时泛化误差主要以方差为主；随着训练次数的进一步增加，模型拟合样本的能力也进一步加强，训练数据的轻微变化便会导致模型输出产生明显变化，若模型进一步学习数据非一般化的特征，那么就会发生过拟合。

可见，实际应用中需要模型尽可能达到较低的方差与偏差，才能确保模型有较好的性能和泛化能力。例如通过添加特征项、减少正则化参数和增加网络复杂度来防止欠拟合，通过增加数据量、控制模型复杂度、降低特征数量、添加正则化、使用 Dropout 和 Early stopping 等来防止过拟合。

（1）集成学习

如前面所述，希望通过特定任务得到精度高且泛化性能好的模型，该模型具有较低的偏差和方差。可是实际情况中可能无法得到完全"理想"的模型，换言之，如何通过多个这样的模型得到一个较为理想的模型是具有重大意义的，进一步而言，将多个性能较好的模型结合为更强的网络也是锦上添花。而集成学习中相关的算法恰好可以很好地以"偏差-方差"解释。

集成学习通过构建并结合多个个体学习器来完成特定的任务，通过组合多个"弱模型"来得到一个更好、更全面的"强模型"。其潜在的思想是：即使某部分个体学习器因为自身的原因在特定数据上得到错误的预测结果，但其他大部分弱分类器会产生正确的结果，这是可以将错误纠正回来的。如何产生并利用多个有差异且性能较好的个体学习器是集成学习探究的核心问题，其中个体学习器可以是神经网络、支持向量机、决策树等。

	预测样例1	预测样例2	预测样例3
学习器1	○	×	○
学习器2	○	○	×
学习器3	×	○	×
学习器4	○	○	○
集成结果	○	○	

(a)

	预测样例1	预测样例2
学习器1	○	×
学习器2	○	×
学习器3	○	×
学习器4	○	×
集成结果	○	×

(b)

	预测样例1	预测样例2	预测样例3
学习器1	×	×	×
学习器2	×	○	×
学习器3	×	×	×
学习器4	○	×	○
集成结果	×	×	×

(c)

图 7-5　使用不同表现的学习器进行集成

若以二分类为假设任务，此时个体学习器为不同的分类器。四个弱分类器对不同样例的预测输出如图 7-5 所示，其中"○"表示预测结果与真实值相同，"×"表示预测错误，通过多数投票法，即少数服从多数产生最终结果。图 7-5(a) 中的弱分类器符合好而不同的情况，即在多数预测中达到较好的性能，且具有一定差异性，这样就能在部分分类器发生错误时有效纠正错误，从而提高预测精度；图 7-5(b) 中的分类器不存在差异，集成后结果无变化；图 7-5(c) 中的分类器性能较差，集成反而使性能更差。因此，如果希望集成学习得到更高的性能，一方面需要各个分类器有较好的性能，另一方面还需要各个分类器具有明显的差异性，即构建"好而不同"的个体分类器。

集成学习通过构建并结合多个个体学习器来完成特定的任务，因此如何产生并且利用多个有差异且性能较好的个体学习器是集成学习探究的核心。集成学习示意图如图 7-6 所示。由于个体学习器的产生方式不同，目前的集成学习大致可以归为如下两类。

① 串行集成方法。该类方法通过串行的方法生成一系列个体学习器，其主要思路是利用模型之间的依赖，通过修改样本数据集中样本的权重以提升学习器的性能。这种方法典型的代表是 Boosting。

② 并行集成方法。这类方法通过在多个子数据集中并行地生成一系列个体学习器，其基本动机是使用各个个体学习器之间的独立性，利用平均计算的方法可以较大地降低误差。该方法的典型代表是 Bagging。

通常，大部分的集成学习为同质集成，即通过一个相同的基础学习算法生成相同的基础学习器，例如集成中的集成模型全为神经网络或者决策树等。有同质集成便有异质集成，异质集成中的个体学习器是通过不用的学习算法生成的，例如个体学习器包含神经网络和 SVR 等，此时个体学习器也可以称为组件学习器。

集成学习是将多个个体学习器进行结合，这样会比使用单一的学习器更易得到更好的结果和泛化性能，所以人们在不断研究如何加强个体学习器的性能。此时，该个体学习器也常被称为基学习器。

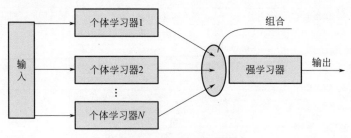

图 7-6　集成学习示意图

在集成学习中，将一些参差不齐的东西混合在一起进行学习，得到的结果将会比最坏的要好、比最好的要坏。若使用"少数服从多数"的思想，可以获得比使用单一学习器更好的泛化性能，但是前提是各个学习器都具有一定的性能并且它们之间存在一定的差异。但实际中，所有的学习器都是为了解决同一个问题而设计的，因此，无法确保个体学习器在保持准确性的同时又各不相同。通常，在各个体学习器达到较高的准确性之后，增加差异性的同时就不可避免地会导致准确性有所下降，故集成学习研究的核心问题是如何产生"好而不同"的个体学习器。

(2) Boosting

Boosting 是一种将个体学习器转换为强学习器的算法，它要求个体学习器能够对特定的数据分步进行学习。其主要思想是通过样本数据训练一个个体学习器，然后利用此学习器对数据的预测结果对数据进行重新分布，使先前分类错误的样本在后续的训练中受到更多的关注。重复以上步骤，直到产生所需要的 N 个学习器，然后再将所得的 N 个学习器进行一定方式的组合。

Boosting 算法中最具有代表性的是 AdaBoost 算法，其算法流程如图 7-7 所示。其中，D 表示初始样本的权值矩阵，通常，D 被初始化为 $1/m$，即各个样本初始的采样概率相同；m 表示样本数量；e 表示弱分类器的错误率；α 表示该分类器的可信度权重，可通过计算错误率 e 得出。在 Bagging 算法中，每个弱分类器隐含的可信度 α 为 1，而在 Boosting 算法中，会根据每个弱分类器的表现来决定分类器的权重，也就是说表现性能好的分类器所占的权重会更大一些。

AdaBoost 算法的流程主要分为两个部分：计算分类器权重 α 和更新采样矩阵 D。通过误差 e 更新各个样本的权重，使得本次训练中出错的样本在下一个学习器学习时具有更大的权重，从而提高分类器的分类精度。而对于无法使用带权值样本进行学习的个体学习器，可以使用重采样法对数据重新进行处理，即在每一次学习过程中，对训练数据重新采样，再使用采样得到的新数据集进行训练。一般来说，重新赋予权重和重新采样的方法并没有明显的优劣区别。

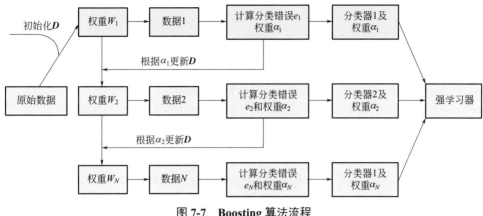

图 7-7　Boosting 算法流程

通过计算权重可以给每个弱分类器赋予不同的权值，最后便可以将这些弱分类器进行组合，得到一个强学习器。需要注意的是，每次训练后都要检查该学习器是否满足基本条件，如学习器在测试集上的预测准确性需要大于随机的猜想值，如果不满足该条件，那么该学习器就会停止训练过程，最终被淘汰。如果此时学习轮数还未达到最大值，可能会因为获取的学习器数量较少而导致集成学习的性能有所下降。如果使用的是重采样法，当本轮学习器性能未满足要求时，可以再次对数据采样、重新训练，从而避免训练过程停止。

从方差和偏差的角度分析，Boosting 算法主要关注的是偏差是否降低。算法每一轮迭代训练都会根据以前模型的训练效果进行更进一步的修正，然后分别对样本和分类器加权。Boosting 过程顺序地最小化损失函数，随着迭代次数的增加，会逐步逼近真值，其偏差自然而然也会逐步下降。然而由于 Boosting 使用"残差逼近"的思想进行计算，个体学习器之间有较强的联系，因此集成学习器无法显著降低方差。但是 Boosting 通过减少偏差，使用泛化性能较弱的个体学习器可以得到很强的集成学习器。

（3）Bagging

Bagging 算法是并行集成学习中最著名的一种学习算法，与串行方法 AbaBoost 算法不同的是，Bagging 算法并不更新数据权重，而是直接利用多个有差异的数据集训练以得到个体学习器，这样便可以得到具有较大差异性的个体学习器。Bagging 算法的流程如图 7-8 所示，给定一个特定的任务，为了使个体学习器尽可能存在较大的差异，可以对数据集进行多次采样以产生若干个不同的子集。虽然增加数据的差异性有利于提升个体学习器的多样性，但这样做也会导致个体学习器的性能有所下降。原因是每个学习器只使用了一部分训练数据，从而导致数据量不足，难以对特征进行有效学习，这种情况就无法保障个体学习器有比较好的性能。

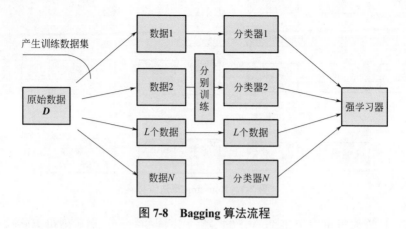

图 7-8　**Bagging 算法流程**

　　为了尽可能同时满足学习器之间的差异性和精确性，可以考虑使用具有重叠内容的采样子集。在 Bagging 集成算法中，自助采样法是经常使用的数据采样方法。

　　自助采样法是指从给定的训练集中随机采样固定个数的样本，先从数据集中随机选取一个样本放入采样集，每采样一个样本后，都将样本放回数据集中，也就是说，之前采样得到的样本可能会被重复采样。经过 N 次随机采样的操作后，可以得到一个样本容量为 N 的采样集。初始训练集中的部分数据会在采样集中多次出现，而部分数据不会出现在采样集中。重复操作 L 次，便可以得到 L 个样本数量为 N 且内容不相同的采样集。

　　对于一个样本数量为 m 的数据集，其中任意一个样本，在生成采样集的随机采样过程中，每次被采集到的概率是 $1/m$，没有被采集到的概率为 $1-1/m$，则该样本 m 次采样都没有被采集到的概率是 $\left(1-\dfrac{1}{m}\right)^m$。$\lim\limits_{m\to\infty}\left(1+\dfrac{1}{m}\right)^m=\dfrac{1}{e}\approx 0.368$，因此在每轮随机采样中，理论上原始训练集中大约有 36.8% 的数据不会出现采样集中。没有出现在采样集中的数据没有参与训练，因此可以被用来检测模型的泛化能力。

　　与自助采样法原理相似的另外一种方法是随机子空间法（Random Subspace Method，RSM），它又可以被称为 Attribute Bagging 或者 Feature Bagging。该方法的主要特点是特征采样，随机子空间法是随机采样原始数据集中的部分特征来产生多个采样集，之后使用部分特征而不是全部特征来训练个体学习器，从而增加个体学习器的多样性。

　　从减少方差或偏差的角度分析，Bagging 主要关注的是降低方差。式 (7-2) 为方差的定义，对于随机变量 X，方差存在两个重要的性质：

① 当 c 为常数时，有：

$$Var(cX) = E\left[(cX - E[cX])^2\right] = c^2 E\left[(X - E[X])^2\right] = c^2 Var(X) \tag{7-5}$$

② 独立随机变量之和的方差等于各变量方差之和：

$$Var(X_1 + X_2 + \cdots + X_n) = Var(X_1) + Var(X_2) + \cdots + Var(X_n) \tag{7-6}$$

对于 n 个独立同分布的模型，每个模型的方差为 σ^2，根据式 (7-5) 与式 (7-6)，可得平均多个模型所得方差为：

$$Var\left(\frac{1}{n}\sum_{i=1}^{n} X_i\right) = \frac{1}{n^2} Var\left(\sum_{i=1}^{n} X_i\right) = \frac{\sigma^2}{n^2} \tag{7-7}$$

因此所得模型的方差为单模型的 $\frac{1}{n^2}$，但对于使用同一训练集的模型是无法取平均的。由于无法通过从没有交集的原始数据集中采样多个不同样本来保证模型的可用性，为了缓解此问题，通过对训练每个数据集而获得的模型进行平均来降低方差。

设 Bagging 中单模型的期望为 μ，则 Bagging 集成后的期望为：

$$E\left(\frac{1}{n}\sum_{i=1}^{n} X_i\right) = \frac{1}{n} E\left(\sum_{i=1}^{n} X_i\right) = E(X_i) \approx \mu \tag{7-8}$$

式 (7-8) 表明，Bagging 集成模型的期望与单模型的期望近似，这表示集成模型的偏差与单体模型偏差也是近似的，因此通常选用偏差较低的个体学习器进行集成，而个体学习器面临的任务通常是一样的，这就导致个体学习器偏差和集成前后的偏差大致相同。

Bagging 使用各种数据采样方法来产生含有重复样本的数据集，从而打破式 (7-6) 所表述的独立性假设，即，设此时个体学习器之间的相关系数为 $\rho(0 < \rho < 1)$，则集成模型方差为：

$$Var\left(\frac{1}{n}\sum_{i=1}^{n} X_i\right) = \frac{\sigma^2}{n} + \frac{n-1}{n}\rho\sigma^2 \tag{7-9}$$

随着学习器数量 n 的增加，式 (7-9) 中等号右边的第一项逐渐趋于 0，而第二项趋于 $\rho\sigma^2$，因此 Bagging 算法能够降低方差，并提升模型的泛化能力。随机森林算法则是在树内部节点分裂中随机选取固定数量的特征来进一步降低单模型之间的相关性，其方差较 Bagging 算法而言会更低。

自助采样法和随机子空间法均是为了降低模型之间的相关性，同时尽可能地保证模型具有较低的偏差，这样才有利于最终集成。除了上述几个经典算法之外，在集成学习的发展过程中涌现出许多优秀的算法，比如提升树、GBDT、XGBoost 和随机森林等算法。这些方法广泛应用于在工业应用、图像处理、遥感等领域，对集成学习有兴趣的读者可以自行了解。

7.1.2　空气污染预测建模

(1) SVM 理论

支持向量机（Support Vector Machine，SVM）最初是由贝尔实验室（AT&T Bell Laboratories）为了解决分类问题而提出的，后来，该方法扩展到支持向量回归（Support Vector Regression，SVR）方面，用于解决回归问题。

对于分类任务，假设训练数据集 $S = (x_1, y_1),(x_2, y_2),\cdots,(x_m, y_m)$，其中 $x_i = [x_1, x_2, \cdots, x_n]^T \in \mathcal{R}^n$，$x_i$ 是数据集中的第 i 个输入特征向量，$y_i \in \mathcal{R}$ 是第 i 个目标输出。分类任务的目的就是找到一个超平面将不同的类别进行分类，如图 7-9 所示。

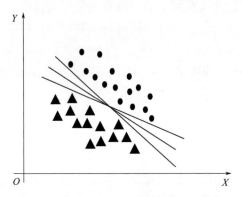

图 7-9　存在多个超平面可以完成任务分类

图 7-9 所示超平面的一般数学形式也可以用式 (7-10) 所示的函数表示：

$$w^T x + b = 0 \tag{7-10}$$

式中，w 为法向量，用来确定超平面的方向；b 为位移项，用来确定超平面与原点之间的距离。由法向量 w 和位移项 b 便可以确定一个超平面。对于一个分类器而言，训练数据 $x \in \mathcal{R}^n$，$y \in \mathcal{R}$，设定 x 为正样本时 $y=1$，x 为负样本时 $y=-1$。分类正确的情况下，预测值 $w^T x + b > 0$；分类错误时，预测值 $w^T x + b < 0$，那么就可以使用 $y(w^T x + b) > 0$ 来统一表示分类正确的情况，反之可以用 $y(w^T x + b) \leq 0$ 来表示分类错误的情况。

当一个任务线性可分时，会存在无数个可以将数据正确分类的超平面，线性可分支持向量机使用间隔最大化的方法来获取最优的超平面，从而获得唯一的最优解。此时，该平面对分类样本中的离群值是不敏感的，但是训练得到的模型鲁棒性却是最强的，对未知样本的泛化性能也是最好的。对于 $(x_m, y_m) \in S$，若 $y_m = +1$，则有 $w^T x + b > 0$，若 $y_m = -1$，则有 $w^T x + b < 0$，令：

$$\begin{cases} \left(\boldsymbol{w}^{\mathrm{T}}x_i + b\right) \geqslant +1 & y_i = +1 \\ \left(\boldsymbol{w}^{\mathrm{T}}x_i + b\right) \leqslant -1 & y_i = -1 \end{cases} \tag{7-11}$$

因此，可以使用 $y(\boldsymbol{w}^{\mathrm{T}}x+b)<1$ 作为分类错误的标准。同时，样本空间中任意样本 x 距离超平面的距离为：

$$r = \frac{|\boldsymbol{w}^{\mathrm{T}}x + b|}{\|\boldsymbol{w}\|} \tag{7-12}$$

如图 7-10 所示，距离超平面最近且满足式 (7-11) 的几个样本被称为"支持向量"，两个异类支持向量到超平面的距离之和为：

$$\gamma = \frac{2}{\|\boldsymbol{w}\|} \tag{7-13}$$

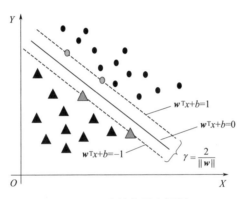

图 7-10　支持向量和间隔

式中，γ 为间隔，找到具有最大间隔的超平面意味着需要找到满足式 (7-10) 的 $\boldsymbol{w}$ 和 b，这样才能使得 γ 最大，即：

$$\max_{w,b} \frac{2}{\|\boldsymbol{w}\|} \\ \text{s.t. } y_i\left(\boldsymbol{w}^{\mathrm{T}}x_i + b\right) \geqslant 1 \tag{7-14}$$

最大化式 (7-14) 等于最小化 $\|\boldsymbol{w}\|^2$，因此式 (7-14) 可以改写为：

$$\min_{w,b} \frac{1}{2}\|\boldsymbol{w}\|^2 \\ \text{s.t. } \quad y_i\left(\boldsymbol{w}^{\mathrm{T}}x_i + b\right) \geqslant 1 \tag{7-15}$$

式 (7-15) 是支持向量机的基本形式，此时假设任务在原始特征空间或者映射的高维空间是线性可分的，也就是不同类别的样本不会被分类进其他类别的样本空间。然而实际的任务并不全是线性可分的，就算理论上能找到一个高维映射使数据变得线性可分，但是寻找一个合适的核函数（核）是非常困难的。另外，过分地追求线性可分可能会导致模型出现过拟合的情况。所以，必须放宽对样本的要求，适当允许向量机产生一些错误的结果可以改善这个问题，因此这就需要引入软间隔的概念。

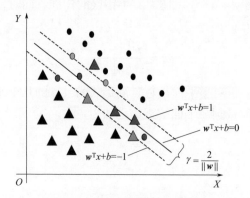

图 7-11　使用软间隔超平面分类

硬间隔要求所有的样本必须满足式 (7-11)，即正确分类所有的目标，而软间隔允许某些样本被错误分类，如图 7-11 所示，图中的红色标记表示错误分类的样本，允许错误分类相当于给式 (7-15) 的目标函数添加额外的误差。因此，在满足最大间隔的同时，有必要采取尽可能少的不符合约束条件的样本。引入松弛变量 ξ 后，式 (7-15) 可以写为：

$$
\begin{aligned}
\min_{w,b,\xi} \quad & \frac{1}{2}\|w\|^2 + C\sum_{i=1}^{m}\xi^i \\
\text{s.t.} \quad & y_i\left(w^{\mathrm{T}}x_i + b\right) \geq 1 - \xi_i \\
& \xi_i \geq 0, \quad i = 1,2,3,\cdots,m
\end{aligned}
\tag{7-16}
$$

通过在优化目标中加入松弛变量，可以使一些样本在一定程度上越过两边的边界。C 表示参数调控错误样本能被接受的程度，C 值越大，错误分类所带来的损失就越大，对错误的容忍度就越小，分类时它拒绝错误分类的可能性更大，这就是所谓的硬间隔；C 值越小，错误分类所产生的损失就越小，分类时便能容忍错误分类，这就是所谓的软间隔。

支持向量机同样可以应用于回归问题，给定训练数据集 $D=(x_1, y_1),(x_2, y_2),\cdots,(x_m, y_m)$，其中 $x_i=[x_1, x_2, \cdots, x_n]^{\mathrm{T}}\in\mathcal{R}^n$，$x_i$ 是特征输入的第 i 个向量，$y_i\in\mathcal{R}$ 是第 i 个目标输出。对于样本 (x, y)，通常使用模型的预测输出 $f(x)$ 和真实标签 y 之间的差值作为损失，只有输出 $f(x)$ 和 y 完全相等时，损失才为 0，此时模型训练结束。损失函数对模型的性能有着重要影响，目前常用的损失函数有均方误差（Mean Square Error，MSE）和平均绝对值误差（Mean Absolute Error，MAE）。与支持向量机的分类问题一样，SVR 允许输出 $f(x)$ 和 y 之间存在一定的误差。如图 7-12 所示，"误差"相当于以$f(x)$函数为中心，宽度为2ε的间隔带，样本位于此间隔带时，就认为正确预测了该样本，反之，则认为样本被预测错误了。

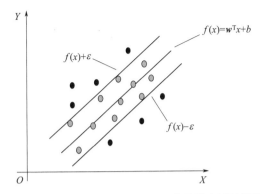

图 7-12 支持向量回归（在误差范围内的样本不计算损失）

通过引入松弛变量ξ_i和ξ_i'，SVR问题在数学上可表示为：

$$\min_{w,b,\xi,\xi'} \quad \frac{1}{2}\|w\|^2 + k\sum_{i=1}^{m}\left(\xi_i + \xi_i'\right)$$

$$\text{s.t.} \begin{cases} f\left(x_i\right) - y_i \leqslant \epsilon + \xi_i \\ y_i - f\left(x_i\right) \leqslant \epsilon + \xi_i' \\ \xi_i,\xi_i' \geqslant 0, i=1,2,\cdots,m \end{cases} \tag{7-17}$$

式(7-15)～式(7-17)是一个有关二次规划的问题，其可以使用拉格朗日函数求解。引入4个拉格朗日乘子a、a'、μ、$\mu'(\geqslant 0)$后，式(7-17)可以使用拉格朗日乘子法重写为：

$$\begin{aligned} L\left(w,b,a,a',\xi,\xi',\mu,\mu'\right) = \\ \frac{1}{2}\|w\|^2 + k\sum_{i=1}^{m}\left(\xi_i + \xi_i'\right) - \sum_{i=1}^{m}\mu_i\xi_i - \sum_{i=1}^{m}\mu_i'\xi_i' + \\ \sum_{i=1}^{m}a_i\left[f\left(x_i\right) - y_i - \epsilon - \xi_i\right] + \sum_{i=1}^{m}a_i'\left[y_i - f\left(x_i\right) - \epsilon - \xi_i'\right] \end{aligned} \tag{7-18}$$

目标函数满足Slater定理，约束满足KKT条件时，可将原问题转化为对偶问题的求解，最后求得超平面函数中的w和b。

（2）集成学习

① 个体学习器构建　7.1.1节简要描述了集成学习的部分相关内容，还介绍了Bagging算法中构建个体学习器的经典方法：自助采样法与随机子空间法。本节以SVR作为基础模型和数据集（包含6种空气污染物浓度与6种气象因素）作为数据来源，构建集成模型。

在上述数据集中，一个完整的数据样本由信息中记录的 12 个特征组成。设定数据集样本总数为 M，可以使用自助采样法的"随机抽取"理念来对整个数据集进行采样，这将会产生新的不同的采样数据集。一般情况下，新采样的数据集的数量与原始样本数据总数是相同的，即对容量大小为 M 的数据集进行 M 次采样可以得到采样数据集。基于上述信息，便可以研究不同样本数量对 SVR 模型性能可能造成的影响，过程如下。

使用自助采样法对样本总数为 M 的数据集进行多次采样，使新数据集的大小是初始数据集的 $1/N$，其中 N 是 (1, 2, …, 10) 中的随机数，重复此过程 1000 次，就会得到样本数量不同的 1000 个数据集。对每个数据集按照 3：1：1 的比例划分成训练集、验证集和测试集，然后分别使用 SVR 进行训练、验证和测试，计算 SVR 模型在每个测试集上的 *MSE* 值，然后使用该值来评估模型的性能。其对数 *MSE* 分布的箱形图如图 7-13(a) 所示。

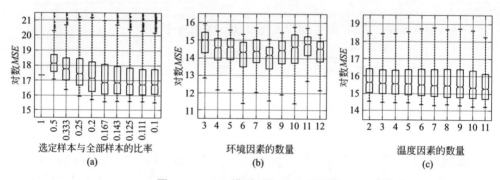

图 **7-13** **SVR** 模型对数 *MSE* 箱形图

可以使用随机子空间法中的"特征采样"的理念对一个训练样本中的 12 个特征进行随机采样，以产生特征数量不同的采样集。与自助采样法相同的是，这种方法同样会生成 1000 个特征采样数据集。每个数据集中的每个完整的数据样本均包含 K 个特征，其中 $K \in (3, \cdots, 12)$ 从原始数据特征中随机抽样产生。模型的训练设置和 *MSE* 计算与自助采样法中相同，在此不再赘述。其对数 *MSE* 分布的箱形图如图 7-13(b) 所示。

由于空气污染物浓度是不会突然发生改变的，其具有较强的时序性，而预测未来时刻的空气污染物的浓度的过程也遵循这种时序性。综合以上两种思想，针对整个数据集采用的是"时间采样"的方法。假设数据样本按时间顺序分为 $T_0 \sim T_{11}$ 的 12 个时间点，则采样数据集中的样本只占 12 个时间点中的部分，其样本时间分布为 $\{T_0, T_1, \cdots, T_p\}$，其中 $p \in (2, \cdots, 11)$。模型的训练设置和 *MSE* 计算与上文提及的方法相同，其对数 *MSE* 分布的箱形图如图 7-13(c) 所示。

在图 7-13 中，图 7-13(a) 所示的是使用不同方法得到的模型的 MSE 评估指标，结果表明使用数据量较低的模型能够取得更好的性能；图 7-13(b) 所示是使用随机子空间法进行采样得到的模型结果，其表明如果直接使用 12 个特征全部进行预测，得到的结果并非总是优于使用部分特征进行预测的结果，造成这种结果的原因可能是发生了过拟合问题；图 7-13(c) 所示是使用"时间采样"方法得到的模型结果，其表明使用较多的历史数据可以帮助模型获得更高的预测精度，但是随着历史时间 p 的增加，增益效果会变得越来越不明显。

以上所述 3 种方法从不同的角度出发设计采样数据集，尽最大可能得到较好的模型，这也是集成学习的出发点。尽管以上 3 种方法的具体实现存在部分差异，但是它们的主要流程仍可以用图 7-14 所示的算法统一描述，其主要思想是通过不同的个体学习器进行构建，在构建过程中分别考虑数据集大小（自助采样法）、特征数量（随机子空间）和历史时间（时间采样），最后产生 3 种类别的个体学习器，用来充分挖掘数据的特征，提高集成收益。

数据集生成方法

输入：原数据集 S、目标采样集个数 L、学习器 C

For l=1 to L

    T_l=随机子空间or自动采样法or

    $C_l=F(T_l)$

End

输出：多个学习器 $\{C_i \mid i$=1, 2, …, $L\}$

图 7-14　采样数据集生成算法

② 集成修剪　通过某种方法去除已产生的个体学习器中的一部分学习器的过程称为集成修剪。使用集成修剪可以减少模型的数量，这样有利于减少存储空间和预测所花费的时间，使用基于优化的集成修剪技术可以使模型保持相对较小规模的同时提升泛化性能。一些相关领域中也有类似的理念，比如决策树中的剪枝，剪去决策树中的一些"枝条"可以降低树的复杂性，最终防止数据出现过拟合现象；神经网络中的剪枝，其目的是开发体积更小、计算速度更快速、更高效的神经网络模型，它是一种去除网络权重中冗余权值的模型优化技术，剪枝后的神经网络的运行速度更快，进行网络训练时消耗的计算成本也相应减少了 [6]。

集成学习的目的是组合多个弱学习器以得到强学习器，但是在这个过程中很难保证得到的基础模型具有高预测性能（低偏差）、高模型差异（低方差）和低冗余性，还有可能生成具有负增益的基础模型。使用不同的数据采样方式可以得到 3 种弱学习器，直接组合所有的个体学习器并不是最好的选择，而使用负增益学习器也可能导致集成模型的预测性能有所下降。故设计适当的修剪算法除掉不需要的"枝条"会有利于提升集成学习得到的模型的预测性能。

假设数据集合 $Z \in \mathcal{R}^s$ 的个体学习器组合包含 r 个弱学习器 $H_1, H_2, H_3, \cdots, H_r$，学习器 H_i 可以视作一个函数 $H: = \mathcal{R}^s \rightarrow \mathcal{R}^f$，通过对 $\mathcal{R}^s$ 采样可以得到期望数据集 Z，其中数据样本函数的值为 $\bar{z}$（标签值），第 x 个学习器（即 H 函数）输出为 $H_x(z)$（预测值）。基于以上内容，便可以推导出利用集成学习得到的所有模型于集合 Z 上的加权预测输出为：

$$\hat{H}(z) = \sum_{x=1}^{r} w_x H_x(z) \qquad (7\text{-}19)$$

式中，r 为学习器的数量，$w_x \in [0,1]$ 且 $\sum_{i=1}^{r} w_i = 1$。根据式 (7-19) 可以分别得到第 x 个学习器和加权预测输出的泛化误差为：

$$Err_x(z) = \left(H_x(z) - \bar{z} \right)^2 \qquad (7\text{-}20)$$

$$\widehat{Err} = (\hat{H}(z) - \bar{z})^2 \qquad (7\text{-}21)$$

式 (7-20) 和式 (7-21) 可以进一步表示为：

$$Err_x = \int Err_x(z) P(z) \mathrm{d}z \qquad (7\text{-}22)$$

$$\widehat{Err} = \int \widehat{Err_x}(z) P(z) \mathrm{d}z \qquad (7\text{-}23)$$

通过式 (7-22) 和式 (7-23)，第 x 个学习器和第 y 个学习器之间的相关性可被表示为：

$$Corr_{xy} = \int \sqrt{Err_x} \sqrt{Err_y} P(z) \mathrm{d}z \qquad (7\text{-}24)$$

由式 (7-24) 可知 $Corr_{xy} = Corr_{yx}$，结合式 (7-20) 和式 (7-22)，可以得到总输出误差：

$$\widehat{Err}(z) = \left(\sum_{x=1}^{r} w_x H_x(z) - \bar{z} \right) \left(\sum_{y=1}^{r} w_y H_y(z) - \bar{z} \right) \qquad (7\text{-}25)$$

进一步结合式 (7-24) 和式 (7-25)，可以得到总输出误差为：

$$\widehat{Err} = \sum_{x=1}^{r} \sum_{y=1}^{r} w_x w_y Corr_{xy} \qquad (7\text{-}26)$$

假设所有的个体学习器对集成学习做出的贡献是相等的，也就是各个学习器的权重 w 相同，则式 (7-26) 可以进一步写为：

$$\widehat{Err} = \frac{1}{r^2} \sum_{x=1}^{r} \sum_{y=1}^{r} Corr_{xy} \qquad (7\text{-}27)$$

为了找到可能存在的负效益学习器，会尝试着去除某一个特定的学习器，例如去除第 q 个学习器，关注去除该特定学习器后最终的集成输出是否有所变化及是如何变化的。将去除第 q 个学习器后的新的集成泛化误差表示为：

$$\widehat{Err'} = \frac{1}{(r-1)^2} \sum_{\substack{x=1 \\ x \neq q}}^{r} \sum_{\substack{y=1 \\ y \neq q}}^{r} Corr_{xy} \qquad （7\text{-}28）$$

由式 (7-27) 和式 (7-28) 可知，当 $\widehat{Err'}$ 小于 $\widehat{Err}$ 时，删除第 q 个学习器的集成效果优于包含第 q 个学习器的集成效果，即：

$$\widehat{Err} \leqslant \frac{1}{2r-1} \left(2\sum_{\substack{x=1 \\ x \neq q}}^{r} Corr_{xq} + Err_q \right) \qquad （7\text{-}29）$$

将式 (7-27) 代入式 (7-29)，可以化简得到：

$$(2r-1)\sum_{x=1}^{r}\sum_{y=1}^{r} Corr_{xy} \leqslant 2r^2 \sum_{\substack{x=1 \\ x \neq q}}^{r} Corr_{xq} + r^2\, Err_q \qquad （7\text{-}30）$$

将 Err_q 提取后放在等式的左边会得到式 (7-31)，此时可以得知，如果去除某个学习器后的相关泛化误差大于阈值，那么确定该学习器就是负效益学习器，就应该将其删除。

$$Err_q \geqslant Thr_q = \frac{2r-1}{r^2}\sum_{x=1}^{r}\sum_{y=1}^{r} Corr_{xy} - 2\sum_{\substack{x=1 \\ x \neq q}}^{r} Corr_{xq} \qquad （7\text{-}31）$$

使用式 (7-19)～式 (7-21) 的集成修剪流程后，可以去除该任务个体学习器中的负效益学习器。针对特定的任务会产生特定的个体学习器，这就需要设定不同的检验指标来判断该组件的正负性。本节中的任务涉及的 3 种个体学习器只是判断一种类型的正负性，不对其他类别的模型进行判断。

集成学习理念是利用自助采样法等方法设计了三类个体学习器，其中设计的多类别模型不仅提高了模型间的差异性，还增强了集成模型的泛化能力。使用上文中提到的集成学习修剪方法来去除三种模型中的负效益部分后，可以以"好而不同"的理念和目标得到合适的个体学习器。

③ 组合策略　如果说集成学习的核心是如何设计"好而不同"的基学习器，那么集成学习中另外一个重点便是如何将多个学习器结合起来。可以从三个方面提升结合学习器的过程：一是从统计的方面进行分析，由于学习任务的假设空间往往是很大的，可能会有多个学习器在训练集后有相同表现，这时若使用单个学习器，模型的泛化性能就会比较差，而结合多个学习器是可能减少这个风险的；二是从计算方面分析，使用单个学习器进行计算经常会陷入局部最小值，那么处于局部最小点的部分学习器的泛化性能可能会很差，这时通过结合多个学习器的方法可以降低模型陷入局部最小值的风险；三是从表示方面分析，某些学习任务的真实假设可能不在当前学习算法所在的假设空间中，此时使用单学习器肯定是无效的，而结合多个学习器后，相应的假设空间就会有所增大，这时才有可能向

更好的模型学习[7]。

在实际应用中，若直接使用简单拼接的方法进行集成，往往会得不到理想的效果。本章以 PM$_{2.5}$ 预测为例，在去除一部分冗余的学习器后仍然包含大量的学习器，此时若直接合并这些高维数据会很容易出现过拟合现象；而且，直接融合学习器，会忽略掉大多数表现不佳的学习器，这样就无法提高模型整体的多样性。总而言之，在大部分场景中直接结合所有的个体学习器是不可行的。

集成学习中常见的组合策略有：平均法、投票法、学习法。

a. 平均法。回归任务常采用的组合策略是平均法。假设输入 $x \in \mathcal{R}^s$，H 函数完成输入 $\mathcal{R}^s$ 到输出 $\mathcal{R}^l$ 的映射，简单平均法的定义如式 (7-32) 所示：

$$H(x) = \frac{1}{N} \sum_{i=1}^{N} H_i(x) \tag{7-32}$$

式中，$H_i(x)$ 为第 i 个学习器的输出。

与简单平均法有所不同，加权平均法的定义为：

$$H(x) = \sum_{i=1}^{N} w_i H_i(x) \tag{7-33}$$

式中，w_i 为学习器 $H_i(x)$ 的权重，一般情况下，$w_i \geqslant 0$ 且 $\sum_{i=1}^{N} w_i = 1$。

显而易见，简单平均法是加权平均法的一种特例，使公式中的 $w_i = \dfrac{1}{N}$，加权平均法便可转化为简单平均法。事实上，加权平均法是集成学习方法的基本出发点，各种集成方法的不同之处其实就是确定每个学习器权重的方法不相同。

PM$_{2.5}$ 浓度预测中也使用到了平均法，分别直接平均三个类别中的学习器后，会得到三个合成的正组分学习器，将其定义为 $\left[\hat{C}^B, \hat{C}^R, \hat{C}^I \right]^T$，于是可以通过求解式 (7-34) 得到最终的 PM$_{2.5}$ 预测值：

$$p = w \times \Phi(v) + b \tag{7-34}$$

式中，w 和 b 为模型参数中的权重和偏差；$\Phi(\cdot)$ 函数能够将输入映射到高维空间；$v = \left[\hat{C}^B, \hat{C}^R, \hat{C}^I \right]^T$。使用平均法可以确定 w、b。平均法的公式如式 (7-35) 和式 (7-36) 所示。

直接平均：设定 $\Phi(\cdot)$ 为恒等函数，$w = [1/3, 1/3, 1/3]$，$b=0$，可以得到下式。

$$p = \frac{1}{3} \sum_{h=1}^{3} v_h = \frac{1}{3} \left(\hat{C}^B + \hat{C}^R + \hat{C}^I \right) \tag{7-35}$$

加权平均：同样设定 $\Phi(\cdot)$ 为恒等函数，$b=0$，$w = [w_1, w_2, w_3] = \left(V_t^T V_t\right)^{-1} V_t^T P_t$。其中，$V_t = [v_1, v_2, \cdots, v_u]^T$；$P_t = [p_1, p_2, \cdots, p_u]^T$，$u$ 表示样本数量；$v_i = \left[\hat{C}_i^B, \hat{C}_i^R, \hat{C}_i^I \right]^T$；$P_i \in \mathcal{R}^l$ 分别表示训练集的第 i 个特征向量和第 i 个输出。于是可以得到下式。

$$p = \boldsymbol{w} \times \boldsymbol{\Phi}(\boldsymbol{v}) = \boldsymbol{w}_1 \hat{C}^B + \boldsymbol{w}_2 \hat{C}^R + \boldsymbol{w}_3 \hat{C}^I \tag{7-36}$$

式 (7-35) 和式 (7-36) 使用不同的方式得到各个权重的值，平均法直接将各个权重设置为 1/3，而加权平均法则是通过计算输入输出之间的关系进而求得权重的值。

b. 投票法。分类任务常采用的组合策略是投票法。假设学习器 H 可以将输入 $\mathbf{R}^s$ 映射到输出 $\mathbf{R}^n$，输入 $x \in \mathbf{R}^s$，真实数据为 $y_1, y_2, \cdots, y_n$，学习器 H_i 针对输入 x 输出一个 N 维向量 $\boldsymbol{H}_i(x) = \left\{ H_i^1(x), H_i^2(x), \cdots, H_i^N(x) \right\}$，其中 $H_i^j(x)$ 表示第 i 个学习器在类别 y_j 上的输出值。

一般情况下，分类任务标签使用的是 One-Hot 编码，例如 4 分类任务中第二类对应编码应为 [0,1,0,0]，使用 Softmax 对该编码概率化，并取概率的最大值作为预测的正确值。

$$S_i = \frac{\mathrm{e}^{V_i}}{\sum_i^N \mathrm{e}^{V_i}} \tag{7-37}$$

式中，e^{V_i} 表示的是对数值 V_i 取幂。

例如 [0.6,0.7,1.2,0.5] 经过 Softmax 处理后概率化为 [0.207,0.229,0.337,0.187]，其概率之和约等于 1。

绝对多数投票法可以表示为：

$$H(x) = \begin{cases} y_i, & \sum_{i=1}^M H_i^j(x) > \dfrac{1}{2} \sum_{k=1}^N \sum_{i=1}^M H_i^K(x) \\ \text{拒绝}, & \text{其他} \end{cases} \tag{7-38}$$

式中，M 为学习器的数量；N 为向量维数，也就是预测的类别数。式 (7-38) 表明，若某个输出标签得到的票数超过一半，则该标签为预测结果，否则该投票法会拒绝给出结果。

相对多数投票法可以表示为：

$$H(x) = y_i$$
$$i = \max\left(\sum_{i=1}^M H_i^j(x) \right) \tag{7-39}$$

式 (7-39) 表明，预测结果是得票数量最多的标签，若有多个标签得到的票数相同，那么可以随机取其中一个作为结果，如图 7-15(a) 所示。

加权投票法可以表示为：

$$H(x) = y_i$$
$$i = \max\left(\sum_{i=1}^M w_i H_i^j(x) \right) \tag{7-40}$$

式中，w_i 为 $H_i(x)$ 的权重，$w_i \geqslant 0$ 且 $\sum_{i=1}^{M} w_i = 1$。

在某一样本得到的票数占比小于 50% 的情况下，绝对多数投票法不会提供任何预测结果。即便如此，该方法也为一些特定的场合提供了一个较好的机制。但是，当一个任务的要求是必须给出分类结果时，是无法使用绝对多数投票法进行集成的，此时可以使用后两者进行集成。

在实际任务中，$H_i(x)$ 的值可以分为两种。第一种是硬投票，如式 (7-37) 所示，$H_i(x)$ 预测结果为 $y_j = \left[H_i^1(x), H_i^2(x), \cdots, H_i^N(x) \right]$，$H_i^j(x) = 1$，$H_i^l(x)(l \neq j) = 0$。最后使用 Softmax 处理并选择最大的概率值作为预测结果。第二种是软投票，$H_i^j(x)$ 的值是结果可能为 y_j 的概率值，也就是说使用 Softmax 可以得到各个预测结果的概率值。当任务为二分类任务时，硬投票与软投票的相对多数投票法结果如图 7-15 所示。

	$P(1)$	$P(2)$		$P(1)$	$P(2)$
学习器1	40%	60%	学习器1	40%	60%
学习器2	80%	20%	学习器2	80%	20%
学习器3	45%	55%	学习器3	45%	55%
学习器4	90%	10%	学习器4	90%	10%
学习器5	35%	65%	学习器5	35%	65%
投票结果	2票	3票	投票结果	58%	42%
(a) 硬投票			(b) 软投票		

图 7-15 二分类相对多数投票法

图 7-15 中，$P(i)$ 表示预测为第 i 类的概率。使用硬投票时，该样本的预测结果为第二类；使用软投票时，样本的预测结果为第一类。使用硬投票时，结果不是由概率较大的模型 (2,4) 决定的，而是由概率较低的模型 (1,3,5) 决定的。

c. 学习法。在模型集成学习的过程中，个体学习器数量仍然比较多的情况下，使用平均法或是投票法进行集成学习效果可能并不理想，此时，就需要另外一种更为强大的组合策略，即"学习法"。Stacking 是学习法的典型代表，即使用某个个体学习器将剩余的个体学习器结合起来。在使用 Stacking 结合时，选定的那个个体学习器被称为初级学习器，而对初级学习器进行二次学习的被称为次级学习器或者元学习器。

Stacking 首先需要通过使用自助采样法、随机子空间等方法产生一系列初级学习器，然后"生成"一个新的数据集。这个新的数据集中，新数据集的"数据"指的是初级学习器的输出，可以利用该输出来训练元学习器。一般情况下，个体学习器中包含着不同的学习算法，故个体学习器也可称为异质学习器，由此可知 Stacking 是异质集成。

Stacking 中的元学习器的种类可以是单层感知机、SVR 或神经网络等。本章选择了 SVR 作为元学习器来对"新数据集"进行训练，从而完成集成学习。

集成学习是一种能力强大的工具，各种优异的算法随着集成学习的发展也得到了发展，上述内容简要讲述了集成学习中的一些经典的算法以及与之密切相关的应用。下面将以图 7-16 所示的 SSEP(Stacked Selective Ensemble-backed Predictor) 模型的建立流程为基础做个总结。

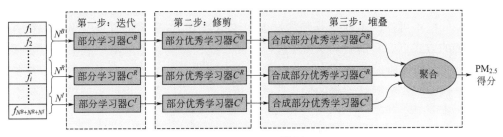

图 7-16　SSEP 模型

SSEP 的第一步旨在构建集成学习中"好而不同"的个体学习器，为了构建不同的学习器，SSEP 利用自助采样法和随机子空间法来构建 SSEP 中的个体学习器。之后，利用集成修剪去掉集成学习中的负组分学习器，以提升集成学习的效果。最后，研究个体学习器的组合策略，如平均法、投票法以及功能更加强大的学习法等。SSEP 模型使用 SVR 进行个体学习器组合，完成 SSEP 模型学习器的集成构建。

（3）循环策略

众所周知，时间间隔越短，数据之间的关联性就越强。基于这个理念，可以使用"递归"的思想，将当前预测得到的值作为下次预测的"当前数据"来进一步预测"下一时刻"的值。在时间间隔较小也就是短期预测过程中，气象因素（MFs）和空气污染物浓度（APCs）的真实值与待预测的 APCs 值之间有着紧密的关系，在这个过程中预测性能可以达到较高的水平。因此，我们可以知道反复使用短期预测模型能够推断出中长期的空气质量指数。

基于时序递归的预测模型并非毫无根据，该理念是受经典工业技术的启发而产生的，这些技术已广泛应用于许多其他领域。以功率信号、电路信号、声信号、视频信号、心率信号等压缩技术为例，定义 θ_i 和 θ_j 分别为 T_i 和 T_j 时刻信号向量中所需要压缩的值，其中 $j > i$，$P_j(\theta_i)$ 表示基于 θ_i 的 θ_j 的预测值，$P_j(\theta_i)$ 和 θ_j 之间的差值为 $\varepsilon_{i \to j}$。假设 θ_0 已知，直接压缩信号的方法是估计并保存 $P_j(\theta_0)$ 与 θ_i 之间的误差。相比之下，基于递归的信号压缩方法则侧重于预测并保存 $P_{i+1}(\theta_i)$ 和 θ_{i+1} 之间的误差，其中 i 从 0 开始，随信号结束而结束。一个信号和另一个使用其邻域值预测得到的信号之间存在着密切的关系，因此递归压缩策略的总误差 $\sum_i \varepsilon_{i \to i+1}$ 比直接压缩策略的总误差 $\sum_i \varepsilon_{0 \to i}$ 小。

压缩方法误差估计与空气质量误差估计相似，因此上述方法可以应用于空气质量误差估计。由于相邻时刻的数据具有高度相关性，基于递归的空气质量预测模型性能可能达到 100% 完美的性能，也就意味着模型可以准确地预测下一时刻的值。

在大多数实际应用中，尽管短期模型会大量使用相邻时刻间数据的关联性，但存在一些不可控因素使得其预测性能无法达到 100% 完美的程度。例如，在直接预测的方式下，只需要对 APCs 进行预测，而在反复预测策略中还额外需要预测 MFs（例如风速，风速是由许多复杂因素共同决定的，预测此类参数不可避免会发生偏差）作为后续预测的输入。这种情况下，不完善的短期预测模型必然会积累和放大误差。

同样地，基于递归的压缩技术由于量化的原因，其压缩结果往往是有损的，因此在压缩过程中，真正保存的结果不是 $\varepsilon_{i \to j}$，而是它的量化版本 $\hat{\varepsilon}_{i \to j}$。因为量化原因的存在，从而需要从已知的 θ_0 得到 $\hat{\theta}_1$ 和量化误差 $\hat{\varepsilon}_{0 \to 1}$ 并保存，然后根据 $\hat{\theta}_1$ 计算 $P_2(\hat{\theta}_1)$ 与 θ_2 之间的误差 $\hat{\varepsilon}_{1 \to 2}$。重复上述步骤，直到信号完全被压缩，这个过程中显然会产生误差的积累和扩散。

两个相邻信号值之间存在高度相关性，因此所产生的预测结果 $P_1(\theta_0)$ 和 θ_0 非常趋近，从而可以推断出误差 $\varepsilon_{0 \to 1}$ 趋近 0，量化后的误差 $\hat{\varepsilon}_{0 \to 1}$ 也趋近 0，便可得出 $\hat{\theta}_1 \approx \theta_1$。同理可得，$P_1(\hat{\theta}_1)$ 和 θ_2 非常趋近，$\hat{\varepsilon}_{1 \to 2}$ 趋近 0，且 $\hat{\theta}_2 \approx \theta_2$，基于此分析，可以得出以下假设：

① $\hat{\theta}_i \approx \theta_i$，其中 $i > 0$；

② $\hat{\varepsilon}_{i \to i+1}$ 趋近 0。

根据上述分析可以设定直接预测的模型函数为：

$$\gamma_{j-c} : \boldsymbol{f}_c \to \boldsymbol{f}_j \tag{7-41}$$

式中，γ_{j-c} 为可微函数，通过 $\boldsymbol{f}_c$ 预测 $\boldsymbol{f}_j$；向量 $\boldsymbol{f}_j = \{f_{j,1}, f_{j,2}, f_{j,3}, \cdots, f_{j,g}\}$；$g$ 为气象特征和污染特征总数。因为预测存在误差，故精确的表达式应为：

$$\boldsymbol{f}_j = \gamma_{j-c}(\boldsymbol{f}_c) + \boldsymbol{\varepsilon}_{j-c} \tag{7-42}$$

式中，$\boldsymbol{\varepsilon}_{j-c}$ 为误差向量，在此基础上，可以得出：

$$\begin{cases} f_1 = \gamma_1(f_0) + \varepsilon_1 \\ f_2 = \gamma_1(f_1) + \varepsilon_1 \\ \quad\vdots \\ f_j = \gamma_1(f_{j-1}) + \varepsilon_1 \end{cases} \tag{7-43}$$

对于向量 z，可以得到在 $z+\varepsilon(z_0)$ 处关于 $\gamma_1(z)$ 的泰勒级数为：

$$\gamma_1(z) = \frac{\gamma_1(z_0)}{0!} + \frac{\gamma_1'(z_0)}{1!}\varepsilon + \frac{\gamma_2''(z_0)}{2!}\varepsilon^2 + \cdots + R(z) \tag{7-44}$$

式中，$\gamma_1'(z_0)$ 和 $\gamma_1''(z_0)$ 为在 $z=z_0$ 处的一阶导数和二阶导数；$R(z)$ 为一个极小的误差项。对于短期预测模型而言，其误差较小，即 $e^j(j \geqslant 2)$ 趋近于零。保留前两项，去除所有趋于 0 的极小项后，可以得到：

$$\gamma_1(z) = \gamma_1(z + \varepsilon) + \gamma'(z + \varepsilon)\varepsilon \tag{7-45}$$

结合式 (7-43) 和式 (7-45) 可以得到：

$$\begin{aligned} f_j &= \gamma_1(f_{j-1}) + \varepsilon_1 \\ &= \gamma_1(\gamma_1(f_{j-2}) + \varepsilon_1) + \varepsilon_1 \\ &\approx \gamma_1^2(f_{j-2}) - M_{j-2}\varepsilon_1 + \varepsilon_1 \\ &\approx \gamma_1^j(f_0) + \left(1 - \sum_{k=0}^{j-2} M_k\right)\varepsilon_1 \end{aligned} \tag{7-46}$$

式中，$M_k = \gamma_1^{(j-k-l)}(\gamma_1(f_k) + \varepsilon_1)$。在使用直接策略的过程中，通过 f_0 预测 f_j 得到的值为 $\gamma_j(f_0)$，相关误差为 ε_j；而在使用递归策略的情况下，得到的预测值为 $\gamma_1^j(f_0)$，误差为 $\left(1 - \sum_{k=0}^{j-2} M_k\right)\varepsilon_1$。因此，只需比较 ε_j 与 $\left(1 - \sum_{k=0}^{j-2} M_k\right)\varepsilon_1$ 值的大小，便可以得出性能较好的组合策略。观察图 7-1 可以得出，T_1 时刻的预测性能较好，即误差 ε_1 趋于 0，因此 $|\varepsilon_j|$ 大于 $\left|\left(1 - \sum_{k=0}^{j-2} M_k\right)\varepsilon_1\right|$，可以推断出递归策略比直接策略的性能好。

除此之外，噪声注入的方法被广泛用来增强回归模型的泛化能力，因此可以在数据特征中引入噪声。这样做，一方面可以利用噪声特征增加训练样本的数量，另一方面，可以通过添加噪声使数据样本更接近真实的应用场景。这是因为实际应用中仪器采集的 MFs 和 APCs 值往往包含噪声，这两方面在一定程度上都有利于提高回归模型的泛化性能。此外，引入噪声特征后，误差的积累和放大问题也得到了一定的缓解。在递归循环策略中，误差 $\left(1 - \sum_{k=0}^{j-2} M_k\right)\varepsilon_1$ 随误差积累的变弱最终趋于 ε_1。基于循环策略的 RAQP (Recurrent Air Quality Predictor) 模型框架图如图 7-17 所示。

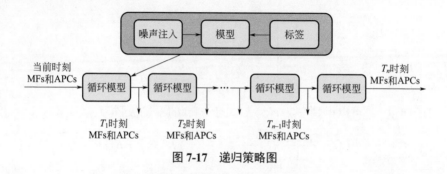

图 7-17　递归策略图

7.1.3　预测结果对比与分析

（1）实验设置

在评估某个算法或模型的性能时，通常会根据不同的评价指标从不同方面入手评估该模型，常用的评估指标包括均方误差（Mean Square Error，MSE）、一致性指数（Index of Agreement，IA）、归一化平均误差（Normalized Mean Gross Error，NMGE）、决定系数（Coefficient of Determination，R^2）、均方根误差（Root Mean Square Error，RMSE）和皮尔逊线性相关系数（PLCC）等。

设定 p_i 和 o_i 分别表示样本 i 的预测值和真实值，$\hat{o}$ 表示所有 o_i 的均值，n 表示样本总数，各个评价指标在数学上的定义为：

① IA 表示预测值与真值的差值，定义为：

$$IA = 1 - \frac{\sum_{i=1}^{n}(p_i - o_i)^2}{\sum_{i=1}^{n}(|p_i - \hat{o}| + |o_i - \hat{o}|)^2} \tag{7-47}$$

② NMGE 表示预测值高于或低于真实值的平均误差，定义为：

$$NMGE = \frac{\sum_{i=1}^{n}|p_i - o_i|}{\sum_{i=1}^{n}o_i} \tag{7-48}$$

③ 用 R^2 反映预测值与观测值之间的线性关系，定义为：

$$R^2 = \frac{\left[\sum_{i=1}^{n}(p_i - \hat{p})(o_i - \hat{o})\right]^2}{\sum_{i=1}^{n}(p_i - \hat{p})^2 \sum_{i=1}^{n}(o_i - \hat{o})^2} \tag{7-49}$$

④ MSE 表示真实值与预测值之差的平方的期望，RMSE 表示均方误差的算法

平方根，两者均用来评价数据的变化程度，定义为：

$$MSE = \frac{1}{N}\sum_{l=1}^{L}\left(p_i - o_i\right)^2$$

$$RMSE = \sqrt{MSE}$$

（7-50）

⑤ PLCC 反映了两个向量的预测精度，定义为：

$$PLCC = \frac{\sum_{l=1}^{L}\left(a_l - \overline{a}\right)\left(b_l - \overline{b}\right)}{\sqrt{\sum_{l=1}^{L}\left(a_l - \overline{a}\right)^2 \sum_{l=1}^{L}\left(b_l - \overline{b}\right)^2}}$$

（7-51）

式中，$\overline{a}$ 和 $\overline{b}$ 分别为 a 和 b 的均值。

根据式 (7-47)～式 (7-51) 中评价指标的定义可知，一个良好的预测模型，其 IA、R^2 和 $PLCC$ 指标值应该趋近 1，而 MSE、$RMSE$ 和 $NMGE$ 指标值应趋近 0。

（2）性能评估

① SSEP 模型　模型使用的数据是 5.1.3 节中所述的第一个数据集，并通过 7.1.2 节集成学习中所述的方法构建了 $D_1 \sim D_{12}$ 12 个数据集以供使用。根据上述 SVR 中的模型设置，将 D_1 数据随机分为三组，其中 60% 的数据作为训练集，20% 的数据作为验证集，剩余数据作为测试集；然后在训练集上拟合模型，并且根据此模型分别计算其在验证集和测试集上的误差；最后，根据验证集上的结果选择最优的模型。重复数据随机分组 200 次，记录评估指标在验证集上的表现，包括 MSE、IA、$NMGE$ 和 R^2 值，并计算各个值的中位数（中位数是一种衡量集中趋势的方法，是以其在所有的值中所处的位置而确定的可以代表所有值的一个值，它不受极大值或极小值的影响，从而在一定程度上提高了中位数对分布数列的代表性）。

除了上述提及的模型之外，还出现了预测大气质量的诸多方法。例如，D. Voukantsis 等结合主成分分析法和人工神经网络设计了 VOUK 模型 [8]；A. Vlachogianni 等使用逐步多元线性回归设计了 VLAC 模型 [9]；S. Kaboodvandpour 等受自适应神经模糊推理系统的启发设计了 KABO [10]；Zheng 和深度时空神经网络（ST-DNN）模型则是通过恰当地整合多个基线学习器或神经网络而开发设计的 [10-12]。

SSEP 模型分别对 $T_1 \sim T_6$、T_9、T_{12}、T_{15}、T_{18}、T_{21}、T_{24}、T_{48} 时刻的 PM$_{2.5}$ 浓度进行预测，其结果如表 7-1 所示。从表中可以看出，本章介绍的 SSEP 模型在 MSE、IA、$NMGE$ 和 R^2 指标上都取得了最好的性能表现。以六个预测模型的 IA 结果为例进行分析，SSEP 模型在 T_1、T_2、T_3、T_4、T_5、T_6 的相对性能增

益分别为 0.1% ～ 10.4%、0.31% ～ 10.6%、0.32% ～ 11.5%、0.21% ～ 13.0%、0.33% ～ 14.4%、1.34% ～ 18.5%；在 T_9、T_{12}、T_{15}、T_{18}、T_{21}、T_{24}、T_{48} 时刻的相对性能增益分别为 0.69% ～ 31.9%、1.09% ～ 46.3%、1.64% ～ 73.3%、3.10% ～ 124%、5.88% ～ 132%、7.80% ～ 156% 和 7.03% ～ 770%。除此之外，以 IA 结果为例，可以推断出模型的相对增益从短期预测（T_1 时提高 0.1% ～ 10.4%）到长期预测（T_{48} 时提高 7.03% ～ 770%）有着显著的提高。

表 7-1 评估指标结果

指标	模型	T_1	T_2	T_3	T_4	T_5	T_6	T_9	T_{12}	T_{15}	T_{18}	T_{21}	T_{24}	T_{48}
logMSE	VOUK	3.373	3.346	3.497	3.540	3.575	3.624	3.718	3.769	3.776	3.792	3.819	3.827	3.848
	VLAC	2.490	2.905	3.130	3.270	3.332	3.469	3.612	3.707	3.743	3.769	3.772	3.752	3.800
	KABO	3.223	3.324	3.413	3.478	3.528	3.598	3.699	3.749	3.769	3.804	3.833	3.864	3.899
	Zheng	2.517	2.919	3.149	3.225	3.315	3.405	3.513	3.557	3.553	3.554	3.603	3.517	3.647
	ST-DNN	2.473	2.909	3.131	3.222	3.305	3.403	3.496	3.543	3.548	3.559	3.566	3.577	3.593
	SSEP(Prop.)	**2.461**	**2.900**	**3.117**	**3.217**	**3.303**	**3.391**	**3.486**	**3.540**	**3.542**	**3.555**	**3.564**	**3.576**	**3.586**
IA	VOUK	0.897	0.879	0.854	0.834	0.823	0.800	0.707	0.610	0.510	0.433	0.348	0.296	0.084
	VLAC	0.959	0.959	0.949	0.927	0.910	0.550	0.510	0.714	0.523	0.570	0.505	0.475	0.362
	KABO	0.913	0.887	0.858	0.830	0.807	0.763	0.661	0.568	0.464	0.355	0.341	0.333	0.329
	Zheng	0.988	0.968	0.943	0.934	0.912	0.882	0.855	0.810	0.779	0.753	0.704	0.661	0.637
	ST-DNN	0.989	0.969	0.949	0.933	0.920	0.592	0.866	0.522	0.791	0.774	0.748	0.705	0.683
	SSEP(Prop.)	**0.990**	**0.972**	**0.952**	**0.938**	**0.925**	**0.904**	**0.872**	**0.851**	**0.804**	**0.798**	**0.792**	**0.760**	**0.731**
NMGE	VOUK	0.348	0.363	0.385	0.406	0.416	0.443	0.520	0.574	0.627	0.693	0.737	0.763	0.799
	VLAC	0.094	0.161	0.217	0.263	0.292	0.345	0.445	0.518	0.589	0.660	0.714	0.734	0.751
	KABO	0.245	0.253	0.323	0.356	0.375	0.415	0.496	0.555	0.505	0.673	0.599	0.704	0.713
	Zheng	0.102	0.166	0.224	0.250	0.279	0.316	0.373	0.429	0.480	0.503	0.546	0.586	0.625
	ST-DNN	0.093	0.161	0.214	0.246	0.273	0.310	0.369	0.421	0.462	0.487	0.533	0.563	0.597
	SSEP(Prop.)	**0.092**	**0.158**	**0.210**	**0.244**	**0.270**	**0.308**	**0.368**	**0.419**	**0.447**	**0.484**	**0.495**	**0.532**	**0.559**

指标	模型	T_1	T_2	T_3	T_4	T_5	T_6	T_9	T_{12}	T_{15}	T_{18}	T_{21}	T_{24}	T_{48}
R^2	VOUK	0.682	0.636	0.580	0.547	0.523	0.473	0.351	0.243	0.155	0.102	0.071	0.050	0.001
	VLAC	0.958	0.897	0.817	0.759	0.713	0.636	0.492	0.335	0.216	0.175	0.114	0.096	0.040
	KABO	0.858	0.794	0.720	0.668	0.642	0.580	0.445	0.312	0.221	0.131	0.044	0.018	0.006
	Zheng	0.958	0.595	0.818	0.791	0.737	0.774	0.614	0.579	0.462	0.444	0.412	0.362	0.282
	ST-DNN	0.959	0.898	0.822	0.790	0.736	0.685	0.632	0.590	0.498	0.473	0.443	0.394	0.335
	SSEP(Prop.)	**0.961**	**0.900**	**0.531**	**0.794**	**0.752**	**0.710**	**0.660**	**0.638**	**0.559**	**0.505**	**0.478**	**0.446**	**0.408**

简单来说：SSEP 的预测性能相比于 ST-DNN 模型在 $T_1 \sim T_6$、T_9、T_{12}、T_{15}、T_{18}、T_{21}、T_{24}、T_{48} 时刻的性能增加了 0.10%、0.41%、0.53%、1.08%、1.31%、1.80%、3.32%、6.13%、10.4%、12.7%、14.1%、12.6%、11.4%，也就是相比短期预测而言，长期预测性能的增益会更加明显。

7.1.2 节已经简要描述了集成学习中常见的算法，其中包括投票法（针对分类问题）、平均法（直接平均法和加权平均法，SSEP 可以使用其作为集成方法）和学习法（使用基于 SVR 的回归分析法）。通常，模型使用基于 SVR 的学习法会比使用平均法进行集成学习会有更好的性能。将使用了不同集成方法的 SSEP 模型进行比较，可以发现模型之间的差异。涉及的全部模型包括：SSEP（使用 SVR 元学习器）、SSEP_DA（使用直接平均）和 SSEP_WA（使用加权平均），除了这三种方法之外，还包括 SSEP_WE（没有构建多个初级学习器）、SSEP_SF（对全部学习器进行融合）和 SSEP_SI（选择性地使用初级学习器并进行简单合并，不考虑不同类别的初级学习器的差异性）。使用不同方法预测的模型结果如表 7-2 所示。

表 7-2　使用不同集成方法的模型性能评估

指标	模型	T_1	T_2	T_3	T_4	T_5	T_6	T_9	T_{12}	T_{15}	T_{18}	T_{21}	T_{24}	T_{48}
$\log MSE$	SSEP_WE	2.991	3.171	3.299	3.389	3.450	3.527	3.655	3.718	3.740	3.796	3.839	3.850	3.876
	SSEP_SF	2.865	3.104	3.260	3.352	3.422	3.505	3.634	3.706	3.731	3.786	3.835	3.846	3.871
	SSEP_SI	2.503	3.055	3.231	3.329	3.405	3.492	3.620	3.696	3.725	3.750	3.525	3.541	3.569
	SSEP_DA	2.776	2.996	3.159	3.242	3.320	3.406	3.503	3.586	3.610	3.625	3.640	3.665	3.720
	SSEP_WA	2.502	2.930	3.125	3.239	3.319	3.400	3.491	3.560	3.588	3.616	3.632	3.659	3.707
	SSEP (Prop.)	2.461	2.900	3.117	3.217	3.303	3.391	3.456	3.540	3.542	3.555	3.564	3.576	3.556

指标	模型	T_1	T_2	T_3	T_4	T_5	T_6	T_9	T_{12}	T_{15}	T_{18}	T_{21}	T_{24}	T_{48}
IA	SSEP_WE	0.957	0.933	0.907	0.552	0.564	0.531	0.735	0.646	0.563	0.411	0.347	0.346	0.342
	SSEP_SF	0.970	0.946	0.919	0.897	0.880	0.850	0.767	0.680	0.596	0.453	0.363	0.354	0.345
	SSEP_SI	0.973	0.954	0.926	0.906	0.888	0.859	0.783	0.697	0.616	0.480	0.374	0.356	0.348
	SSEP_DA	0.976	0.955	0.935	0.921	0.907	0.584	0.843	0.773	0.720	0.691	0.648	0.581	0.527
	SSEP_WA	0.989	0.967	0.947	0.928	0.911	0.888	0.844	0.783	0.728	0.708	0.694	0.675	0.656
	SSEP (Prop.)	0.990	0.971	0.952	0.935	0.923	0.904	0.572	0.531	0.504	0.795	0.792	0.760	0.731
$NMGE$	SSEP_WE	0.191	0.234	0.279	0.314	0.337	0.375	0.453	0.530	0.553	0.557	0.657	0.590	0.700
	SSEP_SF	0.166	0.216	0.264	0.295	0.322	0.363	0.449	0.519	0.572	0.649	0.663	0.684	0.697
	SSEP_SI	0.164	0.204	0.253	0.289	0.314	0.354	0.441	0.512	0.565	0.642	0.661	0.680	0.694
	SSEP_DA	0.150	0.200	0.243	0.269	0.256	0.329	0.394	0.461	0.514	0.569	0.591	0.511	0.635
	SSEP_WA	0.099	0.169	0.221	0.257	0.281	0.328	0.390	0.443	0.497	0.556	0.586	0.596	0.614
	SSEP (Prop.)	0.092	0.158	0.210	0.244	0.270	0.308	0.368	0.419	0.447	0.484	0.491	0.509	0.532
R^2	SSEP_WE	0.899	0.829	0.751	0.696	0.664	0.604	0.465	0.327	0.236	0.150	0.053	0.025	0.010
	SSEP_SF	0.915	0.547	0.755	0.712	0.675	0.514	0.450	0.340	0.245	0.150	0.064	0.031	0.017
	SSEP_SI	0.928	0.559	0.776	0.722	0.685	0.621	0.488	0.350	0.257	0.170	0.077	0.035	0.023
	SSEP_DA	0.940	0.891	0.810	0.780	0.745	0.672	0.616	0.558	0.446	0.402	0.343	0.304	0.199
	SSEP_WA	0.955	0.592	0.513	0.754	0.750	0.683	0.625	0.572	0.467	0.425	0.354	0.352	0.260
	SSEP (Prop.)	0.961	0.900	0.831	0.794	0.752	0.710	0.660	0.638	0.559	0.505	0.478	0.446	0.408

通过表 7-2 可知，模型的预测性能由高到低的顺序为：SSEP > SSEP_WA > SSEP_DA > SSEP_SI > SSEP_SF > SSEP_WE。在 IA 指标上，SSEP_SF 相比于 SSEP_WE 有所增加，这表明构建多个学习器是有助于提高预测性能的；SSEP_SI 模型的相对性能相比于 SSEP_SF 模型而言要好，这表明了有选择地使用部分学习器是可以提升模型性能的；SSEP_DA 模型比 SSEP_SI 模型的性能增益高，这表明了集成学习时如果考虑不同类型学习器之间的影响，是可以有效提升模型的预测性能的；SSEP_WA 模型比 SSEP_DA 模型的相对性能增益要高，这表示用加权平均法代替直接平均法进行集成会有更好的效果；基于 SVR 的回归模型的性能增益比 SSEP_WA 和 SSEP_DA 等测试模型都高，这表示在该模型中效果较为理想的是基于学习的组合策略。

② RAQP 模型　将整个数据集随机分成两组：80% 的数据作为训练集，剩余 20% 的数据作为测试集。由 7.1.2 节可知，在数据集中适当地引入噪声，有利于构建泛化能力更好的学习器。重复上述的划分数据和训练过程 100 次，并计算每次的 $PLCC$ 和 $RMSE$ 指数来衡量 $T_1 \sim T_{12}$ 时刻的预测性能，最终得到如表 7-3 和表 7-4 所示的 $PLCC$ 和 $RMSE$ 结果。

表 7-3　不同模型的 $PLCC$ 指标比较

APC	模型	T_1	T_2	T_3	T_4	T_5	T_6	T_7	T_8	T_9	T_{10}	T_{11}	T_{12}
CO	Direct manner	0.9763	0.9712	0.9666	0.9670	**0.9639**	**0.9622**	**0.9558**	**0.9452**	**0.9240**	**0.9222**	**0.9187**	**0.9157**
	RAQP(Pro.)	**0.9931**	**0.9860**	**0.9780**	**0.9711**	0.9615	0.9478	0.9303	0.9049	0.8728	0.8325	0.7546	0.6128
	Voukantsis	0.9147	0.8973	0.8683	0.8382	0.8013	0.7578	0.7368	0.6883	0.6151	0.5730	0.5515	0.5498
	Vlachogianni	0.9792	0.9620	0.9471	0.9423	0.9224	0.9105	0.8981	0.8770	0.8527	0.8329	0.8134	0.8064
	Kaboodvandpour	0.9329	0.8868	0.8812	0.8810	0.8768	0.8737	0.8533	0.8384	0.8366	0.7833	0.7506	0.7457
NO₂	Direct manner	0.9884	0.9807	0.9664	0.9533	0.9472	0.9300	0.8993	0.8882	0.8758	0.8477	0.8298	0.8228
	RAQP(Pro.)	**0.9950**	**0.9920**	**0.9886**	**0.9852**	**0.9804**	**0.9728**	**0.9647**	**0.9552**	**0.9446**	**0.9301**	**0.9104**	**0.8849**
	Voukantsis	0.9440	0.9183	0.8812	0.8459	0.8182	0.7789	0.7094	0.6788	0.6480	0.6087	0.5037	0.5008
	Vlachogianni	0.9904	0.9800	0.9676	0.9536	0.9446	0.9262	0.8978	0.8854	0.8654	0.8434	0.8177	0.8158
	Kaboodvandpour	0.9031	0.9029	0.9000	0.8928	0.8793	0.8545	0.8159	0.7936	0.7878	0.7183	0.7137	0.6677
O₃	Direct manner	0.9851	0.9675	0.9448	0.9365	0.9202	0.9102	0.9036	0.9035	0.8959	0.8859	0.8784	0.8647
	RAQP(Pro.)	**0.9933**	**0.9881**	**0.9845**	**0.9800**	**0.9719**	**0.9568**	**0.9412**	**0.9280**	**0.9160**	**0.9048**	**0.8886**	**0.8694**
	Voukantsis	0.8823	0.8566	0.8263	0.8037	0.7590	0.7060	0.6292	0.6022	0.5287	0.4769	0.3889	0.3674
	Vlachogianni	0.9834	0.9617	0.9390	0.9271	0.9173	0.9031	0.8975	0.8934	0.8775	0.8622	0.8403	0.8305
	Kaboodvandpour	0.7701	0.7614	0.7352	0.7288	0.6824	0.6717	0.6630	0.6395	0.6340	0.6145	0.5528	0.5393
PM₂.₅	Direct manner	0.9893	0.9814	0.9762	0.9531	0.9445	0.9267	0.8861	0.8696	0.8490	0.8183	0.7808	0.7628
	RAQP(Pro.)	**0.9921**	**0.9896**	**0.9880**	**0.9857**	**0.9820**	**0.9748**	**0.9678**	**0.9597**	**0.9504**	**0.9397**	**0.9234**	**0.9027**
	Voukantsis	0.9378	0.9283	0.9136	0.8813	0.8627	0.8418	0.8005	0.7695	0.7467	0.7091	0.6656	0.6260
	Vlachogianni	0.9893	0.9794	0.9719	0.9590	0.9471	0.9321	0.9084	0.8883	0.8687	0.8484	0.8189	0.8128
	Kaboodvandpour	0.8289	0.8069	0.7680	0.7558	0.7404	0.7306	0.6953	0.6717	0.6546	0.6398	0.6143	0.5995

表 7-4　不同模型的 *RMSE* 指标比较

APC	模型	T_1	T_2	T_3	T_4	T_5	T_6	T_7	T_8	T_9	T_{10}	T_{11}	T_{12}
CO	Direct manner	0.1882	0.2067	0.2202	0.2269	**0.2332**	**0.2372**	**0.2559**	**0.2836**	**0.3186**	**0.3261**	**0.3395**	**0.3412**
	RAQP(Pro.)	**0.0998**	**0.1425**	**0.1784**	**0.2042**	0.2343	0.2709	0.3108	0.3604	0.4169	0.4835	0.6128	0.8763
	Voukantsis	0.3763	0.4053	0.4385	0.4788	0.5369	0.5776	0.6091	0.6239	0.6674	0.6888	0.7155	0.7051
	Vlachogianni	0.1776	0.2329	0.2717	0.2968	0.3290	0.3530	0.3899	0.4137	0.4434	0.4701	0.4931	0.4991
	Kaboodvandpour	0.6303	0.6561	0.6582	0.6596	0.6663	0.6744	0.6799	0.6987	0.7258	0.7465	0.7656	0.7746
NO$_2$	Direct manner	4.1528	5.3493	6.8445	8.0506	8.8996	10.252	11.544	12.377	13.600	14.761	15.534	15.917
	RAQP(Pro.)	**2.6389**	**3.3312**	**3.9785**	**4.5397**	**5.2179**	**6.1318**	**6.9807**	**7.8607**	**8.7273**	**9.7764**	**11.021**	**12.438**
	Voukantsis	9.8196	11.279	13.644	14.780	15.975	17.251	18.996	19.866	20.634	21.848	22.709	23.282
	Vlachogianni	3.7322	5.2322	6.7695	7.9972	8.8784	10.197	11.497	12.424	13.616	14.529	15.173	15.621
	Kaboodvandpour	16.630	17.002	17.889	18.435	18.529	18.655	18.788	19.190	19.229	19.476	20.274	21.485
O$_3$	Direct manner	2.5714	3.8535	4.9092	5.3734	6.0635	6.2456	6.3914	6.4499	6.5306	6.7123	7.2334	7.8643
	RAQP(Pro.)	**1.7030**	**2.2789**	**2.6188**	**2.9885**	**3.5571**	**4.4089**	**5.1343**	**5.6756**	**6.1356**	**6.5564**	**7.1286**	**7.7436**
	Voukantsis	7.2805	7.8656	8.7747	9.2737	10.093	10.794	11.551	12.150	12.890	13.266	13.778	13.977
	Vlachogianni	2.6477	4.1064	5.2081	5.6544	6.0855	6.5257	6.5790	6.7806	7.1891	7.5889	8.2691	8.5902
	Kaboodvandpour	10.718	11.098	11.117	11.578	11.846	11.917	11.953	11.955	12.134	12.143	12.290	12.677
PM$_{2.5}$	Direct manner	8.6753	11.057	13.222	17.037	20.232	23.374	26.830	30.015	31.824	34.477	35.957	38.534
	RAQP(Pro.)	**7.1740**	**8.2678**	**8.9187**	**9.7672**	**10.955**	**12.943**	**14.580**	**16.249**	**17.950**	**19.711**	**22.111**	**24.785**
	Voukantsis	22.470	23.662	25.492	29.234	30.698	33.309	36.485	38.155	40.516	41.993	44.050	46.663
	Vlachogianni	8.9351	11.758	13.683	16.438	18.826	21.771	24.180	26.648	28.933	30.976	32.929	34.584
	Kaboodvandpour	38.353	39.833	42.351	42.364	43.040	43.244	45.505	46.091	46.861	47.092	47.666	49.436

如表 7-3 和表 7-4 所示，在大多数情况下，与直接策略相比，循环策略的 *PLCC* 值会更高而 *RMSE* 值却会更低，这就意味着采用循环策略能够得到更好的性能。在预测 CO 的浓度时，在 $T_1 \sim T_4$ 时刻 RAQP 策略表现更高，而预测 NO$_2$、

O_3 和 $PM_{2.5}$ 时，RAQP 策略却始终比直接策略得到的效果好。

而且，相比于其他三种空气质量预测模型结果，RAQP 策略的预测结果表明 RAQP 策略的性能有很明显的提升。在预测长期的空气污染物浓度的情况下，相比于其他模型而言，RAQP 策略会使模型性能得到一定的提升。递归策略比直接策略具有更好的性能，但循环预测中肯定会存在误差的累积和扩散，所以任何模型都无法保证短时预测的精度是 100%，这就意味着使用 RAQP 策略时，可以通过使用性能更好的预测模型进一步提高预测模型的性能。

综上所述，RAQP 策略作为一个框架，可以提高空气质量预测模型的性能。Vlachogianni 模型具有较好的预测精度，因此可以将 RAQP 策略和 Vlachogianni 模型结合起来验证策略的实用性。同时在模型训练中加入噪声可以增强模型的泛化能力，表 7-5 为使用循环策略的模型与原模型的 $PLCC$ 值。

表 7-5　使用循环策略与原模型的 $PLCC$ 值

APC	模型	T_1	T_2	T_3	T_4	T_5	T_6	T_7	T_8	T_9	T_{10}	T_{11}	T_{12}
CO	Vlachogianni	0.9792	0.9620	0.9471	0.9423	0.9224	0.9105	0.8981	0.8770	0.8527	**0.8329**	**0.8134**	**0.8064**
	R-Vlachogianni	**0.9802**	**0.9672**	**0.9542**	**0.9432**	**0.9294**	**0.9151**	**0.8997**	**0.8781**	**0.8549**	0.8321	0.8084	0.7860
NO$_2$	Vlachogianni	0.9904	0.9800	0.9676	0.9536	**0.9446**	**0.9262**	0.8978	**0.8854**	**0.8654**	**0.8434**	**0.8177**	**0.8158**
	R-Vlachogianni	**0.9915**	**0.9814**	**0.9695**	**0.9555**	0.9393	0.9194	**0.8979**	0.8750	0.8502	0.8243	0.7980	0.7720
O$_3$	Vlachogianni	0.9834	0.9617	0.9390	**0.9271**	**0.9173**	**0.9031**	**0.8975**	**0.8934**	**0.8775**	**0.8622**	**0.8403**	**0.8305**
	R-Vlachogianni	**0.9857**	**0.9644**	**0.9420**	0.9200	0.8973	0.8741	0.8561	0.8410	0.8265	0.8182	0.8092	0.8018
PM$_{2.5}$	Vlachogianni	0.9893	0.9794	0.9719	0.9590	0.9471	0.9321	0.9084	0.8883	0.8687	0.8484	0.8189	**0.8128**
	R-Vlachogianni	**0.9895**	**0.9814**	**0.9729**	**0.9627**	**0.9490**	**0.9329**	**0.9150**	**0.8965**	**0.8748**	**0.8539**	**0.8320**	0.8079

使用循环策略后，VLAC 模型的准确性有所提升，短期和中期预测的性能提升也比较大。例如 T_2 和 T_3 时刻就证明了使用循环策略的模型性能会比原模型的性能要好。此外，基于递归的 Vlachogianni 模型在长期预测中得不到理想的效果，之所以这样的原因可能是短期预测精度不够，从而导致了误差的积累和扩散。

在机器学习中，如何可靠有效地学习一直是一个关键的问题，本章中介绍的 RAQP 模型便是通过引入噪声以增强训练模型的泛化性能。噪声集的数量对性能有着显著的影响，因此如何利用较少的噪声集来降低计算复杂度并提高实现速度是具有重要意义的。根据以上要求，在原有的数据集基础上分别加入数量为 50、100、200 的噪声，并用该数据集训练模型。不同噪声数量对预测 4 种污染物浓度 *PLCC* 值的变化如图 7-18 所示。

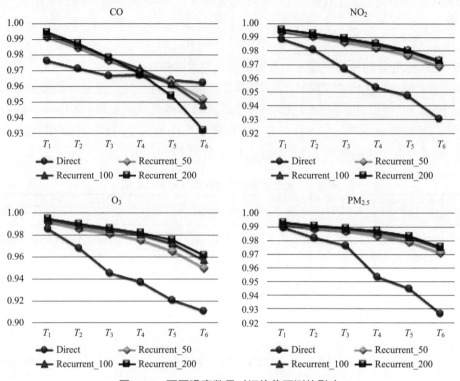

图 7-18　不同噪声数量对污染物预测的影响

由图 7-18 可知，噪声数量从 50 增加到 200 时，性能增加，但增益并不明显，因此在实际应用中可以考虑使用少量的噪声数量。通常情况下，添加噪声有利于增强模型的泛化性能，但是确定具体需要的噪声数量并不是本章重点讲述的内容，不同的增强手段和不同的噪声数量需要结合具体任务来确定。

（3）结果比较与验证

将 D_1 数据集分成三个部分：其中 60% 作为训练集，20% 作为验证集，剩余 20% 作为测试集。使用训练集和验证集进行模型的训练和选择，模型在测试集上的 48h 内 $PM_{2.5}$ 浓度测试结果如图 7-19 所示。图中曲线分别为 Zheng、ST-DNN 和 SSEP 三个网络的预测值和真实值。由图可知，SSEP 模型的预测结果误差小于其他两个网络的预测结果误差，而 ST-DNN 模型在很多情况下的误差小于 Zheng 模型的误差。

使用 $D_2 \sim D_{12}$ 数据集对所有模型进行验证，同样，按 3∶1∶1 的比例随机将数据样本分为训练集、验证集和测试集。重复 200 次训练测试，并计算模型在测试集上的 *MSE* 指标的中值，以此对性能进行评估。

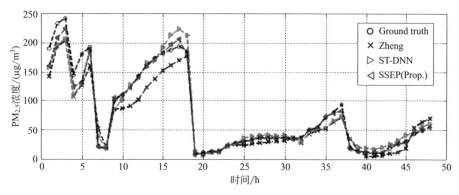

图 7-19　三种模型预测结果

模型测试指标如表 7-6 所示，SSEP 模型的 *MSE* 值最小，这表示模型在长期预测方面有更好的表现，而使用集成学习（自助采样法、随机子空间法、学习法等）也提升了模型的预测性能。

表 7-6　多模型 D_2 数据集 *MSE* 结果

数据集	模型	T_6	T_{12}	T_{18}	T_{24}	T_{48}
	VOUK	3.406	3.552	3.642	3.643	3.689
	VLAC	3.257	3.535	3.635	3.537	3.675
	KABO	3.392	3.570	3.713	3.725	3.729
	Zheng	3.219	3.436	3.106	3.534	3.548
	ST-DNN	3.21ô	3.425	3.497	3.527	3.540
D_2	SSEP_WE	3.312	3.527	3.575	3.715	3.719
	SSEPSF	3.290	3.516	3.666	3.712	3.716
	SSEPSI	3.275	3.513	3.656	3.707	3.714
	SSEP_DA	3.235	3.440	3.526	3.556	3.574
	SSEP_WA	3.204	3.424	3.523	3.545	3.558
	SSEP(Prop)	3.202	3.4112	3.486	3.5111	3.514

T-test 作为一种常用的检验方法可以比较两个模型之间是否存在显著性的差异。对直接策略和递归策略预测的 $PLCC$ 指标应用 T-test 检验，统计显著性比较结果如表 7-7 所示。

表 7-7　统计显著性比较结果

APC	T_1	T_2	T_3	T_4	T_5	T_6	T_7	T_8	T_9	T_{10}	T_{11}	T_{12}
CO	+1	+1	+1	+1	0	−1	−1	−1	−1	−1	−1	−1
NO$_2$	+1	+1	+1	+1	+1	+1	+1	+1	+1	+1	+1	+1
O$_3$	+1	+1	+1	+1	+1	+1	+1	+1	+1	+1	+1	0
PM$_{2.5}$	+1	+1	+1	+1	+1	+1	+1	+1	+1	+1	+1	+1

零假设是指一个策略的 $PLCC$ 平均值与另一个策略的 $PLCC$ 平均值相等，其置信度为 95%。在表 7-7 中，"0"表示两种策略在统计上等价，"+1"表示循环策略在统计上优于直接策略，"−1"表示循环策略在统计上劣于直接策略。如表 7-7 所示，大多数情况下，RAQP 循环策略模型往往具有更好的预测性能。

此外，散点图是一种可以直接进行性能展示和比较的方法，通过散点图可以很容易地观察到各个任务中数据的结果分布，从而可以得知模型之间的差异。两种空气污染物（O$_3$ 和 PM$_{2.5}$）在 T_4 时刻的浓度预测结果散点图如图 7-20 所示。RAQP 预测模型样本点的收敛性和线性度均高于其他模型的预测结果，也就是使用循环策略模型可以产生与真值更为一致的预测。

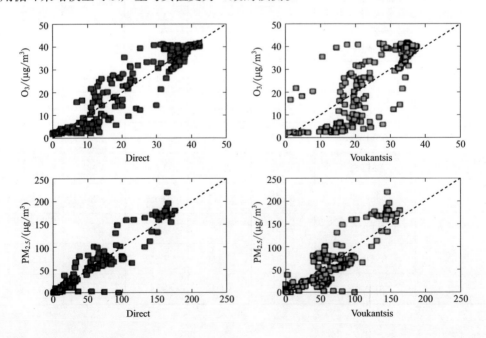

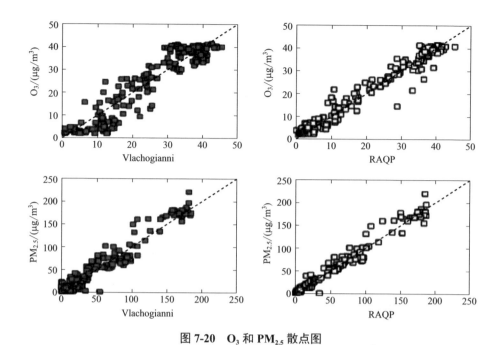

图 7-20　O_3 和 $PM_{2.5}$ 散点图

　　最后，循环策略提供了一个通用的框架，可使用该框架来改进空气质量预测模型的性能。而且，将噪声特征引入空气质量估计中，也可以增强模型的泛化性能，解决误差累积的问题。然而，RAQP 策略并不总是最好的策略，因为预测模型所预测下一时刻的结果与理想结果总是存在一定的偏差。基于深度学习的无监督和有监督的学习方式可能会更好地揭示输入 MFs、APCs 和输出 APCs 之间的非线性关系，特别是修改模型的 γ_1 并降低 ε_1，能够提高 RAQP 预测模型的精度。

7.2

空气细颗粒物监测

　　细颗粒物浓度增加是空气质量下降的主要标志，目前已成为制约社会经济发展最严峻的问题，因此加强城市空气污染监测尤其是细颗粒物监测技术十分关键。当前城市空气污染监测技术尚未达到理想标准，基于电化学传感器的空气污染监测技术存在易受温湿度干扰、实时性差（监测的范围有限、准确性不足）等局限，基于遥感卫星的空气细颗粒物监测技术存在实时性差、价格昂贵等不足。因此，借助于人工智能、大数据等先进信息化技术对空气细颗粒物进行监测，以达到保护环境和改善环境的最终目标成为一种必要的举措。

科技的发展使摄像设备的拍照功能越来越强大，拍摄的照片质量越来越高，这给细颗粒物监测提供了另一种方式，即基于图像分析的细颗粒物监测。图像是通过相机捕获光线后在感光材料上进行一系列光化学反应而产生的，因此光线的传播情况会显著影响成像图片质量。当空气中细颗粒物浓度上升时，悬浮于空气中的细颗粒物会干扰光线传播。因此，研究如何通过评估图像质量退化程度来估计细颗粒物浓度对空气细颗粒物监测具有重要意义。基于上述分析，本节将从细颗粒物的特征提取、细颗粒物的回归估计和实验验证与性能估计三方面阐述基于图像分析的空气细颗粒物监测方法。

7.2.1　细颗粒物的特征提取

（1）细颗粒物的光学特性

在理想情况下，相机拍摄的图像可以很好地记录物体的真实外观，而当存在细颗粒污染的情况下，细颗粒物对光线的散射和吸收作用会造成图像的质量退化。

如图 7-21 所示，图中的黑点表示悬浮在空气中的细颗粒物，空气污染比较严重的情况下，空气中存在的大量悬浮颗粒会削弱光的辐射效应。由光的散射作用引起的光传输衰减效应可以用朗伯 - 比尔定律表示：

$$A = e^{-\beta d} \tag{7-52}$$

式中，β 为消光系数，它主要取决于细颗粒物的大小和浓度；d 为光线的传播距离。这表明细颗粒物的粒径和浓度直接影响光线的传输衰减度。如第 6 章所言，悬浮粒子与光线以散射形式相互作用，其中包括瑞利散射和米氏散射[13]等，当粒子的粒径比光线的波长小得多时，瑞利散射占主导地位，瑞利散射公式为：

$$p(\theta) = \frac{3}{16\pi}(1 + \cos^2\theta) \tag{7-53}$$

式中，θ 为散射角。而当粒子的粒径与光线的波长相当时，米氏散射占主导地位，气溶胶的散射属于米氏散射的一种。瑞利散射和米氏散射对光线的作用极大地影响了所捕获图像的外观（例如结构、亮度和色彩饱和度）[14]。细颗粒物会导致光在传播过程中严重衰减，太阳光辐射进入空气层后会被空气中的气体分子、悬浮在空气中的尘粒和水滴散射，散射和吸收不同，空气的散射作用只是改变太阳光的方向。太阳辐射的散射强度与波长的四次方成反比，因此波长越短的可见光受到散射的影响越严重，晴朗天空下的蓝天就是由于天空中的青蓝色光线波长较短的原因。空气中的细颗粒物浓度升高时，太阳辐射会遇到较多直径比波长大的颗粒物，此时散射效应对各种波长的可见光的影响会趋于相同，即一定范围内的可见光都会发生程度相近的散射，最终使天空呈现灰白色。

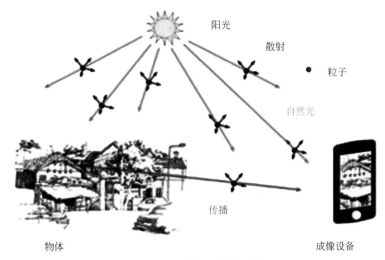

图 7-21　电子相机成像示意图

为研究不同细颗粒物浓度下的图像光学特性，本章将详细介绍一种细颗粒物监测模型 PPPC（Picture-based Predictor of PM$_{2.5}$ Concentration），该模型如图 7-22 所示。

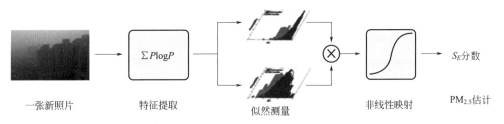

一张新照片　　特征提取　　　　似然测量　　　　非线性映射　　　S_E分数

　　　　　　　　　　　　　　　　　　　　　　　　　　　　　　PM$_{2.5}$估计

图 7-22　PPPC 模型算法流程图

对于一张 RGB 彩色输入图像，模型首先将图片转换到 HSV 颜色空间，再分别提取图像在空间域和小波域的对比度图并绘制其直方分布图，然后选择极值概率密度函数和高斯概率密度函数分别对空间域和小波域对比度图的像素值进行拟合，并将概率密度分布的形状参数作为反映细颗粒物浓度的特征，最后以细颗粒物浓度的监测为任务通过一个三参数非线性函数在所提特征上完成回归任务。

（2）细颗粒物与影像饱和度的响应关系

图像的饱和度（Saturation）是指颜色的鲜艳程度，也称作颜色纯度。在 HSV 颜色空间中，RGB 彩色图像被分解为三个子图：饱和度图、色相图和明度图。作为色彩的三个基本属性之一，此模型下的饱和度采用 0～100% 来度量。在色彩学中，原色的饱和度最高，随着饱和度的降低，色彩会逐渐消失直至无色。高饱和度的色彩给人的直观感觉是色彩更加鲜艳明亮，这种直观感觉便是色彩作为主体的信息传达过程。而细颗粒物浓度的升高会显著影响图像的质量，尤其会导致图像饱和度的变化。图 7-23 是 HSV 颜色空间示意图，H 轴表示色相值，S 轴表示饱和度值，V 轴表示亮度值。

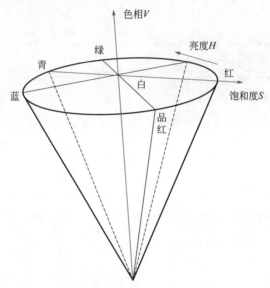

图 7-23　HSV 颜色空间示意图

图 7-24(a) 呈现了一张街景的混合图像，其左半部分和右半部分分别是在恶劣天气和良好天气下拍摄的照片，图 7-24(b) ～ (d) 分别是将图像从 RGB 颜色空间转化到 HSV 颜色空间后的色相图、饱和度图和亮度图。恶劣天气下拍摄的照片，其内容会趋于平滑且轮廓趋于模糊，图像整体有序性提高；而在良好天气下拍摄的照片轮廓更加清晰，颜色更加鲜艳丰富，整体有序性降低。该现象背后的理论解释有两点：

① 细颗粒物浓度的增加会降低图片的清晰度，进而降低所捕获的场景内容的对比度；

② 细颗粒物浓度的增加会使图片中每个像素的饱和度趋于零，并且饱和度图的像素值分布趋于稳定且有序。

饱和度可以被视为一种颜色与其最接近的自然光谱颜色之间的相似性，当细颗粒物浓度升高时，图像中相应的颜色信息会下降到很低的水平，即饱和度图中大部分值都很小。

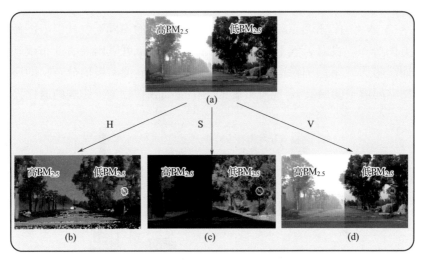

图 7-24　不同天气下拍摄的照片中的色相、饱和度和亮度通道对比

PM$_{2.5}$浓度升高使图像信息量降低。从照片中提取饱和度图是一种衡量颜色信息退化程度的有效方法，因为图像的饱和度反映了图片颜色的明亮程度。PM$_{2.5}$浓度的上升会使饱和度图的像素值迅速减小并使整个饱和度图趋于稳定且有序。为了定量描述受细颗粒物影响的图像的饱和度的变化，给定 RGB 格式的图片，首先需将图片从 RGB 空间转换为 HSV 颜色空间后再提取饱和度信息。饱和度计算公式如下式：

$$S(x,y) = \begin{cases} \dfrac{U(x,y) - V(x,y)}{U(x,y)}, & U(x,y) \neq 0 \\ 0, & 其他 \end{cases} \tag{7-54}$$

式中，x 和 y 分别为水平和垂直方向上的像素索引；$U(x,y)=\max[R(x,y), G(x,y), B(x,y)]$ 表征图像的亮度变化；$V(x,y)=\min[R(x,y), G(x,y), B(x,y)]$。信息熵作为最常用的阶次度量，可以用来更好地描述图像的有序性，因此在饱和度图的空间域中对其进行计算分析。

$$H_S = -\sum_{i=1}^{H} \sum_{j=1}^{W} P\{S(i,j) \log P[S(i,j)]\} \tag{7-55}$$

通过式（7-55）计算图片在空间域中的饱和度熵值，其中 H 和 W 分别为饱和度图的高度和宽度，$P[S(i,j)]$ 为熵 $S(i,j)$ 的概率分布。为了证明饱和度作为特征的有效性，在良好的天气下，即 PM$_{2.5}$ 浓度小于 $12\mu g/m^3$ 的情况下收集了 5000 多张照片，并结合两种改进的偏最小二乘算法（Partial Least Squares）和改进的偏鲁棒的 M 回归算法以去除异常值。同时收集了大约 200 张恶劣天气（$PM_{2.5}$ 浓度超过 $200\mu g/m^3$ 时）下的照片，通过计算照片的饱和度作为对照以突出细颗粒物浓度变化对图像饱和度的影响。

图 7-25 是利用饱和度和熵的计算公式计算得到的不同天气状况下图像空间熵值的直方图分布，良好天气下的饱和度图的熵值分布可以用极值分布很好地进行拟合，而恶劣天气下的图像饱和度图熵值分布则明显偏离极值分布，即所提取的饱和度图空间域中的熵值 H_S 能有效表征图像受细颗粒物浓度影响的退化程度。

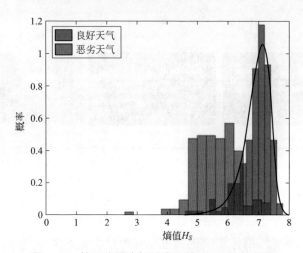

图 7-25　饱和度图空间域中的熵值 H_S 的直方图

变换域方法已经成功应用在了许多科学研究和实际问题中，例如视频编码、工业电子技术、图像复原等。小波变换可以看作是傅里叶变换的优化版本。相比于传统傅里叶变换，小波分析能够更好地解释时间域上信号的局部特性，因为小波分解用到的基函数具有可伸缩和可平移性质，因此对于高频和低频信号，小波基函数更加灵活和高效。小波分解示意图如图 7-26 所示。

常见的小波函数有 Harr 小波、Daubechies 小波、Biorthogonal 小波和 Coiflets 小波等。Harr 小波由于其母小波简洁的优点而被广泛应用：

$$\psi(t)=\begin{cases}1, & 0\leqslant t\leqslant 0.5 \\ -1, & 0.5<t\leqslant 1 \\ 0, & 其他\end{cases} \tag{7-56}$$

相关的尺度函数为：

$$\phi(t)=\begin{cases}1, & 0\leqslant t\leqslant 2 \\ 0, & 其他\end{cases} \tag{7-57}$$

图 7-26　一级小波分解

采用多尺度方向可控金字塔理论，沿垂直、水平和对角线方向分别进行小波分解。图像中重要的细节信息如边缘、纹理等保存在高频子带中，并通过多尺度表示来传达语义信息。饱和度图被分解为五个不同的尺度，考虑到每个尺度的水平和垂直方向的子带具有相似的统计量，因此将这两个子带组合在一起，从而生成共计十个小波子带。然后通过下式计算每个子带中小波系数的熵。

$$E_Z^k = -\sum_{i=1}^{H}\sum_{j=1}^{W}P\{[Z_k(i,j)]\log P[Z_k(i,j)]\} \tag{7-58}$$

式中，Z 为三个方向的小波子带的集合；H_Z^k 和 W_Z^k 为第 k 个标度的 Z 子带的高度和宽度；$P[Z_k(i,j)]$ 为第 k 个尺度的 Z 子带中的小波系数的概率分布。整体熵定义为：

$$E_S = \frac{1}{K}\sum_{i=1}^{H}\frac{E_{LH+HL}^k + \psi E_{HH}^k}{1+\psi} \tag{7-59}$$

式中，K 为标度的总数，指定 $K=5$；ψ 为一个大于 1 的加权参数指定 $\psi=4$。

按照同样的方法计算得到良好天气时图片在频域中的 E_S 值，如图 7-27 所示为 E_S 值的直方图分布，该直方图可以用高斯概率分布函数进行较好的拟合。同样计算和绘制恶劣天气下图像的频域 E_S 直方图分布，该直方图分布与高斯分布有明显差异，因此，可将饱和度图小波域中的熵值 E_S 用作一类特征来实现细颗粒物浓度的监测。

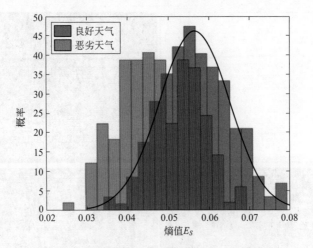

图 7-27　饱和度图小波域中的熵值 E_S 的直方图

（3）细颗粒物与影像梯度的响应关系

细颗粒物浓度上升时，图像中物体的轮廓和边缘会趋于模糊，因而具有不同内容和结构的图像差异会变小，如图 7-28 所示，所以直接应用梯度信息量化图像的结构性损失会存在精确度低的问题。图像质量评估的相关研究表明，计算由同一场景、不同天气状况下获得的图像之间的结构相似性可以有效地避免图像内容的影响。

图 7-28　不同天气下拍摄的照片

基于上述描述，本节介绍一种基于统计特征的方法以量化不同天气状况下获得图片的结构信息相似性，并利用其来度量受细颗粒物污染图像的结构信息损失。对于任意 RGB 图像，该方法的总体过程如下：首先将该图像转换到 HSV 颜色空间，提取其饱和度图，并绘制图像饱和度图的像素值分布，选择威布尔分布拟合饱和度图的像素值分布，将拟合形状参数作为一类特征；然后将图像转换成灰度图，随后分别计算灰度图和饱和度图的梯度相似度，将梯度相似度直方图分布的形状参数作为另一类特征；最后基于 SSIM（Structural SIMilarity）指标计算梯度相似性特征，从而间接度量细颗粒物的浓度。

首先计算图像的灰度图：

$$J(x,y) = \text{rgb2gray}(I(x,y)) \tag{7-60}$$

式中，x 和 y 分别为水平方向和垂直方向的像素索引；rgb2gray($\cdot$) 算子将彩色图像转换为灰度图。为提取饱和度信息，将图像 $I(x,y)$ 从 RGB 彩色空间转换到 HSV 颜色空间，并通过式（7-54）提取其饱和度 $S(x,y)$。随后分别计算灰度图和饱和度图的梯度。

$$\begin{cases} G_J(x,y) = [(J(x,y) \otimes \boldsymbol{p}_x)^2 + (J(x,y) \otimes \boldsymbol{p}_y)^2]^{\frac{1}{2}} \\ G_S(x,y) = [(S(x,y) \otimes \boldsymbol{p}_x)^2 + (S(x,y) \otimes \boldsymbol{p}_y)^2]^{\frac{1}{2}} \end{cases} \tag{7-61}$$

式中，$\otimes$ 为卷积算子；$\boldsymbol{p}_x$ 和 $\boldsymbol{p}_y$ 分别为水平方向和垂直方向的滤波器核。为了计算简便，采用 Prewitt 滤波器作为卷积算子。Prewitt 滤波器如式（7-62）所示。

$$\boldsymbol{p}_x = \begin{bmatrix} 1/3 & 0 & -1/3 \\ 1/3 & 0 & -1/3 \\ 1/3 & 0 & -1/3 \end{bmatrix}, \quad \boldsymbol{p}_y = \boldsymbol{p}_x^{\mathrm{T}} \tag{7-62}$$

得到饱和度图和灰度图的梯度值之后，使用式（7-63）的结构相似性度量公式计算图像的结构信息损失。其中，C 为一个很小的常数，用以保证数值的稳定性；较大的 K 值表示图像含有较多的结构信息。

$$K(x,y) = \frac{2G_J(x,y)G_S(x,y) + C_1}{G_J^2(x,y) + G_S^2(x,y) + C_2} \tag{7-63}$$

假定自然图像由多个具有不同内容的局部区域组成，各个区域存在不同程度的结构退化。为了准确估计图像不同局部区域的结构退化程度，选择计算梯度相似图的标准偏差 Q_S 作为特征以量化结构信息损失。

$$Q_S = \sqrt{\frac{1}{H}\sum_{h=1}^{H}(K_h - \bar{K})^2} \tag{7-64}$$

式中，均值 $\bar{K}$ 被定义为：

$$\bar{K} = \frac{1}{H}\sum_{h=1}^{H}K_h \tag{7-65}$$

式中，K_h 为 K 中的第 h 个值；H 为梯度相似图中的总像素数。Q_S 值越大，结构信息丢失越多，细颗粒物浓度越高。

　　图像特征的有效性会受到不同自然场景中内容的影响。具体地说，如果提取得到的图像特征受图像场景变换影响，场景变换产生的特征变化将导致特征无法正确反映细颗粒物浓度。图像特征的 NSS（Natural Scene Statistics）特性是描述高质量自然场景图像中潜藏的一种固有统计规律。当图像受到各种失真的影响时会破坏这种固有的统计特性，因此，建立 NSS 模型以探索特征对细颗粒物的敏感性是一个较好的解决方案。

　　首先将 RGB 图转换到 HSV 颜色空间并提取图像的饱和度图，如图 7-29 所示，其左半部分是恶劣天气下的饱和度图，右半部分则是良好天气下的饱和度图。图 7-30 分别为对应饱和度图的梯度分布。图 7-30(a) 中恶劣天气的饱和度图直方图偏向极值分布，其大多数像素值趋于零；相比之下，图 7-30(b) 中的像素值分布较为均匀。图像饱和度的像素值分布具有 NSS 特性，通过提取饱和度图像素分布特性有利于估计天气状况。

图 7-29　混合照片的饱和度图

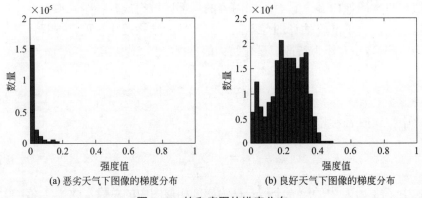

(a) 恶劣天气下图像的梯度分布　　　　　(b) 良好天气下图像的梯度分布

图 7-30　饱和度图的梯度分布

从图像饱和度角度出发，使用图像饱和度的统计信息量化图像的颜色信息损失。根据直方图的像素值分布状况，威布尔分布可以近似拟合饱和度图像的像素值分布[15]。威布尔分布的概率密度函数可以表示为：

$$f(s,\alpha,\beta) = \frac{\beta}{\alpha}\left(\frac{s}{\alpha}\right)^{\beta-1}\mathrm{e}^{-\left(\frac{s}{\alpha}\right)^{\beta}} \tag{7-66}$$

式中，$f(s, \alpha, \beta)$ 为饱和度图 s 的响应。对于图像的数据分布，可以通过最大似然估计来计算 α 和 β 参数，并将两个参数作为图像的第二类特征。

（4）细颗粒物与影像稀疏性的关系

当细颗粒物浓度上升时，图像会趋于平滑，边缘、纹理等细节信息会丢失，这种变化在不同的变换域中会表现出整体的一致性，即不同变换域中的像素值或变换域系数会具有单调变化的趋势并最终趋于稳定，更多的图像信息会集中到少数像素值中，少数的特征向量即可表示图像信号的整体特征。对于图像的稀疏性，本节首先将 RGB 彩色图像分解到五个变换域中，然后通过三个稀疏性指标：熵、基尼系数和 Hoyer 度量来衡量图像的稀疏性变化。

图像受到细颗粒物的影响会在不同变换域中发生规律性变化，为了更加直观地观察图像的稀疏性变化，对于给定的一张图像，首先将其转换到不同的变换域中：

$$U(x,y) = \max\left\{R_{i,j}, G_{i,j}, B_{i,j}\right\} \tag{7-67}$$

$$I = [u_1, u_i, u_m]\begin{bmatrix} \delta_1 & \cdots & 0 \\ \vdots & \ddots & \vdots \\ 0 & \cdots & \delta_k \end{bmatrix}[v_1, v_i, v_n]^\mathrm{T} \tag{7-68}$$

式中，i 和 j 分别为水平方向和垂直方向的像素；$R_{i,j}$、$G_{i,j}$ 和 $B_{i,j}$ 分别为红色、绿色和蓝色通道。$V(x, y) = \min\{R_{i,j}, G_{i,j}, B_{i,j}\}$；$U = [u_1, u_i, u_m]$ 和 $V = [v_1, v_i, v_n]$ 为两个

单位正交矩阵，$S = \begin{bmatrix} \delta_1 & \cdots & 0 \\ \vdots & \ddots & \vdots \\ 0 & \cdots & \delta_k \end{bmatrix}$ 为对角矩阵，其对角元素值表示奇异值。

随着细颗粒物浓度的上升，图像会在不同的变换域中出现规律性的变化：在彩色域中，像素的亮度值增加，而像素的饱和度值减少；在 SVD（Singular Value Decomposition）域中，零奇异值的数目上升；在空间域中，三个颜色通道的增加导致亮度值 $U(x, y)$ 和最小 $V(x, y)$ 相应地上升，而 $U(x, y)-V(x, y)$ 保持不变；在 $S(x, y)$ 中，分子保持不变，而分母逐渐变大，最终导致饱和度趋于一个很小的值，整体趋于稳定有序。在 SVD 域中，如式 (7-68) 所示，矩阵 I 可解释为 SVD 分解后多个基本图像 $U_iV_i^\mathrm{T}$ 的线性组合，其中奇异值 δ_i 表示不同基础图像的权重。相关研究

表明，奇异值的变化与对比度和亮度呈正相关[16]。图像经 SVD 分解后，其奇异值矩阵中的第一个奇异值由图像的亮度值决定，而图像对比度的变化主要影响第二个和后续的奇异值。通过图像的亮度值和对比度值的变化可以间接表征奇异值的变化。亮度可以通过 $V(x, y)=\min\{R_{i,j}, G_{i,j}, B_{i,j}\}$ 获得，图像对比度定义为：

$$C_m = \frac{U_{i,j} - V_{i,j}}{U_{i,j} + V_{i,j}} \tag{7-69}$$

细颗粒物浓度的增加会同时引起 RGB 三通道值的增加，因此平均亮度会增加，但 $U_{i,j}-V_{i,j}$ 保持不变。而对于对比度而言，由于分子 $U_{i,j}-V_{i,j}$ 保持不变，而分母 $U_{i,j}+V_{i,j}$ 增大，则导致对比度降低。最终，经过 SVD 分解后的图像中与平均亮度有关的第一奇异值会增加，而受对比度影响的其他奇异值减少，故奇异值为零的数量增加。

从上述三个变换域中提取了三个稀疏度量：熵、基尼系数和 Hoyer 度量。细颗粒物浓度的持续增加使输入图像逐渐失去细节信息并趋于平滑。熵是常用的顺序度量，它可以反映图像纹理和其他信息的变化。基尼系数最早是在经济学中提出的，用来表示财富的不平等或稀疏性。基尼系数的大小通常用洛伦兹曲线和 45° 线之间的面积来表示，系数分布越接近 45° 线，图像的稀疏度越高，这意味着所有基尼系数几乎相等。Hoyer 度量使用 l_1 范数和 l_2 范数之比来描述稀疏度，并通过参数归一化使 Hoyer 度量满足更多约束。熵、基尼系数和 Hoyer 度量计算公式如下：

$$E(s) = -\sum_{i=1}^{H}\sum_{j=1}^{W} Q\{S(i,j)\log Q[S(i,j)]\} \tag{7-70}$$

$$H(c) = \frac{\sqrt{N} - \left(\sum_{i=1}^{N}|C_i|\right) / \sqrt{\sum_{i=1}^{N}c_i^2}}{\sqrt{N}-1} \tag{7-71}$$

$$G(c) = 1 - 2\sum_{k=1}^{N}\frac{c(k)}{\|c\|_1}\left(\frac{N-k+0.5}{N}\right) \tag{7-72}$$

式 (7-70) 中，H 和 W 分别为图像的高度和宽度；$Q[S(i,j)]$ 为 $S(i,j)$ 的概率分布。式 (7-72) 中，$c=[c_1,c_2,\cdots,c_N]$ 为从二维变换系数矩阵转换而得到的一维向量，其中 $c_1 \leqslant c_2 \leqslant \cdots \leqslant c_N$。熵通过计算图像像素值的数学期望值来表示图像的整体稀疏性。图像像素值分布越集中，表示图像的特征越稀疏，但熵的收敛性能越不理想。与熵相比，基尼系数不仅根据稀疏系数的重要性分配不同的权重，以确保充分考虑系数的大小，而且通过划分特征向量的 l_1 范数实现标准化，这使得基尼系数具有令人满意的收敛性。Hoyer 度量的性能类似于基尼系数，但它们对图像稀疏度的敏感性不同。

考虑到上述不同稀疏指标的互补性，熵、基尼系数和 Hoyer 度量被选择为图像的稀疏度量。当由于细颗粒物浓度增加而导致图片信息趋于稀疏时，上述三种稀疏度量均接近于零。

7.2.2 细颗粒物的回归估计

(1) 回归方程与回归名称的由来

19 世纪 80 年代，英国科学家高尔顿开始研究父代和子代之间在身高、性格及其他种种特征相似的原因。为了进一步探寻答案，他选择父母平均身高 A 与其一子身高 B 的关系作为研究对象。通过观察记录 1074 对父母及其一个儿子的信息并将结果绘制成散点图，发现整体趋势近乎一条直线。总体趋势表现为儿子的身高 B 会随着父母平均身高 A 增加而增加，这是意料中的结果。高尔顿还发现这 1074 对父母平均身高的平均值为 68in（1in=0.0254m）时，他们儿子的平均身高为 69in，比父母平均身高大 1in。根据上述现象他推测：当父母平均身高为 63in 时，儿子的平均身高应为 63in+1in=64in；若父母的身高为 73in 时，他们儿子的平均身高应为 73in+1in=74in。然而观察结果并没有达到他的预期。高尔顿发现第一种情况下儿子的平均身高为 67in，结果高于预测平均身高 3in，后者儿子的平均身高为 71in，比预测平均身高低 3in。

对此次研究进行总结后，高尔顿得出的结论是自然界具有一种约束力，这使得人类身高在一定时期保持相对稳定。如果认为父母的身高变高（或变矮）会使子女更高（矮），那么人类身材将向高、矮两个极端分化。而自然界不这样做，自然界使人类身高回归到中心。例如，父母平均身高 73in，超过了平均值 68in，表明这些父母属于高的一类，其儿子因此也倾向属于高的一类（其平均身高 71in，大于平均值 68in），但没有父母离中心远（71-68<73-68）。相反地，父母平均身高 59in，属于矮的一类，其儿子也倾向属于矮的一类（其平均身高为 67in，小于平均值 68in），但仍没有父母离中心那么远（68-67<68-59）。

因此，身高有回归于中心的趋势，由于这个性质，高尔顿将"回归"一词引进问题的讨论中，这就是"回归"名称的由来，并逐渐被后人沿用至今。回归分析研究的是多个变量之间的关系。它通过建模来达到预测的目的，主要研究内容包含因变量和自变量之间的关系。这种方法通常用于预测分析、预测时间序列模型以及研究变量之间的因果关系等问题中。回归分析可以得到自变量和因变量之间的显著关系和多个自变量受同一因变量的影响强度，也能够衡量不同尺度的变量之间的相互影响程度。

（2）细颗粒物影像回归分析的一般模型

回归分析是回归模型的重要理论基础，是一种研究两个或多个变量之间依赖关系的数值计算及预测方法，是对数据进行建模和分析的重要工具。下面介绍几种回归分析的常用方法。

① Linear Regression 线性回归　线性回归是最常用的回归方法。这种方法中，因变量是连续值，自变量可以是连续或离散数值，回归的性质是线性的，因此线性回归使用最佳的拟合直线（也就是回归线）建立因变量和自变量之间的映射关系。

② Ridge Regression 岭回归　岭回归分析是一种适用于高维非线性变量的方法。在多重共线性情况下，尽管最小二乘法（Least Square Method）公平对待每个变量，但这会导致计算误差比较大，从而使预测值与真实值误差比较大。岭回归通过给回归估计增加一个偏差度，极大地提高了预测的容错率和预测鲁棒性，降低了标准误差。

③ Lasso Regression 套索回归　与岭回归类似，但 Lasso 算法会对回归系数的绝对值添加一个惩罚值。该方法通过使用绝对值形式的惩罚函数，进而提高线性回归模型的精度。

④ 随机森林　随机森林是一种基于 Bagging 的集成学习方法，集成学习的大致思路是训练大量弱模型，然后集成获得一个高泛化性能的模型。随机森林首先随机采样样本数据集，然后使用随机采样数据集训练决策树。重复以上步骤，获取大量决策树。大量决策树的集合即为随机森林，最后取所有决策树输出值的平均值作为预测值。图 7-31 是随机森林的示意图。

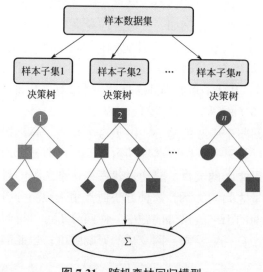

图 7-31　随机森林回归模型

随机森林的性能很大程度上取决于节点变量的选择。目前常用的节点选择依据有信息增益、增益率、基尼系数和卡方检验等。以信息增益为例，给定一组向量 F，对于第 x 棵决策树，其中第 i 个节点的分裂函数定义为：

$$\psi_i = \arg\max G_i \tag{7-73}$$

$$G_i = \sum_{F \in P_i} \log\left(\left|\boldsymbol{\eta}_s\left(\boldsymbol{F}\right)\right|\right) - \sum_{F \in P_i^J} \log\left(\left|\boldsymbol{\eta}_s\left(\boldsymbol{F}\right)\right|\right) \tag{7-74}$$

式中，P_i 为训练节点的数量；$J \in \{L, R\}$；P_i^L 和 P_i^R 分别为左分集和右分集；通过概率线性拟合函数导出条件协方差矩阵 $\boldsymbol{\eta}_s$。信息增益越大，分裂不确定性就越大；信息增益越小，不确定性越小，数据分割越彻底。

相较于前面的几种方法，随机森林模型有很多优点。通过对样本和特征的随机抽取，随机森林回归具有较好的抗过拟合能力和抗噪性能。此外，随机森林回归模型（图 7-31）还有训练速度快、实现简单等优点。

（3）细颗粒物影像回归模型建模过程

对于前文提到的图 7-25 和图 7-26，天气状况良好时，图像的两类特征都很好地符合某些 NSS 规律，当细颗粒物浓度升高时，直方图分布明显偏离了极值分布和高斯分布。细颗粒物会破坏图像 NSS 的分布规律，基于以上描述，图像对应的细颗粒物浓度可通过其直方图分布来反映。为了计算细颗粒物浓度，应先确定 NSS 模型（包括模型参数）。

对于空间域中饱和度映射的熵特征，如图 7-25 所示，可以用一个极值概率密度函数很好地拟合该直方图分布。该函数可以表示为：

$$Q_V = \frac{1}{d} \exp\left[\frac{H_s - u}{d} - \exp\left(\frac{H_s - u}{d}\right)\right] \tag{7-75}$$

式中，Q_V 为在给定空间熵值 H_s 的情况下的概率可能性；u 和 d 分别为需要拟合的模型参数。可以利用最大似然法估计确定模型参数：

$$\arg_\xi \max V(f; \xi) \tag{7-76}$$

式中，$\xi = \{u, d\}$；$f = \{f_1, f_2, \cdots, f_n\}$；$n$ 为所有观测值的数目。

关于小波域中饱和度图的熵特征，如图 7-26 所示，可以使用如下定义的高斯概率密度函数很好地拟合其直方图分布：

$$Q_G = \frac{1}{\sqrt{2\pi}\sigma} \exp\left[-\frac{\left(E_s - u\right)^2}{2\sigma^2}\right] \tag{7-77}$$

式中，Q_G 为一张基于变换熵值 E_s 图片的自然可能性；u 和 σ 分别为要拟合的模型参数。总体上，自然可能性最终定义为两个分量的乘积：

$$Q = Q_V^w Q_G^{1-w} \tag{7-78}$$

式中，$w=0.5$ 为加权系数。总体可能性 Q 并非细颗粒物浓度的绝对预测，而是一个相对值。换句话说，对于一组图片，总体可能性越大，细颗粒物浓度越小。因此，需要非线性映射将自然的总体可能性转换为最终的细颗粒物浓度估计。根据以上考虑，需要一种非线性映射来提高模型性能精度，但又不影响输入数据的单调性，因此可以使用式（7-79）的三参数模型进行回归：

$$S_E(Q) = \frac{\alpha_1}{1 + \exp\left(\dfrac{\alpha_2 - Q}{\alpha_3}\right)} \tag{7-79}$$

式中，$\{\alpha_1, \alpha_2, \alpha_3\}$ 为在曲线拟合过程中要确定的三组自由参数。

（4）回归分析应用与发展述评

从高斯提出最小二乘法到现在，回归分析已经经历了 200 多年的发展。回归分析在许多领域都有广泛的应用，这主要源于回归分析强大的数值预测和分析能力。

回归分析在经济领域的应用足以展示其强大能力。计量经济学是现代经济学中影响最大的一门独立学科，诺贝尔经济学奖获得者萨缪尔森曾经说过：第二次世界大战后经济学进入了计量经济学的时代，而计量经济学的重要理论基础之一就是回归分析 [17, 18]。自 1969 年设立诺贝尔经济学奖以来，很多经济学家都因在经济学领域的卓越研究而获奖，在这些瞩目的成就中，绝大部分都用到了回归分析的基础理论。

模型技术在经济问题研究中的应用在我国逐渐盛行，自 20 世纪 80 年代初期以来，每年都有许多国家级和省部级认证的计量经济应用成果诞生，特别是在一些省级以上的重点经济课题和经济学学位论文中，这些足以说明模型技术的应用在我国备受重视。这里想要强调的是，回归分析方法是模型技术中最基本的内容。

回归分析理论和方法在近 200 年中得到不断发展，统计学中的许多重要方法都与回归分析有着密切的联系，如时间序列分析、判别分析、主成分分析、因子分析等，这些都极大地丰富了统计学方法的宝库。回归分析方法自身的完善和发展至今仍是统计学家研究的热点课题，例如自变量的选择、稳健回归、回归诊断、投影寻踪、分位回归、非参数回归模型等近年仍有大量的研究文献出现。

回归模型中，当自变量代表时间、因变量不独立并且构成平稳序列时，这种回归模型的研究便是统计学中的时间序列分析。它提供了一系列动态数据的处理方法，帮助人们科学地分析所获得的动态数据，从而建立描述动态数据的统计模型，以达到预测、控制的目的。当因变量 y 和自变量 x 都是一维变量时，称回归模型为一元回归模型；当 x 和 y 分别是一维和多维变量时，则其为多元回归模型；

若 x 和 y 都是多维变量，则称其为多重回归模型。

尽管回归模型在理论上已经比较成熟，但对于违背基本假设的回归模型的参数估计问题仍然没有好的解决办法。在许多实际问题的研究中，人们发现经典的最小二乘估计的结果在有些方面表现不尽如人意，为此统计学家曾尝试从多方面进行努力并试图克服这一困难。例如，1955 年斯泰因（Stein）证明了当维数 p 大于 2 时，正态均值向量最小二乘估计的不可容性，即能够找到另一个估计在某种意义上一致优于最小二乘估计。这一理论创建后衍生了许多新的回归方法，主要有岭估计、压缩估计和特征根估计，其中以岭估计为代表的多种有偏估计方法的提出就是为了克服设计矩阵的病态性。这些估计的共同点都是有偏的，也就是其均值并不等于待估参数，于是人们将这些估计称为有偏估计。为回归模型所设计的矩阵为病态时，都应用了这种改进的估计方法。

针对自变量个数较多的大型回归模型中自变量的选择问题，研究人员提出了许多关于自变量回归选择的准则和算法，包括使用各种稳健回归来克服最小二乘估计对异常值的敏感性[19]。为了研究回归模型中未知参数非线性的问题，相关学者提出了许多非线性回归方法，例如利用数学规划理论提出的非线性回归参数估计方法、样条回归方法[20] 和微分几何方法等。近年来学者们常利用投影寻踪回归、切片回归等方法来分析和处理高维数据，特别是高维非正态数据。

7.2.3 实验验证与性能估计

（1）实验设置

为了验证细颗粒物监测模型 PPPC 的有效性，与当前主流监测模型进行比较，以验证所提算法的先进性，实验所用的数据集（图 7-32）包含多样的场景，例如广场、天桥、庙宇、道路、湖泊、建筑物、汽车和公园等，共计 750 张图片。照片对应的 $PM_{2.5}$ 的浓度范围从 $1\mu g/m^3$ 到 $423\mu g/m^3$，图 7-33 是 750 幅图片在不同 $PM_{2.5}$ 浓度下的直方图分布。

为了验证方法的效果，选择 10 个先进的细颗粒物监测模型与 7.2.2 节所介绍的回归模型进行比较。根据它们的应用场景，可以将这 10 个模型分为 3 种类型：

① 第 1 种模型基于图像 NSS 特性设计，包括 IL-NIQE[21]、ASIQE[22] 和 LPSI[23]。NSS 模型由大量高质量图片训练得到。

② 第 2 种模型包含 NIQMC[24] 和 BIQME[25]。这两种模型适用于评估图像的对比度变化。因为 $PM_{2.5}$ 对相机拍摄的图片的对比度有巨大的影响，所以我们可以通过评估图像对比度来预测 $PM_{2.5}$ 的浓度。

③ 第 3 种模型包括 5 个用于清晰度 / 模糊度测量的细颗粒物监测算法，分别是 S3[26]、FISH[27]、FISHbb[27]、ARISMC[28] 和 BIBLE[29]。

图 7-32　数据集示例

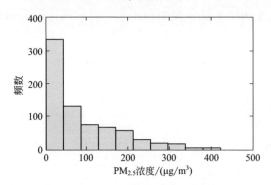

图 7-33　750 张图片的 PM$_{2.5}$ 浓度分布

　　我们采用了 3 种评价指标用于定量分析不同算法的性能，第 1 种度量是线性相关系数（Linear Correlation Coefficient，LCC）。*LCC* 可以衡量两个向量之间的预测精度：

$$LCC = \frac{\sum\limits_{m=1}^{M}\widehat{a_m}\widehat{b_m}}{\sqrt{\sum\limits_{m=1}^{M}\widehat{a_m^2}\sum\limits_{m=1}^{M}\widehat{b_m^2}}}\qquad(7\text{-}80)$$

　　式中，$\hat{a}=a_m-\dot{a}$，$\hat{b}=b_m-\dot{b}$，其中 $\dot{a}=\sum\limits_{m=1}^{M}a_m$、$\dot{b}=\sum\limits_{m=1}^{M}b_m$（特征向量的平均值）；$M$ 为向量元素的个数。

第 2 种度量是肯德尔秩相关系数（Kendall's Rank Correlation Coefficient，KRCC），用于估计两个向量的相关性。肯德尔秩相关系数可以表示为下式：

$$KRCC = \frac{2(M_c - M_d)}{M^2 - M} \times 100\% \tag{7-81}$$

式中，M_c 和 M_d 分别为数据集中一致和不一致数据对的数量。最后 1 个评估标准是均方根误差（Root Mean Square Error，RMSE），它用于预测算法的结果与图像标签的一致性，定义为：

$$RMSE = \sqrt{\frac{1}{M} \sum_{m=1}^{M} (a_m - b_m)^2} \tag{7-82}$$

使用上述 3 个评估标准，一个优秀的预测模型其 LCC 和 KRCC 可以取得较高的值，同时 RMSE 取得较小的值。

（2）性能评估

如表 7-8 所示为不同模型的细颗粒物浓度预测性能。为便于比较，我们在表中标记了每个模型的所属类型并根据模型的 LCC 数值进行排名。相较于其他算法，PPPC 模型在 LCC、KRCC 和 RMSE 3 个指标上都表现最佳，性能表现远超其他预测模型。具体而言，PPPC 模型 LCC 超过 80%，KRCC 值超过 60%，与排名第 2 的 BIQME 方法相比，其 LCC 和 KRCC 值分别获得了 49% 和 63% 的相对性能提升。

表 7-8　算法性能比较

模型	类型	*LCC*	*KRCC*	*RMSE*	排名
IL-NIQE	1	32.37%	17.26%	83.12	6
ASIQE	1	12.13%	9.966%	87.21	9
LPSI	1	4.070%	1.192%	87.78	10
NIQMC	2	41.56%	29.60%	79.92	5
BIQME	2	54.28%	37.19%	73.78	2
S3	2	30.60%	18.00%	83.65	7
FISH	3	46.23%	27.23%	77.91	3
FISHbb	3	42.85%	23.66%	79.39	4
ARISMC	3	22.62%	13.30%	85.63	8

模型	类型	*LCC*	*KRCC*	*RMSE*	排名
BIBLE	3	2.613%	2.304%	87.73	11
PPPC	4	80.80%	60.79%	51.88	1

此外，在 3 种类型的预测模型中，第 2 种类型的两个模型（即针对对比度变化的模型）和第 3 种类型的模型（即特定于清晰度 / 模糊度评估的模型）有较为优异的性能表现，而基于 NSS 的第 1 类模型的性能却很差。具体而言，PPPC 模型性能优于 BIQME 的原因是 BIQME 使用的特征没有充分考虑细颗粒物浓度对图像的影响。与 BIBLE 相比，BIBLE 仅考虑了有关图像清晰度的特征，而忽略了图像颜色、对比度等其他图像特征的变化。受这些结果的启发，未来工作可以将基于对比度和清晰度度量的特征纳入 PPPC 模型中，以实现更好的细颗粒物预测性能。

表 7-9 所示为各个模型的运行时间结果，良好的模型应该具有运行时间短、计算效率高的优点。表 7-9 突出显示了 3 个最佳模型以便于比较。结果显示，所提出的模型非常有效，仅花费 0.0496s 即可计算一张图片的细颗粒物浓度，在 1s 内便可完成 20 张图片的细颗粒物浓度计算。值得强调的是，所提出的 PPPC 方法是通过串行计算完成的。

表 7-9　运行时间比较

模型	IL-NIQE	ASIQE	LPSI	NIQMC	BIQME	S3	FISH	FISHbb	ARISMC	PPPC
时间 /s	4.4395	0.4507	0.0177	2.5529	0.9616	13.131	0.0192	0.5617	9.1973	0.0496

使用散点图可以直观地显示不同模型的性能差异，模型预测的 $PM_{2.5}$ 值和使用相关仪器测得的真实值散点图如图 7-34 所示。大多数预测模型的性能较差，因此仅绘制 NIQMC、BIQME、FISH 和 PPPC 的散点图。每个散点图中使用黑色虚线标记基准预测。显然 PPPC 模型具有更好的收敛性和单调性，超过了其他 3 个模型。

除了与其他模型比较，可以使用统计显著性比较两个预测模型之间的差异，这些差异不是由偶然因素引起的，而是由模型本身的预测能力决定的。常用的统计检验方法有 T 检验、F 检验和卡方检验等，其中 F 检验是最常见的一种统计检验方法。F 检验遵循基于方差的假设，用来描述关于不同模型的相对性能的其他信息。F 检验假设 $PM_{2.5}$ 浓度估计值和观察值的差遵循高斯分布。F 检验检查样本集是否具有与其他样本集相等的分布，并据此做出统计上的优劣判断。在实践中，F 检验用于比较两组预测残差的方差：一组预测残差来自 PPPC 的 $PM_{2.5}$ 浓度估计值与实际值之间的差异，另一组则是另外 3 个模型的 $PM_{2.5}$ 浓度估计值与实际值之间的差异。实验结果验证表明，PPPC 与其他模型相比具有更高的预测性能。

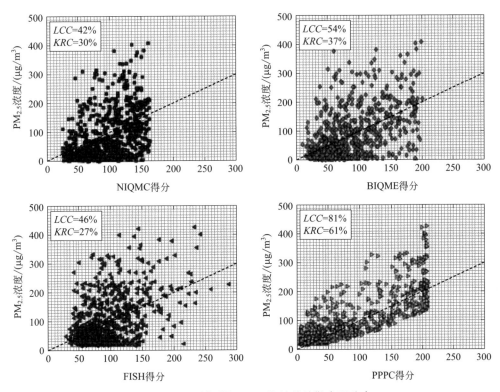

图 7-34　不同模型的 $PM_{2.5}$ 估计值的散点图分布

（3）结论与展望

首先，在建立预测模型时已经考虑了一些多元统计分析方法，例如 APLS[19] 和 IPLS[30]，因此在未来的工作中，它们将被用来从图片中提取的特征。其次，将经常性空气质量预测因子与 PPPC 模型集成以进行多峰分析。最后，可以考虑引入不同的变换域分析或图像对比度和清晰度测量方法以改善模型的性能。

虽然 PPPC 模型已经实现了较高的预测精度，但该方法仍然存在一些局限性。

① PPPC 模型的一个重要假设是 $PM_{2.5}$ 浓度是反映总悬浮颗粒的良好指标，

高浓度 $PM_{2.5}$ 意味着高总悬浮颗粒物浓度。但在现实中，大气中包含的颗粒物种类非常复杂，而 $PM_{2.5}$ 只是其中之一。$PM_{2.5}$ 浓度与总悬浮颗粒是否具有单调关系也尚未可知。尽管如此，使用这个简单的假设，$PM_{2.5}$ 预测仍然取得了较高的预测精度，这表明所提假设在细颗粒物浓度预测的问题上是正确的。如果能进一步明确两者之间的关系，则可能会进一步改善当前 PPPC 模型的性能。另一个假设是饱和度图的像素值分布可以通过威布尔分布粗略拟合。实际上，由于内容变化，某些图像不能严格遵循这种假设。尽管如此，所提模型仍可以通过使用这种粗拟合获得相当可观的结果，将来可以通过更精确的拟合函数来提高算法的性能。

② 除细颗粒物外，图像特性还会受到其他因素的影响，例如相机传输过程中的压缩、相机中传感器的质量、相机与天空的角度、一天中的时间、一年中的季节、天气等，每个因素对图像特性都有各自的影响。在所提模型中假设特性仅受细颗粒物影响，而不受其他因素影响，因此，所提出的方法仅粗略地估计了 $PM_{2.5}$ 的浓度。为了提高准确性，在实施该方法期间需遵守一些规则，这可以最大限度地消除其他元素（粒子除外）的影响。首先，当用户拍摄照片时，应避免朝阳。其次，捕获的内容应包括天空，且天空区域占照片顶部的 $1/3 \sim 1/2$。第三，应避免在沙尘暴和有雾的天气中进行测试，因为粉煤灰和雾会影响光的散射，本方法不能区分它们。第四，应在白天进行测试，由于阳光和人造光具有完全不同的光谱，它们与粒子的相互作用可能不同，当前方法可能不适用于夜间环境。最后，应尽量使用高质量的相机进行拍摄，因为低质量的相机会导致图像出现更多的失真。

基于图像分析的细颗粒物监测模型虽然无法完全替代专业的 $PM_{2.5}$ 测量设备，但是可以用来提高人民的空气污染防范意识。内嵌到手机 APP 中可以为人们提供基础的空气污染警报。未来的改进工作可以从以下几个方面进行。

① 采用来自暗通道先验的雾度敏感特征并将其集成到 PPPC 模型中。具体而言，通过利用暗通道先验以简化雾度下的成像模型，并将透射矩阵作为 $PM_{2.5}$ 浓度的特征，然后根据暗通道先验将照片分为天空和非天空区域，最后在不同区域上对 PPPC 模型做进一步的修改。

② 选择更精细的特征估计图像的颜色和结构信息，同时选择一种更精确的拟合方法来量化饱和度图的分布形状。

③ 所提出的方法对测试环境的敏感程度（例如光强度、湿度、摄像机角度、摄像机质量、一天中的时间和一年中的季节）仍然是一个未解决的问题。需要更加具体的分析来充分考虑每个因素对预测结果的影响。

④ 所提模型应进一步明确 $PM_{2.5}$ 浓度和总悬浮颗粒物浓度之间的非线性关系。

7.3

汽车尾气智能检测

汽车尾气排放的污染物中包含着大量的一氧化碳（CO）、碳氢化合物（HC）、氮氧化物（NO$_x$）、颗粒物（PM）等有毒有害气体，严重危害着人民群众的身体健康。各级政府部门已经相继出台了合理的措施来治理尾气污染问题，建设一套完善且高效的汽车尾气智能检测系统在当下尤为重要。

7.3.1　传统的汽车尾气检测技术

汽车尾气所排放的污染物主要有 HC、CO、NO$_x$ 和颗粒物，HC 的检测采用氢火焰离子法（FID）；CO 的检测采用非分光红外线法（NDIR）；NO$_x$ 的检测采用化学发光法（CLD）；PM 的检测采用滤纸过滤称重法。

氢火焰离子法的工作原理是：碳氢化合物在氢火焰的 2000℃ 左右高温中燃烧时可离子化成电子和自由离子，其离子数基本与碳原子数成正比。HC 在氢火焰中分解出的离子在离子吸收极板间的电压作用下形成电子流，其电流大小代表了样气中碳原子浓度，因此 FID 检测的结果是样气中的碳原子量。

非分光红外线法是目前测定 CO 的最好方法，其工作原理是基于测量气体对特定波长红外线的能量吸收。CO 能吸收波长为 4.45 ～ 5.0μm 的红外线，具有吸收峰值，样气中 CO 的浓度可通过红外线透过一定长度该气体后的透射能量得到。为了减小其他气体的干扰，在样气室前设置滤波室来过滤掉其他干扰气体所对应的波长。

化学发光法用于分析排气中的 NO$_x$，但只能直接测定 NO。样气中和过量臭氧在反映室中混合并发生化学反应，生成 NO$_2$，其中约 10% 处于电子激发态。当 NO$_2$ 从激发态衰减到基态时，将发射波长 0.6 ～ 3μm 的光子，化学发光强度不仅与 NO 和臭氧浓度乘积成正比，还与测量条件有关，但当测量条件不变且臭氧浓度恒定并远高于 NO 浓度时，化学发光强度与 NO 成正比。而测量 NO$_x$ 实际是测量 NO 和 NO$_2$ 的总和。因此，在测量前首先要将排气中的 NO$_2$ 转化成 NO。

7.3.2　汽车尾气智能检测技术

目前，汽车尾气智能检测方法主要分为三大类：一类通过使用各类传感器与单片机或 ARM 等处理器组成嵌入式汽车尾气智能检测系统，将传感器采集得到的数据输入 RBF 神经络、BP 神经网络、聚类等算法中，检测汽车尾气污染物超标的车辆；另一类通过使用光电传感器、光发射接收装置和光谱仪等设备组成汽车尾气遥感智能检测系统，分析采集到的吸收光谱，运用朗伯 - 比尔定律（Lambert-Beer Law）计算汽车尾气中各类污染气体的浓度，然后将采集到的污染气体浓度与汽车行驶速度、加速度等特征参数一起输入训练好的自组织神经网络、BP 神经网络等模型中，以筛选出汽车尾气超标的车辆；最后一类基于视觉的汽车尾气智能检测方法通过摄像设备采集道路上汽车尾气排放的实时影像，利用图像处理、机器视觉、机器学习等人工智能技术对上述影像进行处理，根据智能算法的输出结果检测汽车尾气中污染物排放超标的车辆。上述三类智能检测方法通过使用神经网络、聚类等智能算法自动检测汽车尾气中的污染物是否超标，相比于传统检测方法所需的人力与物力更少、效率更高、使用更便捷。

基于深度学习的汽车尾气智能检测方法主要通过深度卷积网络对汽车尾气图像进行检测。首先针对摄像头采集得到的汽车尾气图像，标注其是否属于汽车尾气异常排放的标签，并将标注好的数据集划分成训练集、验证集与测试集。然后搭建深度卷积神经网络，网络一般由卷积层、归一化层、非线性激活函数层、池化层、全连接层等模块组成。卷积层通过使用一组可学习的卷积核来提取汽车尾气图像的特征。卷积层提取的特征相比于传统手工提取的特征具有更丰富的信息，并且随着神经网络层数的增加，卷积层能够提取更高级的特征，包含更多例如物体的位置、类别等高级别的语义信息，提升神经网络对于物体的识别与检测能力。卷积公式可表述为：

$$H_{(x,y)} = \sum_{x=0}^{M_i-1} \sum_{y=0}^{N_j-1} I(x-i, y-j) K_{(i,j)} \qquad (7-83)$$

式中，I 为等待处理的特征图；M、N 分别为卷积核的尺寸；i、j 为特征图中元素的坐标索引；K 为卷积操作的卷积核；x、y 分别为卷积核中元素的坐标；H 为经过卷积运算后提取的特征图。

如果输入给卷积层的特征没有进行归一化处理，则在神经网络的训练过程中，神经元之间的连接权值容易发生较大变化，导致深度卷积神经网络在训练的过程中损失函数无法收敛，并最终导致神经网络性能下降。在深度卷积神经网络中加入归一化层对输入的数据与特征图进行归一化处理的方法能够在一定程度上解决上述问题。在深度卷积神经网络中，数据经过归一化后可以提升网络对于待检目标的检测能力，缩短网络训练时间，减少网络中的内部协变量偏移（Internal Covariate Shift），并降低神经网络在梯度反向传播过程中的网络权值变化程度，防止网络在训练过程中发生梯度爆炸的现象。神经网络中的非线性激活层使得网络对于非线性的映射关系具有很强的拟合能力，合理的非线性激活函数可以防止梯度消失、梯度爆炸等问题的出现。目前经常使用的激活函数主要包括 Sigmoid、Tanh、ReLU 与 Leak Relu 等。

池化层用于对上一层卷积层提取的特征图进行降采样操作。通常情况下，池化操作层被放置在需要对特征图进行降采样操作的两个卷积操作层之间。池化层能够使得输入下一卷积层的特征图的尺寸变小，将输入特征图的维度降低，去除特征图中的冗余信息，对提取的特征进行压缩，减少网络的总参数量，从而降低了网络的复杂度、减少所需要的计算量与训练过程中所消耗的显存量，一定程度上防止了网络在训练过程中出现的过拟合情况。全连接层将卷积层提取的高维特征映射到样本标签空间中，判断图像中的汽车尾气排放是否异常。使用上述模块搭建好深度卷积神经网络后，将训练集的样本送入卷积神经网络进行训练，保留验证集上精度最好的模型。在实际检测时，将摄像头采集到的汽车尾气图像输入训练好的深度卷积网络中，通过网络的输出判断汽车尾气是否排放异常。当汽车尾气排放异常时记录下汽车的车牌信息，方便后续对异常排放尾气的汽车进行整改工作。

7.3.3　基于深度学习的智能检测网络结构设计

汽车尾气检测任务根据最终的检测效果可分为三类：第一类检测任务为判断图像中是否存在汽车尾气异常，即识别汽车是否排放超标尾气；第二类检测不仅要识别图像中是否含有异常的汽车尾气，而且需要使用矩形的检测框粗略地标定出汽车尾气的位置；最后一类则需要对图片中的每一个像素进行细粒度分类，通过检测汽车尾气图像中每一像素是否属于的汽车尾气，将图像中属于汽车尾气的像素标定出来。相比于前两种检测方法，第三类检测方式检测效果更精准。

本节提出的基于注意力机制的汽车尾气智能检测网络属于第三类检测方法，相比于前两类检测方法，基于注意力机制的网络检测出汽车尾气的位置更为细致，网络检测的效果更好。受 Fully Convolutional Network (FCN)、SegNet、U-Net 与 ResNet 等 [31-34] 网络的启发，为提高深度神经网络对汽车尾气图像中细节特征的提取能力，基于注意力机制的汽车尾气智能检测网络采用编解码网络结构进行汽车尾气的检测。首先，为保留特征间的空间信息并提升深度神经网络在像素级分类任务上的精度，本章的编码器网络采用全卷积的网络结构，去除原始 ResNet50 网络中的全连接层作为编码器部分（Encoder）。同时，为保证网络提取的特征能够保留更多空间信息，将编码器最后两个残差模块中的下采样层去除，提高网络提取特征图的分辨率，使编码器网络最后提取特征的尺寸大小为输入图像的八分之一，让像素点间的空间信息更加丰富，进一步提升网络的像素级分类能力。针对汽车尾气细节部分像素点分类不准确的问题，本网络通过融合不同尺度下汽车尾气图像的纹理、边缘、语义等特征信息来提升汽车尾气边缘等细节部分的像素点分类能力。网络解码器部分采用融合多尺度特征的金字塔结构进行上采样，使最后的输出为具有与输入同样大小的检测结果图。同时网络采用了全卷积的结构，网络输入可以为任意大小，网络最后输出检测结果的尺寸也与输入图像大小相同，不限制输入的汽车尾气图像尺寸，使网络在实际应用中更方便。下面分别针对检测网络的各个部分进行详细介绍。

（1）编码器部分

汽车尾气智能检测网络中编码器部分的主要作用是提取汽车尾气的特征，由卷积层、池化层和批归一化层组成。卷积层通过卷积操作提取图像的特征，池化层通过池化操作对上一层卷积层提取的特征图进行下采样，然后将尺寸缩小一半的特征图送到下一层，减少网络总参数量，加快网络的检测速度。批归一化层将输入的特征图进行归一化，加快网络的收敛速度、缩短训练时间。在 FCN、SegNet、U-Net 等网络中，它们多采用分类任务中的性能优越的网络作为编码器，以获得良好的特征提取能力，提升网络的检测性能。目前多采用的流行网络主要为图像分类任务中的 VGG-16、ResNet、XceptionNet 与 DenseNet 等网络[35-37]。

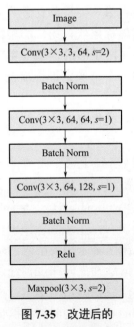

图 7-35　改进后的卷积模块结构图

在本节中，针对汽车尾气检测任务的特点，使用基于注意力机制的汽车尾气智能检测网络改进原始的 Resnet50 网络作为编码器网络。首先，去除原始 Resnet50 网络中的全连接层，同时把网络中第 4、5 个残差模块的下采样部分去除，即执行下采样操作的卷积步长从 2 变为 1，提升了特征图的分辨率、保留丰富的特征间空间信息。同时为提升编码器对大尺度汽车尾气图像的特征提取能力，在原来 Resnet50 中的第一个卷积的基础上增加了 3 个 3×3 的卷积层和批次归一化层，加深改进后的编码器深度，提取特征的能力也得到相应的增强。改进后的卷积模块结构如图 7-35 所示。

图中 Conv（3×3，3，64，s=2）表示输入特征通道数为 3 个，输出特征通道数为 64 个，使用的卷积核尺寸为 3×3，卷积操作的步长 s 为 2。Batch Norm 表示批归一化层，Relu 表示采用了 Relu 激活函数，Maxpool（3×3，s=2）表示最大池化操作的核尺寸大小为 3×3，步长为 2。

基于注意力机制的汽车尾气智能检测网络的编码器部分总共由五个基本部分构成，除第一部分如图 7-35 所示，其余四部分由不同数量的残差模块级联而成。编码器提取特征流程为：

① 对于一幅输入尺寸为 224×224 的汽车尾气图像，编码器的第一部分首先对输入图像进行特征提取，然后进行下采样操作，将特征图的尺寸缩小为原来的 1/2，即 112×112；

② 对于上一部分输出的特征图，编码器的第二部分通过三个残差模块来对特征图完成进一步的特征提取，同样对特征图进行 2 倍下采样，此时尺寸为 56×56；

③ 编码器的第三部分首先对第二部分输出的特征图进行下采样操作，将原来的特征图的尺寸缩小为原来的 1/2，即 28×28，然后依次经过四个残差模块进行更高级的特征提取；

④ 编码器的第四部分由六个残差模块级联组成，主要对第三部分输出的特征图完成语义级别的特征提取，并且为保留更多的空间信息，移除该部分下采样操作；

⑤ 编码器的最后一部分由三个残差模块构成，同样移除下采样操作，最后将整个编码器提取的特征送到解码器部分进行解码。

汽车尾气智能检测网络通过编码器部分提取图像中物体的类别信息与物体大致所在位置的信息，上述一系列高级语言信息被网络的编码器嵌入最后提取的特征图中，然后送给网络的解码器进行处理。解码器把编码器提取到的特征进行解码，把物体的类别与位置信息解码到图像中对应的像素点上，每一个像素点对应一个类别的物体，每个类别的物体用不同的颜色表示，最后网络输出一张尺寸和输入图像同样大小的图片，作为最终的检测结果。

（2）金字塔池化模块

在图像分类任务中，通常使用全局平均池化来提取全局语义信息。但在像素级的检测任务中，每个像素点都被分为各类物体，如果把特征直接融合成一个特征向量，可能会失去像素间的空间信息，造成物体边界模糊等问题。全局语义信息与局部语义信息的融合有助于网络区分出图像中物体的类别，融合来自不同感受野大小的子区域信息后的特征具有更丰富的空间信息，提升神经网络的检测性能。

在 SppNet[38] 深度神经网络中，研究人员使用金字塔池化模块生成不同层次级别的特征图，并把特征图按特征通道进行展开并拼接，然后输入全连接层中进行分类任务。该模块消除了卷积神经网络进行图像分类任务时需要输入固定尺寸图像的约束，使得网络可以更好地提取不同尺度图像中的全局信息，提高分类精度。同时，神经网络的场景分析性能是检测任务中一个重要的研究方向，该性能决定了网络提取图像场景信息的能力，使得网络提取的特征中包含完整的上下文信息，即图像中像素点间的类别、形状特征、位置等信息，提升网络的检测性能。

由于汽车尾气图像中的尾气形状大小不一，形状较小的汽车尾气目标难以被检测出来，若检测性能不佳，将对网络的检测结果影响巨大。与之相反，当图像中的汽车尾气形状尺寸较大时，大尺寸的汽车尾气目标可能会超过网络感受野的大小，造成网络检测不连贯，忽略全局信息将会导致无法精确地检测出整个汽车尾气，检测效果较差。同时，由于汽车尾气的形状与天空的云朵有一定的相似性，容易导致检测网络对每个像素点进行预测时出现混淆的现象。针对汽车尾气检测过程中的难点，本章使用金字塔池化模块来提取汽车尾气图像中的全局信息，通过融和全局信息与不同尺度下各子区域之间的信息来丰富网络提取的全局特征信息，提升网络对汽车尾气的检测性能。金字塔池化模块的结构如图 7-36 所示。

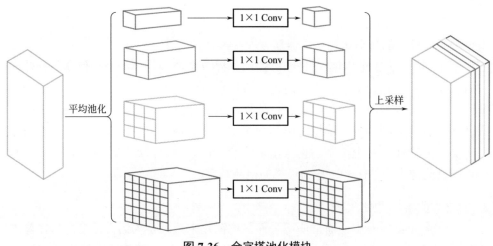

图 7-36　金字塔池化模块

为进一步保留汽车尾气图像中不同子区域之间关系的语义信息，本网络使用金字塔池化模块提取多个尺度下、多个子区域之间的分层全局信息：金字塔池化模块首先对编码器提取的特征进行 4 个不同尺度层级的平均池化操作，其池化核的大小分别为 1、2、3、6，池化后的特征尺寸大小分别为 1×1、2×2、3×3、6×6，分别代表着不同尺度层级的汽车尾气信息。其中 1×1 大小的特征为最粗略层级的特征，使用全局池化生成的该层特征，其他 3 个层级将输入的特征划分为若干个对应的子区域，然后进行平均池化操作，最后将包含位置信息的各个池化结果组合起来，成为该对应层级的特征。

具体来说，为了保持全局特征的权重，对每个金字塔层级的特征，首先使用 1×1 的卷积核将金字塔不同层级的语义特征的特征通道数降为原通道数的四分之一，然后，对降维后的特征使用双线性插值进行上采样操作，将特征图的尺寸放大到原始特征图尺寸大小，并将不同金字塔层级的特征图与原始特征图进行拼接，组成金字塔池化全局特征。最后，为提升网络对不同形状大小的汽车尾气检测效果，将金字塔池化特征送入解码器的特征融合模块进行特征解码，充分利用不同尺度的特征语义信息。该模块如图 7-37 所示。

在图 7-37 中，神经网络首先把金字塔池化全局特征送入卷积核为 3×3 的卷积层，特征输入维度为 4096，输出维度为 512；然后送入批归一化模块与 Relu 激活函数，同时加入防止网络过拟合的 Droput 层，以 0.1 的概率使该层的神经元失活；最后送入 1×1 的卷积层进行输出预测，特征输入维度为 512，输出维度为 2，分别代表图像中像素点类别为汽车尾气的位置信息与像素点类别为背景的位置信息。

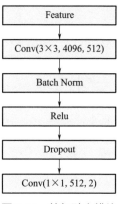

图 7-37　特征融合模块

（3）细节提取模块

如果直接对解码后的低分辨率特征进行 8 倍上采样，得到的汽车尾气边缘部分的检测效果会非常粗糙，会丢失很多尾气部分的细节特征。受到 FCN、SegNet、U-Net、RefineNet[39-41] 等深度神经网络的启发，为提升网络对汽车尾气边缘细节的检测精度，本章提出使用注意力跳连分支构建细节提取模块来提取高分辨率特征图中物体的形状、边缘等细节信息。该模块将网络的编码器的第一、二部分提取的特征图作为注意力跳连分支的输入，上述特征图的分辨率较高，保留了更多汽车尾气的细节信息。首先，把取出的高分辨率特征图送入细节提取模块，该模块由两个 Relu 层与 3×3 的卷积层组成，用于提取该分辨率下的细节特征。该模块如图 7-38 所示，输入的特征通道数与输出特征数相等。

图 7-38　细节提取模块

（4）通道注意力模块

为进一步提取高分辨率特征图中尾气部分的细节信息，在细节提取模块后加入注意力模块，关注该尺度下特征图中的汽车尾气区域，忽略特征图中的非重点区域，提升神经网络的检测性能。受 SENet、PSANet、DANet[42-46] 等注意力神经网络的启发，本节使用特征通道注意力与空间注意力组合模块来捕获输入特征通道间的局部空间关系，生成具有空间与通道信息的特征，提升网络的检测精度。通道注意力模块通过提取特征通道之间的相互依赖性，自适应地校准通道中的特征。该模块由一个全局平均池化层、两个卷积核尺寸为 $1×1$ 的卷积层和一个 Sigmoid 激活函数组成，如图 7-39 所示。

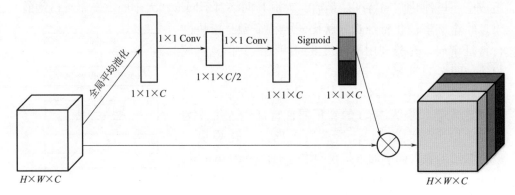

图 7-39　通道注意力模块

通道注意力模块首先对尺寸为 $H×W×C$（高度 × 宽度 × 通道数）的特征使用全局平均池化后得到尺寸 $1×1×C$ 的特征；然后使用 $1×1$ 的卷积核进行降维，输出通道数为输入通道数的一半，再使用 $1×1$ 的卷积核进行升维，使输出通道数为输入通道数的 2 倍；然后送入 Sigmoid 激活函数层，输出通道间的权重（含有汽车尾气特征信息的通道权重较大）；最后把该权重与输入模块的特征进行对应通道相乘，得到校准后的特征，该特征的尺寸为 $H×W×C$。

（5）空间注意力模块

像素间的空间信息对于像素级的汽车尾气检测任务至关重要，为进一步提升网络的对应汽车尾气像素点间关系的提取能力、提升网络的检测精度，在细节提取模块后加入空间注意力模块，通过像素点间的空间信息校准以提取特征。空间注意力模块主要提取特征图中各像素点间的空间关系，提取出汽车尾气的边缘信息，增加汽车尾气边缘部分的平滑度，提升网络的检测效果。该模块由 1 个卷积核尺寸为 $1×1$ 的卷积层与 1 个 Sigmoid 激活函数层组成，如图 7-40 所示。

空间注意力模块首先对尺寸为 $H×W×C$ 的特征使用 $1×1$ 的卷积核进行降维处理，输出特征的特征尺寸为 $H×W×1$；然后送入 Sigmoid 激活函数层提取像素间的空间关系，生成一个 $H×W×1$ 的特征（该特征提取了每个像素点空间中的权重，代表着像素点的重要程度）；最后把提取的像素点的权重乘以输入的特征，生成具有空间信息的校准特征，该特征的尺寸为 $H\times W\times C$。

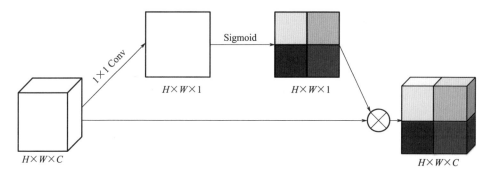

图 7-40　空间注意力模块

为充分利用网络提取的特征通道与空间的信息，提升汽车尾气细节部分的检测能力，本网络把通道注意力模块与空间注意力模块校准后的特征进行逐元素相加融合，得到包含通道与空间信息的特征图。通道、空间注意力融合模块如图 7-41 所示。

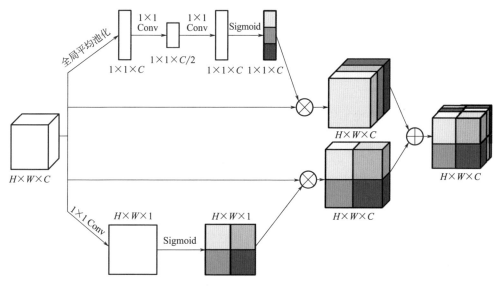

图 7-41　通道、空间注意力融合模块

最后将融合后的信息送入金字塔池化模块与特征融合模块，生成该尺度下汽车尾气的预测结果。整个网络的注意力跳连分支模块由细节提取模块，通道、空间注意力融合模块，金字塔池化模块与特征融合模块组成，如图 7-42所示。

图 7-42　注意力跳连分支模块

（6）空间金字塔结构

为进一步完善汽车尾气检测结果中的边缘、轮廓等细节信息，本章提出使用空间金字塔结构融合具有丰富物体信息的浅层特征，例如形状、纹理等。首先，该模块将小尺度的特征进行上采样，得到与注意力跳连分支输出特征相同大小的预测结果，然后进行相加融合得到最终的预测结果。所以网络的解码器部分由 2 倍与 4 倍下采样高分辨率的金字塔跳连分支模块、8 倍下采样金字塔池化模块和特征融合模块组成，如图 7-43 所示，最后进行各尺度的特征融合生成网络最终的检测结果。

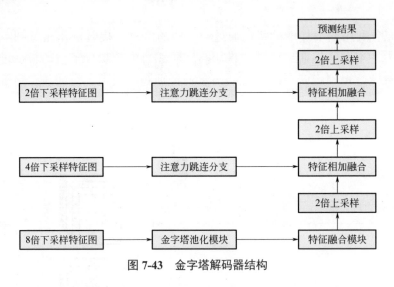

图 7-43　金字塔解码器结构

7.3.4　汽车尾气智能检测模型实验分析

目前并没有专门用于汽车尾气检测的开源数据集，所以本节使用伯克利开源关于汽车自动驾驶的 BDD100K 数据集[47]进行汽车尾气图像合成，模拟真实的汽车尾气图像。该数据集为汽车驾驶数据集，该数据将包含 10 万个视频，其中汽车一类的目标就超过 100 万个样本，天气包含晴天、多云、阴天、下雨、下雪、雾天 6 种天气。图片的场景包含住宅区、公路、城市街道、停车场、加油站、隧道6 种场景。时间为白天、夜晚、黎明、黄昏 4 个时间段。该数据集由 7 万张图片的训练集、2 万张图片的测试集以及 1 万张图片的验证集组成。为使数据集适用于汽车尾气检测任务，本章通过黑色烟雾模板与 BDD100K 中的汽车行驶图片进行汽车尾气合成。图像合成公式如式（7-84）所示，合成好的汽车尾气图像如图 7-44 所示。

$$I_{(x)} = \left(1 - \alpha_{(x)}\right)B_{(x)} + \alpha_{(x)}\beta S_{(x)} \tag{7-84}$$

式中，$S_{(x)}$ 为黑色烟雾模板，该模板由 RGB 三个通道组成；$\alpha_{(x)}$ 为黑色烟雾模板的透明度通道；β 为控制尾气浓度；$B_{(x)}$ 为 BDD100K 中的具有汽车背景的图像。

合成的汽车尾气数据集分别使用 BDD100K 中的训练集、测试集与验证集生成对应的三个汽车尾气数据集，其中训练集为 50000 张图片，测试集为 30000 张图片，验证集为 10500 张图片，数据集中图片的高度与宽度都为 224。目前深度学习的主流框架为 TensorFlow、Caffe 与 pytorch 等，本章使用 pytorch 框架对网络结构进行编译，使用显存为 24G 的 GeForce RTX 3090 GPU 进行加速。神经网络采用 SGD 优化器进行网络训练，网络初始学习率为 0.01，动量系数为 0.9，网络学习率衰减系数为 0.1，训练批次大小为 48，训练轮数为 100 轮。

图 7-44　合成的汽车尾气图像

像素级的检测任务的评价指标主要有均像素精度与均交并比，即 *MPA*（Mean Pixel Accuracy）与 *MIoU*（Mean Intersection over Union）。

MPA 指标主要是计算每一类分类正确的像素点数和该类所有像素点数的比例，

然后求平均。计算过程表示为：

$$MPA = \frac{1}{n}\sum_{i=0}^{n}\frac{P_{ii}}{\sum_{j=0}^{n}P_{ij}}$$

(7-85)

式中，n 为所要预测的类别个数；P_{ii} 为原本为 i 类同时网络预测为 i 类；P_{ij} 为原本为 i 类同时被网络预测成 j 类。

IoU 指标主要计算每个类预测值与真实值两个集合的交集与并集之比，然后求全部类的 IoU 指标的平均。计算过程表示为：

$$IoU = \frac{1}{n}\sum_{i=0}^{n}\frac{P_i \cap G_i}{P_i \cup G_i}$$

(7-86)

式中，n 为所要预测的类别个数；P_i 为网络预测为 i 类的像素点集合；G_i 为像素点真实类别为 i 类像素点的集合。

为验证本章提出的基于注意力机制的汽车尾气检测网络的性能，这里使用几个主流的 baseline 网络在汽车尾气测试集上进行性能对比，对比网络为 FCN、SegNet、Deeplabv3、Deeplabv3plus 与 PSPNet 神经网络[48-50]。对比网络的训练方法和本章提出的网络一样，网络预测结果的指标如表 7-10 所示。

表 7-10　网络预测结果指标对比

网络模型	*MPA*	*IoU*
FCN	91.48%	60.66%
SegNet	94.22%	69.48%
Deeplabv3	95.17%	71.46%
Deeplabv3plus	94.74%	70.56%
PSPNet	95.16%	71.78%
本节所指网络	96.05%	75.47%

由表 7-10 可以看出，本节所提的网络更适用于汽车尾气检测任务，网络检测结果对比如图 7-45～图 7-52 所示：图 7-45 为需要检测的汽车尾气图片；图 7-46 为汽车尾气检测的标签图片；图 7-47 为 FCN 网络检测结果；图 7-48 为 SegNet 网络检测结果；图 7-49 为 Deeplabv3 网络检测结果；图 7-50 为 Deeplabv3plus 网络检测结果；图 7-51 为 PSPNet 网络检测结果；图 7-52 为本节提出的网络检测结果。

图 7-45　待检测的汽车尾气图

图 7-46　汽车尾气检测的标签图

图 7-47　FCN 网络检测结果图

图 7-48　SegNet 网络检测结果图

　空气污染智能感知、识别与监控

图 7-49 Deeplabv3 网络检测结果图

图 7-50 Deeplabv3plus 网络检测结果图

图 7-51 PSPNet 网络检测结果图

图 7-52 本节设计的网络检测结果图

由图 7-45～图 7-52 的检测效果可以看出，本节设计的基于注意力机制的汽车尾气检测网络对于汽车尾气的边缘细节部分检测效果较好，适合用于汽车尾气检测任务。在实际应用中，本节提出的汽车尾气智能检测系统可以与城市道路监控系统、汽车车牌智能检测系统之间进行互相联动配合，记录下汽车尾气排放异常汽车的车牌信息，通知相关车主对问题车辆进行整改，从源头上治理汽车尾气污染问题。

参考文献

[1] VALVERDE V, PAY M T, BALDASANO J M. Circulation-type classification derived on a climatic basis to study air quality dynamics over the Iberian Peninsula[J]. International Journal of Climatology, 2015, 35(10): 2877-2897.

[2] CHEMEL C, FISHER B E A, KONG X, et al. Application of chemical transport model CMAQ to policy decisions regarding $PM_{2.5}$ in the UK[J]. Atmospheric Environment, 2014, 82: 410-417.

[3] ELBAYOUMI M, RAMLI N A, YUSOF N F F M, et al. Multivariate methods for indoor PM_{10} and $PM_{2.5}$ modelling in naturally ventilated schools buildings[J]. Atmospheric Environment, 2014, 94: 11-21.

[4] FERNANDO H J S, MAMMARELLA M C, GRANDONI G, et al. Forecasting PM_{10} in metropolitan areas: Efficacy of neural networks[J]. Environmental Pollution, 2012, 163: 62-67.

[5] FORTMANN-ROE S. Understanding the bias-variance tradeoff[J]. URL: http: //scott. fortmann-roe. com/docs/ BiasVariance. html (hämtad 2019-03-27), 2012.

[6] LIU Z, LI J, SHEN Z, et al. Learning efficient convolutional networks through network slimming[C]// Proceedings of the IEEE International Conference on Computer Vision, 2017: 2736-2744.

[7] 周志华. 机器学习[M]. 北京: 清华大学出版社, 2016.

[8] VOUKANTSIS D, KARATZAS K, KUKKONEN J, et al. Inter comparison of air quality data using principal component analysis, and forecasting of PM_{10} and $PM_{2.5}$ concentrations using artificial neural networks, in Thessaloniki and Helsinki[J]. Science of the Total Environment, 2011, 409(7): 1266-1276.

[9] VLACHOGIANNI A, KASSOMENOS P, KARPPINEN A, et al. Evaluation of a multiple regression model for the forecasting of the concentrations of NO_x and PM_{10} in Athens and Helsinki[J]. Science of the Total Environment, 2011, 409(8): 1559-1571.

[10] KABOODVANDPOUR S, AMANOLLAHI J, QHAVAMI S, et al. Assessing the accuracy of multiple regressions,

ANFIS, and ANN models in predicting dust storm occurrences in Sanandaj, Iran[J]. Natural Hazards, 2015, 78(2): 879-893.

[11] ZHENG Y, YI X, LI M, et al. Forecasting fine-grained air quality based on big data [C]//Proceedings of the 21th ACM SIGKDD International Conference on Knowledge Discovery and Data Mining, 2015: 2267-2276.

[12] SOH P W, CHANG J W, HUANG J W. Adaptive deep learning-based air quality prediction model using the most relevant spatial-temporal relations[J]. IEEE Access, 2018, 6: 38186-38199.

[13] BOHREN C F, HUFFMAN D R. Absorption and scattering of light by small particles[M]. John Wiley & Sons, 2008.

[14] FAIRCHILD M D. Color appearance models[M]. John Wiley & Sons, 2013.

[15] PAK A, PARHAM G A, SARAJ M. Inference for the Weibull distribution based on fuzzy data[J]. Revista Colombiana de Estadistica, 2013, 36(2): 337-356.

[16] WU L, ZHANG X, CHEN H. Effective quality metric for contrast-distorted images based on SVD[J]. Signal Processing: Image Communication, 2019, 78: 254-262.

[17] 郭婧，陶新宇 . 财政收支因果关系：Meta 回归分析 [J]. 财政研究，2020(07): 24-38.

[18] 李佳家，起建凌，朱润云 . 云南省农业产值的影响因素研究：基于 OSL 回归分析 [J]. 安徽农学通报，2020, 26(24): 21-23.

[19] XIE X, SUN W, CHEUNG K C. An advanced PLS approach for key performance indicator-related prediction and diagnosis in case of outliers[J]. IEEE Transactions on Industrial Electronics, 2015, 63(4): 2587-2594.

[20] 李猛，杨联强，江坤，等 . 极差调节的局部惩罚样条回归方法 [J]. 应用概率统计，2016(3): 270-278.

[21] ZHANG L, ZHANG L, BOVIK A C. A feature-enriched completely blind image quality evaluator[J]. IEEE Transactions on Image Processing, 2015, 24(8): 2579-2591.

[22] GU K, ZHOU J, QIAO J F, et al. No-reference quality assessment of screen content pictures[J]. IEEE Transactions on Image Processing, 2017, 26(8): 4005-4018.

[23] WU Q, WANG Z, LI H. A highly efficient method for blind image quality assessment[C]// 2015 IEEE International Conference on Image Processing (ICIP). IEEE, 2015: 339-343.

[24] KE G, LIN W, ZHAI G, et al. No-Reference quality metric of contrast-distorted images based on information maximization[J]. IEEE Transactions on Cybernetics, 2017, 47(12): 4559-4565.

[25] GU K, TAO D, QIAO J F, et al. Learning

a no-reference quality assessment model of enhanced images with big data[J]. IEEE Transactions on Neural Networks and Learning Systems, 2017, 29(4): 1301-1313.

[26] VU C T, CHANDLER D M. S3: a spectral and spatial sharpness measure[C]// 2009 First International Conference on Advances in Multimedia. IEEE, 2009: 37-43.

[27] VU P V, CHANDLER D M. A fast wavelet-based algorithm for global and local image sharpness estimation[J]. IEEE Signal Processing Letters, 2012, 19(7): 423-426.

[28] GU K, ZHAI G, LIN W, et al. No-reference image sharpness assessment in autoregressive parameter space[J]. IEEE Transactions on Image Processing, 2015, 24(10): 3218-3231.

[29] LI L, LIN W, WANG X, et al. No-Reference image blur assessment based on discrete orthogonal moments[J]. IEEE Transactions on Cybernetics, 2017, 46(1): 39-50.

[30] YIN S, ZHU X, KAYNAK O. Improved PLS focused on key-performance-indicator-related fault diagnosis[J]. IEEE Transactions on Industrial Electronics, 2014, 62(3): 1651-1658.

[31] LONG J, SHELHAMER E, DARRELL T. Fully convolutional networks for semantic segmentation [C]// Proceedings of the IEEE Conference on Computer Vision and Pattern Recognition, 2015: 3431-3440.

[32] BADRINARAYANAN V, KENDALL A, CIPOLLA R. Segnet: a deep convolutional encoder-decoder architecture for image segmentation[J]. IEEE Transactions on Pattern Analysis and Machine Intelligence, 2017, 39(12): 2481-2495.

[33] RONNEBERGER O, FISCHER P, BROX T. U-net: convolutional networks for biomedical image segmentation[C]// International Conference on Medical Image Computing and Computer-Assisted Intervention. Springer, Cham, 2015: 234-241.

[34] HE K, ZHANG X, REN S, et al. Deep residual learning for image recognition[C]// Proceedings of The IEEE Conference on Computer Vision and Pattern Recognition, 2016: 770-778.

[35] SIMONYAN K, ZISSERMAN A. Very deep convolutional networks for large-scale image recognition[J]. arXiv preprint arXiv: 1409.1556, 2014.

[36] CHOLLET F. Xception: deep learning with depthwise separable convolutions[C]// Proceedings of The IEEE Conference on Computer Vision and Pattern Recognition, 2017: 1251-1258.

[37] HUANG G, LIU Z, VAN DER MAATEN L, et al. Densely connected convolutional networks [C]// Proceedings of The IEEE Conference on Computer

Vision and Pattern Recognition, 2017: 4700-4708.

[38] HE K, ZHANG X, REN S, et al. Spatial pyramid pooling in deep convolutional networks for visual recognition[J]. IEEE Transactions on Pattern Analysis and Machine Intelligence, 2015, 37(9): 1904-1916.

[39] LI X, CHEN H, QI X, et al. H-DenseUNet: hybrid densely connected UNet for liver and tumor segmentation from CT volumes[J]. IEEE Transactions on Medical Imaging, 2018, 37(12): 2663-2674.

[40] LIN G, MILAN A, SHEN C, et al. Refinenet: multi-path refinement networks for high-resolution semantic segmentation[C]// Proceedings of The IEEE Conference on Computer Vision and Pattern Recognition, 2017: 1925-1934.

[41] LIN G, LIU F, MILAN A, et al. Refinenet: multi-path refinement networks for dense prediction[J]. IEEE Transactions on Pattern Analysis and Machine Intelligence, 2019, 42(5): 1228-1242.

[42] HU J, SHEN L, SUN G. Squeeze-and-excitation networks [C]// Proceedings of The IEEE Conference on Computer Vision and Pattern Recognition, 2018: 7132-7141.

[43] CHEN L C, YANG Y, WANG J, et al. Attention to scale: scale-aware semantic image segmentation [C]// Proceedings of The IEEE Conference on Computer Vision and Pattern Recognition, 2016: 3640-3649.

[44] ZHAO H, ZHANG Y, LIU S, et al. Psanet: point-wise spatial attention network for scene parsing [C]// Proceedings of the European Conference on Computer Vision (ECCV), 2018: 267-283.

[45] FU J, LIU J, TIAN H, et al. Dual attention network for scene segmentation [C]// Proceedings of the IEEE/CVF Conference on Computer Vision and Pattern Recognition, 2019: 3146-3154.

[46] ROY A G, NAVAB N, WACHINGER C. Concurrent spatial and channel 'squeeze & excitation' in fully convolutional networks [C]// International Conference on Medical Image Computing and Computer-Assisted Intervention. Springer, Cham, 2018: 421-429.

[47] YU F, CHEN H, WANG X, et al. Bdd100k: a diverse driving dataset for heterogeneous multitask learning [C]// Proceedings of the IEEE/CVF Conference on Computer Vision and Pattern Recognition, 2020: 2636-2645.

[48] CHEN L C, PAPANDREOU G, SCHROFF F, et al. Rethinking atrous convolution for semantic image segmentation[J]. arXiv preprint arXiv: 1706.05587, 2017.

[49] CHEN L C, ZHU Y, PAPANDREOU G, et al. Encoder-decoder with atrous separable convolution for semantic image segmentation [C]// Proceedings of the European Conference on Computer Vision (ECCV), 2018: 801-818.

[50] ZHAO H, SHI J, QI X, et al. Pyramid scene parsing network[C]// Proceedings of the IEEE Conference on Computer Vision and Pattern Recognition, 2017: 2881-2890.

第 8 章

空气质量智能建模与监测方法

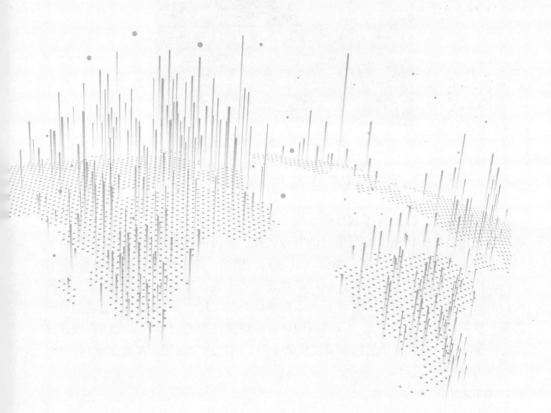

实际生产生活中，各种异常情况会导致黑色烟雾以及有毒有害气体排放，如果不尽快判断情况并采取有效措施，这些气体会造成严重的空气污染并危害人类生命健康，同时对社会产生不良影响。快速、准确、便捷地识别污染物浓度，并根据实际情况下的浓度采取适当措施，具有十分重要的社会意义与现实意义。本章将以烟雾浓度智能识别、NO_x 浓度的智能监测、放空火炬烟气智能监测三个方面对空气质量的智能识别进行详细阐述，通过建立系统的数学模型来对烟气与污染物的浓度进行预测识别、定量分析。

8.1
烟雾浓度的识别

图 8-1 显示了工业场景下异常工况发生时导致有害黑色烟雾排放的典型情况，研究如何有效识别烟雾浓度的方法可以在解决空气污染问题中发挥关键作用，因此最近通过研究烟雾浓度识别来对空气污染监测和预测的研究越来越多[1-3]。

图 8-1　异常工况下烟雾排放的典型场景

8.1.1　烟雾浓度识别方法的发展

工业场景下，抑制有害烟雾排放的主要解决方案是通过调整助燃蒸汽的流量和排放气体流量的比例来实现废气的有效燃烧。如果助燃蒸汽流量不足，则会导致有害烟雾燃烧不彻底，从而加剧大气污染；然而，如果注入过量的助燃蒸汽，将造成严重的资源浪费，因此，高效燃烧废气的关键在于适当调节助燃蒸汽的流量。控制助燃蒸汽流量主要依赖于人工观察烟雾的浓度，并通过人工手动调节来实现。然而，由于人力不足、人对周围环境的敏感性较差以及人工无法实现连续性监控等问题，此类方法的控制精度较低。为了解决这个问题，本章文献 [4] 通过分析废气流量的前馈信号而设计了一种新型设备，以推断出需要的助燃蒸汽流量。尽管节省了人力，但是高温情况可能会使传感器数据失真，因此上述设备很可能会误判助燃蒸汽的流量。总体而言，上述两种方法都不能确保废气的充分燃烧。因此，工业领域迫切需要一种能够有效地识别烟雾浓度的新型方案。

近年来，深度神经网络（DNN）兴起并且在各个应用领域中取得了巨大成就，在先前的研究中出现的一些经典网络，例如 Alex-Net[5]、ZF-Net[6]、VGG-Net[7]、GoogLe-Net[8]、Xception[9]、Res-Net[10] 和 Dense-Net[11] 等在通用图像分类任务中取得了显著突破，但在烟雾检测方面表现不佳[12, 13]。为了解决这个问题，Yin 等设计了一种深度归一化卷积神经网络（DNCNN），用于从图像中检测烟雾[12]。尽管 DNCNN 的性能要比上述网络更好，但是它模型参数较多，因此，必须利用大量的数据训练模型，以便能够解决过度拟合的问题。最近，顾锞等提出了一种深度双通道神经网络（DCNN）[13]，通过分别提取烟雾的轮廓信息和纹理信息，从而在烟雾检测方面取得了巨大的进步。

但是无论是经典的 DNN，还是 Yin 等提出的 DNCNN，或者顾锞等提出的 DCNN，在实际的烟雾识别任务中均没有取得良好的效果，其主要原因有以下两个。第一个原因是实际数据稀缺。DNN 通常需要大量的训练样本来调整其参数，从而获得良好的性能。但实际上，废气不完全燃烧的样本很少，其根本原因是异常工况和影响工业安全的问题很少发生。在训练数据不足的情况下，DNN 很容易过拟合，因此泛化能力较弱。第二个原因是 DNN 的鲁棒性差，换句话说，DNN 对细微的干扰非常敏感。当图像被压缩或失真时，DNN 的准确性通常会大大降低。在烟雾识别的任务中以及在图像采集和传输过程中会不可避免地压缩图像，这很可能会降低 DNN 的性能。

此外，尽管 DNCNN 和 DCNN 具有很高的检测性能，但是这两种烟雾检测方法均不能满足实际工业应用的要求。实际工业应用场景不仅需要检测烟雾是否存在，而且还需要识别烟雾浓度，以便准确、及时地改变助燃蒸汽的注入量。DNCNN 和 DCNN 均无法识别烟雾浓度。此外，仅使用极少量数据经过模型再训练或迁移学习，也很难使用二分类的网络（例如 DNCNN 和 DCNN）来解决烟雾浓度的问题。因此，顾锞等设计了一种基于图像的烟雾浓度识别网络，称为 FSDR-Net。为了解决这种少样本问题，首先采用基于视觉的烟雾检测方法（VMFS）来检测烟雾是否存在[14]，然后通过使用一种新型的集成元学习技术，使 FSDR-Net 可以区分轻烟雾和浓烟雾，从而可以更好地调节助燃蒸汽注入量。

8.1.2　烟雾浓度识别算法框架搭建

具体来说，FSDR-Net 是基于下述两个步骤构建的。首先，通过使用元学习

（MAML）方法[15]在各种相关的学习任务上训练深度卷积神经网络（CNN），这些明确选择的任务与烟雾识别任务具有高度相关性，因此可以生成一组具有强大泛化能力的通用优化初始参数（GOIP）；其次，仅使用给定的极少量数据，然后将 GOIP 当作初始化深层 CNN 的初始化网络参数，用于识别烟雾浓度的新任务。除了 GOIP 以外，为了避免在深度 CNN 训练过程中存在过度拟合的问题，还选择性地总结了几种预测结果，从而开发出一种新型的集成技术。

（1）元学习

由于某些原因无法获得大量的数据样本，少样本问题在近几年中成为研究的主流，而烟雾的浓度识别是一个典型的少样本问题。少样本学习的本质是预先学习（也就是预训练），它从一组相似的任务中获取处理相似任务的经验，并且每个相似的任务仅包含少量数据样本，仅根据从新任务中采样的少量数据来帮助建立可靠的模型。近年来，少样本学习领域的研究已经取得了很大的进步，一种解决方案是将少样本学习视为元学习问题，并取得了良好的性能，吸引了各个领域研究人员的广泛关注。MAML 是一种出色的元学习方法，可以很好地解决少样本问题[15]。与其他元学习方法相比，MAML 作为一种模型简单且与任务无关的学习方法，几乎不会将模型的结构提前固定下来，而且仅在模型优化过程中引入了少量参数。也就是说，MAML 能够找到网络模型的最佳初始参数，从而仅需几步梯度更新就可以出色地完成"少样本"任务。

面对少量样本的元学习问题，神经网络期望从各种各样的相似任务中捕获内在特征，从而获得强大的泛化能力。在训练过程中，使用来自新任务 T_i 的一些样本建立模型，并评估其损失 L_{T_i} 作为梯度更新的反馈，将 $p(T)$ 定义为模型将适应的一组任务的分布，α 和 β 分别作为内循环和外循环学习率，π 作为梯度更新的步数，f_θ 和 θ 作为基础网络及元学习参数。为了方便读者理解，以下算法 1 概述了针对少样本问题的元学习算法实现过程：

算法 1　元学习算法实现过程

$p(T)$：一组任务的分布
α,β：内循环和外循环学习率
π：梯度更新的步数
1：随机初始化 θ
2：while not done do
3：任务样本批 $T_i \sim p(T)$
4：for all T_i do
5：Initialize $\theta_i \leftarrow 0$
6：Sample K datapoints D_i from T_i
7：for $j = 0 \to \pi - 1$ do

8：Evaluate $\nabla_{\theta_i} L_{T_i}[f_{\theta_i}]$ on D_i
9：Update $\theta_i \leftarrow \theta_i - \alpha \nabla_{\theta_i} L_{T_i}\left[f_i\right]$
10：end for
11：样本数据点 D_i' from T_i
12：end for
13：Evaluate $\nabla_{\theta_i} \Sigma_{T_i \sim p(T)} L_{T_i}\left[f_{\theta_i}\right]$ on D_i'
14：Update $\theta \leftarrow \theta - \beta \nabla_{\theta_i} \Sigma_{T_i \sim p(T)} L_{T_i}\left[f_{\theta_i}\right]$
15：end while

首先，在训练中对支持集进行内循环更新期间，利用 θ 来初始化训练任务 T_i 的模型参数 θ_i，然后使用从 T_i 采样的数据并基于梯度下降来更新模型参数 θ_i：

$$\theta_i^{(j)} = \begin{cases} \theta, & j = 0 \\ \theta_i^{(j-1)} - \alpha\nabla_{\theta_i^{(j-1)}}L_{T_i}[f_{\theta_i^{(j-1)}}], & j \neq 0 \end{cases} \tag{8-1}$$

式中，$j \in [0, \pi]$ 为梯度下降的步数。

通过观察式（8-1），可以得到以下两个结论：

① 超参数 α 和 π 在产生较好参数 θ_i 时都起着决定性的作用，从而对网络的性能产生很大的影响；

② 对于任何训练任务 T_i，每次梯度下降都根据上一次梯度下降的结果来更新模型参数。当内部循环以 j 从 0 增长到 π 结束时，训练任务 T_i 的模型参数可以计算为所有 π 步中梯度下降的累积：

$$\begin{aligned}
\theta_i^{(\pi)} &= \theta_i^{(\pi-1)} - \alpha\nabla_{\theta_i^{(\pi-1)}}L_{T_i}\left[f_{\theta_i^{(\pi-1)}}\right] \\
&= \theta_i^{(\pi-2)} \sum_{j=\pi-2}^{\pi-1}\alpha\nabla_{\theta_i^{(j)}}L_{T_i}\left[f_{\theta_i^{(j)}}\right] \\
&= \theta_i^{(0)} - \sum_{j=0}^{\pi-1}\alpha\nabla_{\theta_i^{(j)}}L_{T_i}\left[f_{\theta_i^{(j)}}\right] \\
&= \theta - \sum_{j=0}^{\pi-1}\alpha\nabla_{\theta_i^{(j)}}L_{T_i}\left[f_{\theta_i^{(j)}}\right]
\end{aligned} \tag{8-2}$$

根据式（8-1）和式（8-2），初始化并更新了样本训练任务的模型参数。接下来，再使用查询集对外循环进行训练，并将经过 π 个梯度更新的每个训练任务的损失汇总为每个批次的总损失：

$$\begin{aligned}
L_{\text{meta}}\left(\theta\right) &= \sum_{T_i \sim p(T)} L_{T_i}\left[f_{\theta_i}\right] \\
&= \sum_{T_i \sim p(T)} L_{T_i}\left[f_{\theta_i}\left(\pi\right)\right] \\
&= \sum_{T_i \sim p(T)} L_{T_i}\left[f_{\theta_i}^{(\pi)}\right] \\
&= \sum_{T_i \sim p(T)} L_{T_i}\left\{f_{\theta-\sum_{j=0}^{\pi-1}\alpha\nabla_{\theta_i^{(j)}}L_{T_i}\left[f_{\theta_i^{(j)}}\right]}\right\}
\end{aligned} \tag{8-3}$$

从式（8-3）中可以看出，该批次的总损失包含通过对不同任务执行多次梯度下降而计算出的损失。将各个任务的损失进行整合，就能够捕获这些任务的共性，从而通过使总损失最小化来逼近具有强大泛化能力的模型初始化参数。基于此，根据查询集的总损失来更新元学习参数 θ：

$$\theta = \theta - \beta \nabla_\theta L_{\text{meta}}(\theta) \tag{8-4}$$

注意，式（8-4）提供了一种使用 $L_{\text{meta}}(\theta)$ 优化元学习参数 θ 的策略。在进行了几次外循环之后，元学习参数 θ 逐渐接近最佳初始参数 $\hat{\theta}$。显然，将网络参数初始化为 $\hat{\theta}$ 比随机初始化要好得多。

（2）集成元学习

烟雾的浓度识别在图像特征上与之前的训练任务有一些相似之处，其作为测试任务，与训练任务相似但不相同。由于元学习参数具有很强的泛化能力，仅需几步梯度下降就能够以相当高的识别精度快速适应新任务，因此通过实现 MAML 方法获得的 GOIP 可以用作网络的初始化参数 $\hat{\theta}$。更具体地说，首先将初始参数设置为 $\hat{\theta}$，然后在测试任务的支持集上，使用不同的 γ 值（作为内循环学习率和梯度下降的 π 倍）更新模型参数，其中 γ 被指定为常用值，并且 $\pi=\{1, 2, 3, \cdots\}$，最后得出参数 $\hat{\theta}^{(\gamma, \pi)}$。

尽管如此，通过在测试任务的查询集上进行验证，发现基于 $\hat{\theta}^{(\gamma, \pi)}$ 的网络性能都不能令人满意。这可能是由于训练不足或训练过度导致网络无法捕获足够相关的细节或捕获多余的无关细节，从而导致欠拟合或过拟合的效果。在这项工作中，仅需要基于很少的样本来搜索最优超参数 γ 和 π：

$$\gamma^*, \pi^* = \arg\max \Psi\left(\frac{1}{K}\sum_{i=1}^{K}\delta\big[y_i - x_i(\gamma, \pi)\big]\right) \tag{8-5}$$

$$\delta(s) = \begin{cases} 1, & s=0 \\ 0, & \text{其他} \end{cases} \tag{8-6}$$

式中，K 为样本数；y_i 和 $x_i(\gamma, \pi)$ 为第 i 个样本的标签和输出；$\delta(\cdot)$ 用于比较 y_i 和 $x_i(\gamma, \pi)$ 之间的相似性；$\Psi(\cdot)$ 为一个非线性映射函数，旨在找到合适的变换域，因为它期望获得在测试任务的已知支持集上或者在未知查询集上最大值的最优超参数，即具有良好的泛化能力。显然，如果 $\Psi(\cdot)$ 是一个恒等函数，则式（8-6）仅会在少样本支持集或过度拟合时找到最佳超参数。因此，$\Psi(\cdot)$ 的良好函数的设计在寻找超参数 γ 和 π 的最佳解中起着决定性的作用。

为简单起见，分别搜索 γ 和 π 的最佳解，而不是同时优化它们。假定可以找到一对满足这种关系的独立函数：

$$\Psi(Z(\gamma, \pi)) = \Psi_\gamma[\Psi_\pi(Z(\gamma, \pi))] = \Psi_\pi[\Psi_\gamma(Z(\gamma, \pi))] \tag{8-7}$$

$$Z(\gamma,\pi) = \frac{1}{K}\sum_{i=1}^{K}\delta[\gamma_i - x_i(\gamma,\pi)] \tag{8-8}$$

在此基础上，可以重写式（8-5）：

$$\gamma^*, \pi^* = \arg\max \Psi_\gamma[\arg\max \Psi_\pi Z(\gamma,\pi)] \tag{8-9}$$

然后，可以进一步将式（8-9）分为两个单个优化函数，如下所示：

$$\pi^* = \arg\max \Psi_\pi\left[Z(\gamma,\pi)\right] \tag{8-10}$$

$$\gamma^* = \arg\max \Psi_\gamma\left[Z(\gamma,\pi^*)\right] \tag{8-11}$$

接下来通过给 Ψ_π 提供确定的定义来考虑式（8-11）的解。假设 γ 属于 $[a, b]$ 的范围，该范围涵盖了普遍使用的学习率。值得注意的是，由于样本数量极少，$Z(\gamma, \pi)$ 经过许多步梯度下降后已经接近了一个训练合适的网络。在这种情况下，最佳 π^* 应该是使 $Z(\gamma, \pi)$ 不接近 1 的值。因此，将式（8-11）改写为：

$$\pi^* = \arg\max\left\{\pi\left|\frac{1}{b-a}\right|\int_a^b\delta\left[Z(\gamma,\pi)-1\right]\mathrm{d}\gamma < T_\pi\right\} \tag{8-12}$$

式中，$T_\pi \in (0,1]$ 为预设的恒定阈值，可以简单地应用枚举方法来求解式（8-12）。接下来，尝试求解公式以基于 π^* 找到最优的 γ^*。根据先前的经验，随着学习率的单调增加，网络的准确性将像抛物线一样先上升然后下降，因此可以相应地重写式（8-12），如下所示：

$$\gamma^* = \arg\max \frac{1}{c}\int_{\gamma-\frac{c}{2}}^{\gamma+\frac{c}{2}} Z(\gamma,\pi^*)\mathrm{d}\gamma \tag{8-13}$$

式中，c 为用于表示去除噪声和干扰的移动平均滤波器的窗口大小。在这项工作中，还采用了枚举方法来快速求解式（8-13）并得出最优的 γ^*。

到目前为止，已经通过修剪其他 γ 和 π 来寻求超参数 γ^* 和 π^* 及其关联的 $\hat{\theta}^{(\gamma^*,\pi^*)}$ 的最优值。这项工作中还引入了最新的集成学习技术，以进一步增强泛化能力。基于不同偏向训练的多个模型的选择性集合，集合学习技术可以显著提高组件模型的性能；因此，长期以来引起了研究人员在不同应用中的广泛关注[16]，例如感知建模、工业制造、信号分析等。为了说明这一点，提出了一种新的集成策略来总结元学习模型在查询集中生成的输出结果：

$$\tilde{O}_k = \frac{2}{\sum\limits_{j=-2}^{2}W(u_j,v_j)}\sum_{j=-2}^{2}W(u_j,v_j)X_k(u_j,v_j) \tag{8-14}$$

$$(u_0, v_0) = (\gamma^*, \pi^*)$$
$$(u_{+1}, v_{+1}) = (\gamma^*, \pi^* + 1)$$
$$(u_{-1}, v_{-1}) = (\gamma^*, \pi^* - 1) \tag{8-15}$$
$$(u_{+2}, v_{+2}) = (\gamma^* + \Delta, \pi^*)$$
$$(u_{-2}, v_{-2}) = (\gamma^* - \Delta, \pi^*)$$

式中，$X_k(u_j, v_j)$ 为元参数为 $\hat{\theta}^{(u_j, v_j)}$ 的分量元学习器的第 k 个样本输出；W 为加权组合的固定向量；Δ 表示在 γ^* 附近的间隔很小；$X_k(u_0, v_0)$ 为具有 $\hat{\theta}^{(\gamma^*, \pi^*)}$ 的最优子元学习模型的输出（子元学习模型：相较于集成后的模型来讲，每一个元学习模型都是集成模型的子模型），可以通过求解式（8-5）得出；$X_k(u_{+1}, v_{+1})$ 和 $X_k(u_{-1}, v_{-1})$ 为过拟合和欠拟合子元学习模型的输出；$X_k(u_{+2}, v_{+2})$ 和 $X_k(u_{-2}, v_{+2})$ 与 $X_k(u_{+1}, v_{+1})$ 和 $X_k(u_{-1}, v_{-1})$ 类似，但是过拟合或欠拟合的程度更高。以下算法 2 概述了集成元学习的实现方法：

算法 2　集成元学习的实现

T_{test}：测试样本

$[a, b]$: 通常使用的内循环学习率

W: 加权组合的常向量

T_π: 属于该范围的阈值为 $(0,1]$

c: 移动平均滤波器的窗口大小

Δ: 一小段时间 γ^*

$\hat{\theta}$: 最优初始参数

π^*: 梯度下降的最佳步数

γ^*: 最优内部学习率

$\hat{O}_k$: 集成的最终输出

1: Initial $flag \leftarrow true$

2: Initial $\pi \leftarrow 0$

3: for $\gamma = a \rightarrow b$ do

4: Initial $\theta_\gamma \leftarrow \hat{\theta}$

5: Update $\chi(\gamma, \pi)$ using θ_r in the step of π

6: end for

7: 从 T_{test} 提取标签集 y

8: while $flag$ do

9: Initial $over\ fit \leftarrow 0$

10: Initial $total \leftarrow 0$

11: for $\gamma = a \rightarrow b$ do

12: 计算 $Z(\gamma, \pi) \leftarrow \dfrac{1}{K} \sum\limits_{i=1}^{K} \delta\big[y_i - \chi_i(\gamma, \pi)\big]$

13: if $Z(\gamma, \pi) = 1$ then

14: Update over fit <- over fit +1

15: end if

16: Update $tatal \leftarrow tatal + 1$

17: end for

18: if $\dfrac{over\ fit}{total} < T_\pi$ then

19: Update $\pi \leftarrow \pi + 1$

20: for $\gamma = a \rightarrow b$ do

21: Update $\theta_\gamma \leftarrow \theta_\gamma - \gamma \nabla_{\theta_\gamma} L_{x(\gamma, \pi-1), y}$

22: Update $\chi(\gamma, \pi)$ using θ_r in the step of π

23: end for

24: else

25: $flag \leftarrow false$

26: end if

27: end while

28: Update $\pi^* \leftarrow \pi$

29: for $\gamma = a \rightarrow b$ do

30: Update $\chi(\gamma, \pi^*)$ using θ_r with step π^*

31: 计算 $result(\gamma) \leftarrow \dfrac{1}{c} \sum\limits_{i=\gamma-\frac{c}{2}}^{\gamma+\frac{c}{2}} Z(i, \pi^*)$

32: end for

33: $\gamma^* \leftarrow A_{RGMAX(result)}$

34: $\tilde{O}_k \leftarrow \dfrac{2}{\sum\limits_{j=-2}^{2} W(u_j, v_j)} \sum\limits_{j=-2}^{2} W(u_j, v_j) X_k(u_j, v_j)$

8.1.3 烟雾浓度识别网络实现细节

为了有效地检测烟雾浓度，本章文献 [14] 提到了一种高效的烟雾检测算法 VMFS。首先应用该模型算法预先检查烟雾是否存在，一旦从图片中检测到烟雾，就可利用所提出的 FSDR-Net 模型进一步识别烟雾的浓度；显然，FSDR-Net 要解决的烟雾浓度识别是一个典型的二进制分类问题。因此，将损失函数定义为交叉熵函数：

$$L_{T_i}[f_\phi] = \sum_{x^{(l)}, y^{(l)} \sim T_i} y^{(l)} \log f_\phi(x^{(l)}) + [1 - y^{(l)}] \log [1 - f_\phi(x^{(l)})] \tag{8-16}$$

式中，$x^{(l)}$ 和 $y^{(l)}$ 为从任务 T_i 中选择的第 1 个样本的输入和输出；ϕ 为某个学习器的模型参数。

在训练过程中，首先准备了一些相似任务（识别乌云、香烟烟雾和蒸气），这些任务与实际工业应用中识别烟雾浓度的测试任务密切相关。接下来，根据之前的训练任务，在利用算法 1 进行嵌套梯度下降之后，使用 MAML 来获得具有泛化能力非常强的 GOIP $\hat{\theta}$。每个训练任务使用到的数据集都分为包含 K 个样本的支持集和包含许多个样本的查询集。在内部循环期间，使用式（8-1）、式（8-2）和式（8-16）在每个任务的支持集上计算梯度下降和交叉熵损失，以找到与任务 T_i 对应的合适参数 θ_i。在外循环中使用 θ_i，利用式（8-16）计算每个任务的查询集上的梯度下降和损失，以搜索最终的 GOIP $\hat{\theta}$。

然后根据获得的 GOIP $\hat{\theta}$ 进行测试。第一步，使用集成元学习方法对测试任务的支持集进行梯度下降，以使网络快速适应当前任务，从而获得最佳解的 γ^* 和 π^* 及其相关的预测结果 $X_k(\gamma^*, \pi^*)$。第二步，在查询集中，对 $X_k(\gamma^*, \pi^*)$ 及其四个邻域应用集合策略以产生最终预测结果 $\tilde{O}_k$。在算法的实现过程中，测试任务也分为由 K 个样本组成的支持集，但是与训练任务不同；测试任务的查询集由多个没有标签的样本组成。第三步，采用集成元学习对支持集上的梯度下降步数 π 和内部学习率 γ 的超参数进行微调，使二维学习器如上文所述。为了使算法实现得更加简便，使用算法 2 进行简化，并根据多数加权投票的整体策略获得表现最佳的学习者，以生成最终解决方案。

在实际应用中，为了判断烟雾是轻烟还是浓烟，以测试任务的查询集中的第 k 个样本为例，将数据作为输入，得出结果 $\tilde{O}_k$，如果 $\tilde{O}_k$ 小于 1，则第 k 个样本的最终输出将是轻烟雾，否则最终的输出将是浓烟雾。表 8-1 中显示了 FSDR-Net 模型实现的流程图。

表 8-1　FSDR-Net 模型实现的流程图

训练过程	
(1) 对训练任务进行采样	算法 1 中的步骤 3
(2) 对支持集进行采样	算法 1 中的步骤 6
(3) 执行内循环梯度下降	式 (8-1)，式 (8-2)，式 (8-16)；算法 1 中的步骤 7 ~ 10
(4) 对查询集进行采样	算法 1 中的步骤 11
(5) 执行外循环梯度下降	式 (8-3)，式 (8-4)，式 (8-16)；算法 1 中的步骤 13 ~ 14
获得 GOIP $\hat{\theta}$	
测试过程	
(1) 准备测试任务的支持集和查询集	
(2) 定义超参数 π^* 和 γ^*	式 (8-5)~式 (8-11)
(3) 寻找最优超参数 π^*	式 (8-10)，式 (8-12)；算法 2 中的步骤 3 ~ 28
(4) 寻找最优超参数 γ^*	式 (8-11)，式 (8-13)；算法 2 中的步骤 29 ~ 33
(5) 生成集成结果 $\tilde{O}_k$	式 (8-14)，式 (8-15)；算法 2 中的步骤 34
在查询集上应用 $\tilde{O}_k$ 以识别烟雾浓度	

8.1.4　实验验证与性能对比

（1）实验设置

测试数据集：迄今为止，还没有用于烟雾浓度识别的开源数据集。首先建立了一个专门用于烟雾识别的新图像数据集，与现有数据集相比，新建立的数据集包含两个子集，一个用于训练，另一个用于测试。

① 训练集包含多种类型的图像：白云、乌云、棉花、加湿器中的蒸气、香烟中的烟气等，与烟雾的任务对象非常相似。

② 测试集由 200 张图像组成，其中一半是轻烟，另一半是浓烟。这些烟雾图像均是在实际的化工厂中拍摄得到的，为了使模型具有较强的鲁棒性。上述烟雾图像是在不同的时间、地点和天气下拍摄的，主要用于验证模型的有效性。

（2）评价指标

为了量化 FSDR-Net 与其他网络模型的性能，使用了三个常用的评价指标，包括准确率（AR）、检测率（DR）和误报率（FAR）。具体来说，AR定义为模型得出的正确结果占样本总数的比例：

$$AR = \frac{P_1 + N_2}{T_1 + T_2} \times 100\% \qquad (8\text{-}17)$$

DR定义为分类正确的正样本数量占总正样本数量的比例：

$$DR = \frac{P_1}{T_1} \times 100\% \qquad (8\text{-}18)$$

FAR定义为错误分类的负样本数量与负样本总数的比值：

$$FAR = \frac{N_1}{T_2} \times 100\% \qquad (8\text{-}19)$$

式中，T_1和T_2分别为正样本数和负样本数；P_1为正确分类的正样本的数量；N_1和N_2分别为被错误分类和正确分类的负样本的数量。

根据上面定义的公式可知，AR和DR的值越高，FAR的值越低，证明模型的性能越好。

在训练过程中，使用基于嵌套梯度下降法的几个相关任务来训练FSDR-Net并推导出GOIP。在测试过程中，从测试集中随机选择55张轻烟雾图像和55张浓烟雾图像。该测试集由200张图像组成，其中一半是轻烟雾，另一半是浓烟雾。然后，应用前5张轻烟雾图像和5张浓烟雾图像来构建支持集D_s，然后应用其余的50张轻烟雾图像和50张浓烟雾图像来建立查询集D_q。用GOIP初始化模型FSDR-Net后在D_s上进行训练，并在D_q上进行查询测试。面对这样的少样本问题，除了GOIP之外，还引入了一种新型的集成方法。在D_q上通过使用宽范围的学习率和少量梯度步骤而生成的结果由这种方法选择性地聚合，从而获得最佳的分类结果。进行了20次实验，并计算了平均值和相关的标准偏差，如表8-2所示。

表8-2　FSDR-Net与当前流行网络检测性能对比表

模型	AR		DR		FAR	
	平均值	标准偏差	平均值	标准偏差	平均值	标准偏差
Alex-Net	58.77%	3.477%	63.07%	18.27%	44.31%	21.30%
ZF-Net	60.77%	2.984%	46.46%	24.07%	24.92%	27.05%
VGG-Net	62.38%	3.015%	41.54%	26.29%	14.77%	25.58%
Google-Net	61.46%	4.195%	76.77%	20.50%	53.84%	14.22%
Xception	59.69%	2.213%	70.00%	12.33%	50.61%	11.55%

模型	AR		DR		FAR	
	平均值	标准偏差	平均值	标准偏差	平均值	标准偏差
Res-Net	61.07%	2.842%	30.46%	14.83%	8.307%	13.31%
Dense-Net	59.38%	4.475%	3.07%	25.39%	15.53%	26.23%
DCNN	64.38%	2.959%	70.00%	20.75%	43.23%	18.91%
FSDR-Net-Simp	67.45%	5.586%	39.40%	9.843%	4.500%	3.300%
FSDR-Net	**75.50%**	**6.245%**	**66.60%**	**13.76%**	**15.60%**	**8.094%**

　　首先，测试了 FSDR-Net-Simp 和 FSDR-Net 的性能，测试结果如表 8-2 所示，可以很容易地看出，基于参数初始化的 FSDR-Net-Simp 的性能相当高，就 AR 指标而言达到 67.45%。如观察到的数据所示，与传统的随机初始化相比，利用元学习技术来初始化模型参数，可以避免梯度爆炸或非凸优化等问题，从而获得良好的性能。通过引入选择性集成进行改进，提出的 FSDR-Net 达到了更高的精度，就 AR 指标而言达到了 75.50%；与 FSDR-Net-Simp 相比，FSDR-Net 带来了约 12% 的相对性能提升，这表明将选择性集成和元学习相结合是提高烟雾浓度识别性能的有效方法。

　　其次，将 FSDR-Net-Simp 和 FSDR-Net 模型与八个经典的深度卷积分类网络进行比较。这八个深度网络可以分为两组：一组由 Alex-Net[5]、ZF-Net[6]、VGG-Net[7] 和 GoogLe-Net[8] 这四个流行模型组成；另一组由 Xception[9]、Res-Net[10]、Dense-Net[11] 和 DCNN[13] 这四个最新模型组成。在表 8-2 中列出了这八个网络的结果，可以很容易地发现，提出的 FSDR-Net-Simp 的准确性高于第一组四个流行网络模型的准确性；就 AR 指标而言，FSDR-Net-Simp 在第一组四个模型中的相对性能提升超过 8.1%。此外，FSDR-Net 与第一组四个模型中性能最好的 VGG-Net 在 AR 指标上的性能增益达到 21%。接下来，使 FSDR-Net-Simp 与第二组四个深度网络进行比较，尽管差距并不明显，FSDR-Net-Simp 仍优于具有最佳性能的 DCNN 模型。但是所提出的 FSDR-Net 比 DCNN 产生了更加显著的性能，相对性能的提高达到了 17%。综上所述，可以根据其分类性能对这些模型进行粗略排名：FSDRNet> FSDR-Net-Simp > DCNN > VGG-Net >GoogLe-Net > Res-Net > ZF-Net>Xception> Dense-Net > Alex-Net。与经典的深度卷积分类网络相比，上述分析证实了顾锞等提出的 FSDR-Net-Simp 和 FSDR-Net 模型在烟雾浓度识别方面具有较强的优越性。

8.1.5 典型应用

以上内容详细阐述了烟雾识别技术的研究背景、研究现状、研究方法及实现细节，但是烟雾识别技术是通用型技术，在实际应用时会根据应用场景的不断变化而产生差异。本节将对室内火灾实时定位、森林火灾快速检测、锅炉烟雾排放检测及火电厂烟雾浓度测量这四个典型应用分别进行阐述。

（1）室内火灾实时定位

室内火灾具有突发性、复杂性、危险性等特征，不仅会造成巨大的经济损失，对人的生命安全也会产生重大威胁。人们工作和生活在现代化城市，大多处在高层楼宇中，这样的环境具有人员密集、易燃物较多、楼层之间错综复杂、环境具有局限性等特点，大幅度限制了被困人员的自救措施，也使得救援人员的施救行动受到了严重阻碍。火灾发生时，多数遇难人员都与烟雾中毒有关，而非与大火直接接触，因此利用楼梯间的监控摄像头对火灾产生的烟雾进行实时捕捉并通过传感器等设备对浓度进行估算，能够及时地为被困人员规划逃生路线，并且为消防人员的营救提供指导性意见。例如，Iqbal 等针对由于人为疏忽导致的室内火灾，设计了室内火灾检测系统，通过将基于传感器的物理方法和利用摄像头的视觉方法相结合，提高了室内火灾实时检测的准确率[17]。Huang 等针对室内光照条件不佳的情况，设计了一种室内弱光火灾烟雾检测方法。具体做法是首先识别视频中的烟雾所在区域，然后提取烟雾的动态特征和静态特征，最后利用支持向量机将上述特征融合，以此来构建室内弱光火灾烟雾检测分类器[18]。由于火灾检测训练数据的局限性，以及目前仍缺乏解决这个问题的有效算法，Nguyen 等将图像处理和计算机视觉技术相结合来解决室内火灾烟雾检测的问题[19]。此方法分为两个阶段：第一个阶段是通过使用光流定位监控摄像机拍摄到连续帧中的运动区域；第二个阶段是使用深度卷积神经网络检测运动区域中的烟雾。Ajith 等也提出了一种基于视觉的室内火灾烟雾检测系统[20]，该系统首先提取视频帧中烟雾区域的空间信息、时间信息和运动信息，然后以一种无监督聚类的方法（马尔可夫随机场）将上述特征进行有效分类。Saponara 等提出了一种用于防控火灾的视频监控烟雾检测技术[21]，该技术考虑了室内封闭环境（例如火车、集装箱、货车、住所、办公室等）在视频监控时受到限制这一问题，所以利用 R-CNN 提取烟雾和火灾特征并将其检测出来。Saponara 等还提出了一种基于室内烟雾检测的实时成像和处理系统[22]，该系统适用于家庭 / 办公室、仓库、工业建筑或交通工具（火车、公共汽车或轮船）等场所，这项系统的核心内容是将标准的气体 / 温度传感器与基于视频的烟雾检测处理结果相结合，从而有效利用其时间、空间和颜色特征达到火灾监测的目的。

（2）森林火灾快速检测

森林火灾危害巨大，不仅给社会经济造成了严重损失，更严重威胁到林业可持续发展和人民生命财产安全。不同于室内火灾，森林火灾受许多因素影响，例如风力、风向等天气状况不利时，会迅速蔓延，发生山火，造成严重的经济损失。森林一旦遭受火灾，首先，最直观的危害是损害树木，从而导致森林蓄积下降，森林生长受到严重影响；其次，树木庞大的根系可以在一定程度上固定土壤，森林火灾会导致林地水土流失现象频发；最后，树木燃烧会产生大量的烟雾，其中有害物质的含量超过某一限度时会造成空气污染，威胁人类身体健康及野生动物的生存。

在森林火灾发生初期，最先能被观察也最易被观察到的往往是烟雾而不是火苗，这些烟雾能够在极远的距离内被观察到，相比基于接触式传感器的监测技术，基于图像或者视频的烟雾监测技术在森林火灾的监测方面具有更重要的应用价值。"早发现，早预防"是限制火灾发生的根本举措，因此实现对森林火灾发生的快速监测，准确预测可提前采取有效的防控措施，其对防止森林火灾具有重要意义。基于影像的烟雾识别与监测技术在这个过程中至关重要，因此研究利用可靠的烟雾检测算法高效地预测森林火灾的发生具有重要意义。

利用森林监控视频实现对森林火灾的监测，相比于利用遥感卫星监测更加具有研究价值，森林监控视频通常具有更低的成本、更高的检测速度。对于大部分遥感卫星来说，分辨率是最大的限制因素，目前空间分辨率最高的遥感卫星在多光谱波段也大于 1m，用于实时监测的遥感卫星往往具有更低的精度，难以实现火灾的准确定位；而且，遥感卫星运行在地球轨道上，与地球自转的不同步也造成了每个遥感卫星均具有不同的重访周期，往往需要 3～4 天才能对某一地点进行拍摄，这使得利用遥感监测火灾成为一种不太现实的可能。而森林由于其面积过大，基于物理传感器的火灾监测将消耗难以估计的成本，因此，利用图像及视频信息实现监测就成为最理想的解决方案。例如，Zhang 等开发了一种有效地针对森林火灾的烟雾检测器[23]，这项工作是将基于注意力机制的 U-Net、Squeeze-Net 和非对称编码器 - 解码器 U 形架构有效地结合起来，其中，编码器主要用作森林火灾信息的提取器，解码器主要用作森林火灾信息的鉴别器。还有 Cao 等针对远距离森林火灾烟雾通常运动缓慢且缺乏明显特征的问题，提出了一种新颖的注意力增强双向长短期记忆网络（ABi-LSTM），用来对森林火灾的视频数据进行烟雾识别并监测[24]。ABi-LSTM 由空间特征提取网络、双向长短期记忆网络（LSTM）和时间注意力子网络组成，它们不仅可以捕获图像块序列中的时空特征，而且可以对不同的图像块施加不同等级的注意力，从而提升网络的性能。这些利用图像及视频信息的森林火灾烟雾检测方法不仅花费成本低，而且检测准确率高，在实际的工业应用场景中越来越受关注。

（3）锅炉烟雾排放检测

锅炉大气污染物包括锅炉烟气中含有的烟尘、二氧化硫和氮氧化物等成分。污染物排放主要来自燃煤、燃油和燃气锅炉的排放，甘蔗渣、锯末、稻壳、树皮等燃料的锅炉排放的废气中也包含一些污染物，其排放标准可以参照《锅炉大气污染物排放标准》（GB 13271—2014）中燃煤锅炉大气污染物最高允许排放浓度执行。Wei 等提出了一种适用于切向燃烧炉火焰图像的增强边缘特征超分辨率网络（SECSR）算法[25]，使用深度神经网络处理火焰的边缘区域，从而增强了火焰边缘特征提取的能力；Wei 等还构建了一个生成对抗网络，可以大大提高炉膛内火焰图像的分辨率，从而获得高分辨率切向炉膛火焰图像，然后基于高质量的火焰图像，提出了切向燃烧炉烟黑色浓度场的反演算法，该算法通过反演计算获得高精度切向炉膛火焰温度场，来计算烟尘浓度场。该工作对于了解炉内燃烧情况、控制燃料消耗以及减少烟黑排放等方面都具有重要的指导意义，从而达到保护环境和节约资源的目的。

（4）火电厂烟雾浓度测量

随着火电厂资源应用规模的逐步扩大，火电厂的资源利用率也得到相应提高。从我国社会资源供应的实际情况来看，现阶段的社会资源供应技术逐步实现了技术应用与转型，结合多种现代处理技术，对大型火电厂锅炉脱硫技术进行分析，促使我国社会资源供应技术得到完善，逐步实现节能减排、生态化发展。火电厂、核电站的循环水自然通风冷却塔是一种大型薄壳型构筑物，它通常建在水源不充足地区的电厂，工作时冷却器中排出的热水经冷却后可重复使用，因此形成了一个循环冷却水系统，从而达到节约用水的目的。

在电厂运行过程中，从冷却塔内排出的经过换热后的高温高湿空气被塔外空气冷却，产生水汽形成白烟（或称白雾）排放到空气中。白烟会被人误认为是火灾事故或有害污染物，在人口密集区容易引起恐慌，从而引发人们对环境质量的担忧，给社会带来危害。白烟还会造成热湿污染，国内外已经做了许多关于冷却塔白烟热湿污染的危害研究。Koenig 等认为冷却塔产生的烟雾与周围空气混合，在一定天气条件下能够提高降雪量；Andrea Corti 等研究了大型发电厂冷却塔产生的烟雾对附近气候的影响，表明湿式冷却塔产生的烟雾漂移，会导致周围相对湿度的增加和降雨量的增多；Policastro 等指出机械通风冷却塔形成的雾和霜比自然通风冷却塔更为严重，雾气在一些特定情况下会形成云，或者雾与云之间发生相互作用。随着电力工程项目环保标准的日趋严格，消除冷却塔白烟将会成为未来技术发展的方向。

然而，由于冷却塔中的白烟来自水分蒸发，实现对白烟的消除是一个难以在短期内解决的现实问题。因此，利用烟雾浓度识别技术对冷却塔产生的白烟浓度进行判定，使其限制在一个指定范围之内就显得尤为重要，这不仅对控制火电厂的能耗具有重要意义，也给控制白烟浓度提供了理论指导。

8.2
NO$_x$ 浓度智能监测原理分析

水泥熟料烧成系统是在高温条件下将水泥生料煅烧成水泥熟料的热工系统，是能源消耗和废气污染物产生的主要场所，其工作状态直接决定了生产过程中能耗及废气污染物的排放。建立精确的模型可以使熟料烧成系统达到最优状态，保证水泥熟料高质量、高产量的生产状况，同时大幅减少废气污染物的产生。然而，水泥熟料烧成系统是典型的热工系统，物理化学反应复杂，运行工况不稳定，具有强耦合性、大滞后性和强非线性等特点，存在建模难的问题[26]。现有的水泥熟料烧成系统建模方法主要分为机理模型、数据驱动模型以及混合模型三种（如图 8-2 所示），以下将对这三种建模方法进行概述。

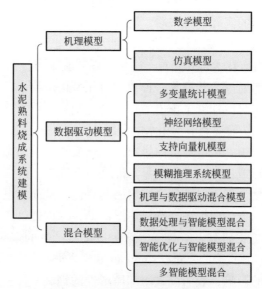

图 8-2　水泥熟料烧成系统建模分类

8.2.1　机理模型

机理模型也称为白箱模型，是指根据水泥熟料煅烧工艺过程的物理化学反应及熟料状态流动传递机理建立起来的精确数学模型，其表达了物料平衡及能量守恒定律各参量间的数学关系。机理模型的参数通常具有非常明确的物理意义，在水泥熟料烧成系统的控制参量提取及工艺优化中起重要作用[27]。水泥熟料煅烧过程如图 8-3 所示，物料输入变量一般包括燃料量、生料量、输入空气量等，物料输出包括出篦冷机熟料量、预热器出口废气量、篦冷机排出空气量等；系统输入热量包括燃料燃烧热、生料中可燃物质燃烧热、入窑回灰热、输入空气热等，输出热量包括熟料形成耗热、蒸发生料中水分耗热、预热器出口废气显热、飞灰脱水及碳酸盐分解耗热等。理解水泥熟料煅烧过程中的物理化学反应，遵循物料平衡及能量守恒原则是建立机理模型的先决条件。

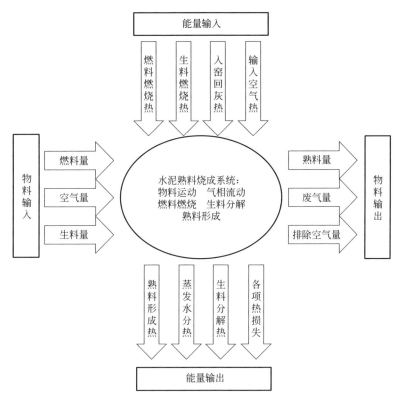

图 8-3　水泥熟料煅烧过程示意图

（1）数学模型

一维数学模型借助微分方程和代数方程等数学工具描述水泥熟料煅烧过程中相关的物理化学反应，是目前应用研究最为广泛的一类机理模型。Mujumdar 等利用综合的一维模型来模拟回转窑中发生的复杂反应过程，评估分析得到降低回转窑能耗的可能方法[28]。Boateng 等建立了一个数学模型，以预测窑体任意轴向位置的窑床层内和耐火材料壁内的温度分布[29]。Li 等建立内加热回转窑的一维轴向传热模型来预测温度分布和换热通量，并成功地解释窑床层和覆盖壁温度耦合现象[30]。Chmielowski 等建立了数学模型，用来描述输送辊对辊底窑中平板产品下侧传热的影响[31]。Granados 等使用不稳定的一维欧拉 - 拉格朗日数学模型分析了水泥回转窑内氧燃料燃烧过程中烟气再循环（FGR）对脱碳过程的影响[32]。Geng 等通过离散元素方法（DEM）建立数学模型，二维模拟了回转窑横截面中柔性丝状颗粒的动态过程[33]。Mujumda 等使用一个一维数学模型来模拟水泥窑固体床中发生的关键过程，用伪均质近似对水泥窑中发生的固相反应进行建模，用于分析内燃烧器区域中床高度和熔体形成之间的关系[34]。Csernyei 等通过使用现有模型元素开发一个复合阻力数学模型和强制对流模型，将模型与周围环境联系起来以考虑壳式冷却风扇对窑壳体的影响，降低了壳体温度并促进内部涂层的形成[35]。

Nielsen 等在窑床滚动模式下建立数学模型，评估窑床上方可见颗粒随时间变化的百分比数值，以研究燃料颗粒尺寸、形状、密度以及窑填充度对窑转速的影响[36]。Söğüt 等通过为工厂的新型热回收交换器建立数学模型确定热量，并回收热交换器可利用的废热[37]。Ngako 等为了模拟稳态状态下回转窑中颗粒状物料的结构，对没有端部收缩的工业水泥回转窑中胶结材料的整体运动进行了数学建模研究。采用最佳的经验相关性和力学模型来预测颗粒固体在窑床层的深度、轴向速度及平均停留时间[38]。Hanein 等基于稳态近似，建立窑的一维热数学模型，该模型能够预测窑内轴向上温度变化曲线，从而解决了质量和能量同时平衡的问题[39]。Wang 等基于回转窑内的物料和能量的平衡及非线性偏微分方程，同时考虑反应机理，分析动态响应，在合理的假设条件下，构建了水泥回转窑动态模型用于固体成分和动态响应的实际操纵变量的控制研究[40]。

Shahin 等通过对石灰生产过程的三个区域（预热器、回转窑和冷却器）进行热能分析，使用耦合的热传递和化学反应机制在内的能量平衡方程建立数学模型，研究了石灰石的热化学行为，预测了单位燃料消耗量（SFC）对生产率的影响，并确定了最佳条件[41]。Liu 等基于过程单元的能耗比例建立水泥熟料煅烧过程的热效率数学分析模型，用来提高整个煅烧过程的热效率[42]。

（2）仿真模型

仿真模型借助于计算机和数学模型模拟水泥熟料煅烧过程，从而实现水泥熟料烧成系统三维模拟。计算流体力学（CFD）通过计算软件和数值计算对流体力学问题进行模拟和分析，是水泥熟料烧成系统仿真建模的重要工具。例如 Wang 等采用综合计算的流体动力学（CFD）方法对具有特殊设计燃烧器的水泥窑中的氧煤燃烧特性进行研究，实验的仿真结果与实测数据基本吻合，应用此方法将有助于节省燃油消耗，降低生产成本[43]。在针对回转窑内最重要的燃烧问题的同时，Barraza等同时考虑进料流中高雷诺数而产生的湍流等问题，综合各方面建立仿真模型研究执行过程并优化技术，达到减少燃料使用、降低废气的排放和运营成本的目的。该模型允许在燃烧器中进行几何修改，且运行条件（即流量、温度和浓度）可以发生变化[44]。Mikulčić等基于CFD模拟水泥分解炉内原材料煅烧及煤粉燃烧过程，包括湍流场、温度场及反应物浓度，分析燃料量、三次风量及炉壁隔热层对石灰石分解率的影响，仿真模型能够更好地模拟回转窑内煤粉多相旋流、煤粉燃烧及热传递过程[45]。

8.2.2　数据驱动模型

数据驱动模型又被称为黑箱模型，根据水泥熟料煅烧过程的历史及在线数据，描述水泥熟料烧成系统的输入输出关系。与机理模型不同，数据驱动模型只关注模型的输入和输出。如图8-4所示，数据驱动模型设计过程一般包括数据采集与预处理、特征变量样本选择、模型建立、模型应用及模型维护几个环节。模型建立是数据驱动建模的核心环节，常见的数据驱动建模方法有多变量统计分析模型、神经网络模型、支持向量机模型和模糊推理系统模型等。

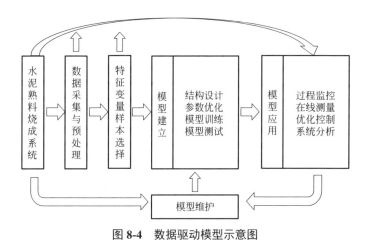

图8-4　数据驱动模型示意图

（1）多变量统计分析模型

多变量统计分析是一种典型的预测性建模技术，是数据驱动建模的重要方法之一，包括主成分分析、回归分析、随机过程分析、相关性分析等。Bakdi等基于多元统计分析和自适应阈值策略，使用主成分分析（PCA）对过程进行统计建模，代替常规的固定控制极限，使用自适应阈值T^2和统计数据Q作为故障指标构建了水泥回转窑故障诊断模型[46]。Moses 等针对水泥熟料烧成质量检测问题，开发基于回归的在线评估熟料质量参数模型。与现有的半经验模型相反，所开发的模型可以直接用作软传感器。此模型在水泥制造厂的熟料生产单元中，可以实时估计水泥生产的熟料质量参数[47]。水泥熟料烧成系统是一个多变量强耦合系统，多变量统计模型最大的优势在于降低了模型复杂度，但缺乏对水泥熟料煅烧过程非线性和动态特性的描述。

（2）神经网络模型

神经网络模型是一个高度复杂的非线性动力学习系统，它模仿人脑功能的许多基本特征，是由大量、简单的处理单元通过广泛地互相连接而形成的复杂网络系统。它具有非常强的非线性拟合能力，因此适合复杂工业过程中的建模与控制。Zhu 等基于神经网络模型提出了一种新的具有双径向基函数神经网络（RBFNN）模型，用于模拟辨识水泥熟料烧成系统，此模型具有很好的辨识效果[48]。Pani 等基于 BP、RBF 及回归神经网络模拟水泥熟料煅烧过程，利用 4 个与水泥窑运行有关的原料混合物质量参数和 5 个物理变量（转速、电流、燃料流量、温度和炉窑的进料速率）预测水泥熟料烧成特征[49]。水泥熟料烧成系统神经网络模型能够较好地模拟水泥生料煅烧的非线性过程，但其最大的问题在于容易陷入局部极小点，结构难以确定，且对于样本的质量和数量要求较高。

（3）支持向量机模型

支持向量机是以统计理论及结构风险最小化理论为基础的小样本学习方法，在解决非线性和高维模式识别问题中表现出许多特有优势。Qiao 等通过结合递归主成分分析和最小二乘支持向量机提出了一种软测量模型，用于检测离群值的缺失数据点与正常值的偏差。该模型已成功应用于水泥厂的分解过程。工业应用结果表明，软测量模型具有较高的准确性，对煅烧炉的温度设置具有指导意义[50]。赵朋程等采用多项式核函数、指数径向基核函数和高斯径向基核函数组合构建等价核的方法，建立多核最小二乘支持向量机模型，以确定水泥熟料中游离氧化钙含量并解决预测模型辨识的问题[51]。支持向量机对于样本数量要求不高，但对于处理水泥熟料煅烧过程中的不确定性问题略显能力不足。

（4）模糊推理系统模型

模糊推理系统模型的建立基于表征模糊的经验和知识，对于处理建模对象的不确定性效果明显。考虑到水泥熟料烧成系统是一个具有多通道时延特性的多变量非线性系统，Guo 等提出了变增益模糊自回归各态历经（ARX）模型[52]。Sadeghian 等针对水泥熟料煅烧异常工况检测问题，以局部线性模糊推理系统为基础建立模型，用于水泥回转窑工作过程中故障的识别、预测和检测[53]，但模糊系统自学习及自适应能力不强，难以适应水泥熟料煅烧过程工况变化频繁的特点。单一模式数据驱动方法对水泥熟料烧成系统进行分析与建模，取得了较好的建模效果。但任何一个建模方法都有它不足的方面，单一模式数据驱动方法难以适应水泥熟料煅烧过程大时滞、强耦合、物化反应复杂及工况变化频繁等特点，建模精度有待进一步提高。

8.2.3 混合模型

混合模型通过将多个模型或算法有机结合，集成各建模方法的优点，弥补单一模型的缺陷，以提高模型的建模精度与泛化能力，已经广泛用于解决工业过程复杂的建模问题。

（1）机理与数据驱动混合模型

由于假设过多，机理模型与实际系统存在一定差距，而数据驱动方法在描述输入输出非线性关系方面具有明显优势，但在先验知识处理、计算复杂度等方面仍然存在局限性，机理模型与数据驱动方法相结合是解决机理模型参数难以辨识的有效方法之一。Cai 等结合聚类算法与自适应神经模糊推理系统（ANFIS）构建了回转窑煅烧过程混合模型，减少模型计算量的同时提高了模型精度[54]。由于动力学模型参数难以测量和估计，对回转窑旋转干燥的过程建模时，Wang 等基于机理数学模型模拟回转窑轴向特征，利用模糊支持向量机来估算机理模型中的干燥率关键参数，最终提出了一种在线补偿的混合建模方法[55]。

（2）数据处理与智能模型混合

数据处理方法与智能模型相结合是一种比较简单的混合建模方式。Lima 等针对水泥熟料烧成系统过程中变量实测数据分散而导致系统输入输出时间对不齐的问题，基于时间序列趋势周期分解算法及多层感知器神经网络提出了用智能神经网络进行趋势建模的方法[56]。为解决在水泥生产过程中数据失真的问题，Pani 等基于前馈智能神经网络和模糊推理的软传感器模型，采用多变量统计方法剔除异常数据，建立水泥熟料烧成质量软测量模型，实现了水泥熟料煅烧过程中对煅烧质量的实时监测[57]。

（3）智能优化与智能模型混合

数据驱动模型参数优化对模型精度影响较大，通常以减小模型误差为目标。智能优化算法是模型参数优化的有效方法之一。Zhang 等将 3 层前馈神经网络和遗传算法相结合，进而来控制新型干法水泥窑生产过程中的运行参数，以预测和优化氮氧化物的排放，为企业控制运行参数减少氮氧化物排放提供参考[58]。Wu

等针对水泥回转窑惯性大、纯滞后和非线性的特点，采用最小二乘支持向量机智能算法建立了新模型。另外，通过引入粒子群优化算法对从水泥厂收集到的大量数据进行模型分析，以确定核函数的最优参数，该智能算法模型可以准确预测水泥回转窑的温度[59]。

（4）多智能模型混合

由于水泥熟料煅烧过程复杂多变，人们进行了多模型（算法）混合建模方法研究。Tian 等采用核主成分分析法选择模型输入数据空间的非线性主成分，然后用改进的粒子群算法，用于最小二乘支持向量机预测模型参数的优化，在降低计算复杂度的同时可以提高算法的复杂度及泛化能力。该模型实现了对难以直接测量的回转窑煅烧区温度预测。由于新型干法水泥生产线窑头环节工况复杂，控制难度较大，因此 Wang 等建立了基于专家系统（由知识库、推理机、综合数据库、人机接口、解释程序及知识获取程序组成）的工况智能识别模型，该模型首先对从集散控制系统中采集的现场参数实时值进行数据预处理，运用 ART-2 神经网络对关键参数的变化趋势进行在线辨识，并输出趋势类别，同时对主要参数的实时值进行模糊化处理，输出模糊档位，实现对回转窑工况分类与判别[60]。

针对水泥熟料烧成系统建模问题，国内外众多学者经过近几十年的努力取得了一定的研究成果，但仍有很长的路要走。

8.3
放空火炬烟气智能监测系统设计

8.3.1　火炬烟气检测模型设计分析

在石油化工产业中放空火炬的现有助燃蒸汽流量调控方法主要分为手动法和自动法。但是，手动调整助燃蒸汽流量的方法极大程度上会受到操作人员主观意向和精神状况等影响，因此控制精度较低、时效性较差。而采用 PLC 控制器的自动调节法也存在以下两个缺点：一是烟气清除不彻底，可能会造成大气污染；二是燃烧辅助蒸汽的消耗过多，导致资源很大程度上的浪费。因此，通常认为上述两种方法在现有生产条件下都无法确保火炬气高效燃烧[21]。目前迫切需要一种快速且有效的火炬烟气监测系统，这一监测系统对环境保护具有至关重要的指导意义。

下面将针对一些可用于烟气监测的计算机视觉模型进行简要介绍。

（1）Simonyan 和 Zisserman 研发的深度卷积网络 Vgg-Net[7]

2014 年，Vgg-Net 在卷积网络 Alex-Net 的基础上提出了更为精确的架构。该架构在此前的 ILSVRC 挑战赛（the ImageNet Large-Scale Visual Recognition Challenge）中不仅可以实现分类和检测挑战的高精度处理，而且还可以应用于其他图像识别数据集，例如通过线性 SVM 对深层特征进行分类而无须进行微调等。Vgg-Net 可以很好地推广到各种任务和数据集，在当时是一种表现较为优秀的模型。

（2）Szegedy 等提出的深度学习结构 Google-Net[8]

这一架构已经在 2014 年的 ILSVRC 分类和检测挑战中进行了实验验证，并且其表现出的性能较为优秀。Google-Net 模型证明由一些基本模块（Block）串联构造的神经网络能够有效提高其在计算机视觉相关任务上的性能。Google-Net 的主要特点是比其他较浅或较窄的卷积神经网络结构体系具有更出色的网络性能，而代价仅仅是小幅度地增加了计算量。

（3）Chollet 提出的基于深度可分离卷积层的卷积神经网络体系结构 Xception[9]

该体系结构具有 36 个卷积层，构成了网络的特征提取基础。这 36 个卷积层被构造为 14 个模块，除了第一个和最后一个模块外，其他模块之间都具有线性连接。Xception 模型性能的提高并不是由于网络参数的增加，而是由于模型参数被更有效地使用。

（4）He 等提出的一种残差网络结构 Res-Net[10]

该模型显式地将不同网络层的连接结构重新构造并学习其残差函数，而不仅仅是学习卷积层串联后的神经网络映射函数。Res-Net 模型证明了这些残差网络更易用于神经网络的深度结构，并且可以通过增加网络的深度获得准确性。此外，Res-Net 模型通过引入残差学习框架解决了神经网络的退化问题。

（5）Howard 等提出的移动端和嵌入式设备中的卷积神经网络 Mobile-Net[61]

Mobile-Net 模型是一种基于简化的深度可分离卷积模块来构建的轻型深度神经网络，它介绍了一种有效的网络结构和两个超参数集，继而建立一个小型低参数量的模型。这些超参数可以有效地在计算量和准确性之间进行权衡，它允许模型构建者根据问题的约束条件和实际应用选择合适大小的模型。Mobile-Net 模型可以满足一些移动端和嵌入式设备视觉应用的设计要求。

（6）Huang 等提出的密集卷积网络 Dense-Net[62]

该网络以前馈方式在每个基本模块中将每一个卷积层都连接到后续所有卷积层。在基本模块中，所有先前层的特征图都被用作本层的输入，而本层自身的特征图则用作所有后续层的输入。为了确保网络中各层之间传递的信息量最大，Dense-Net 模型将特征图大小相同的所有层直接相互连接。为了保留前馈特性，每一层都从所有先前的层中获取所有特征图输入，并将其自身的特征图传递给所有后续层。Dense-Net 模型减轻了梯度退化的问题，增强了特征的传播能力，通过特征重用的方式大大减少了参数数量。

（7）Yin 等设计了一个深度归一化卷积神经网络 DNCNN[12]

DNCNN 模型具有 22 个卷积层、归一化层和池化层，是一种专用于烟雾监测的网络模型，其可以直接从烟气和非烟图像的原始像素中学习特征，而不涉及任何人工特征。相比其余深度神经网络，DNCNN 设定特定的网络架构，并通过专门的烟雾数据集进行网络的训练，使得其在烟雾检测这一特定任务上取得了较高的性能。

（8）Gu 等提出的深层双通道神经网络 DCNN[13]

该模型由两个不同的子神经网络构成。首先依次连接多个卷积层和最大池化层，然后有选择地将 BN 层附加到部分卷积层，由此构建第一个子网络；第二个子网络则是通过跳连和全局平均池的引入来构建的。两个子网络分别提取烟气的细节信息（如烟气的纹理信息等）和烟气的全局信息（如烟气的轮廓信息等），最后将两个子网络进行串联，双方相互补充地用于烟气监测。

但是，上述深度神经网络并不适用于实际石化工厂中的烟气监测，主要由于以下两个原因：

① 数据稀缺　深度神经网络通常需要大量的训练样本，但在实际应用中，出于安全性和成本原因，通常只能收集少量异常工况数据样本。当样本量过小或样本分布不均衡时，深度神经网络很容易导致过拟合。换句话说，深度神经网络泛化能力可能较差。

② 鲁棒性差　深度神经网络通常对诸如图像压缩之类的细微干扰高度敏感[63]。Dodge 和 Karam 表明，当测试失真图像时，深度神经网络的性能将大大降低[64]。Goodfellow 等也提及，当原本无损图像中出现噪声时，主流深度神经网络通常会产生[65]。

通过分析现有条件，下面建立的火炬烟气监测模型认为火炬气燃烧只有三种情况，即"无火焰无烟气""有火焰无烟气"和"有火焰有烟气"。首先，由于火焰是火炬烟气的主要来源，该模型首先利用一种全新的广泛协调的颜色通道识别输入影像中是否存在火焰。其次，该模型将快速显著性检测与 K-means 相结合，用于标记火焰具体位置。最后，根据物理先验知识来确定火焰区域，如排放出的火炬烟气只出现于火焰的上方，并且通常会沿着风向从火焰区域向外飘散。基于此将火焰左侧、右侧和顶部视为潜在的火炬烟气区域，然后根据背景颜色通道识别并区分火炬烟气区域。

8.3.2 建立火炬烟气监测模型

（1）火焰区域的提取

在高亮区域表示出火焰部分后，该模型将着力于提取火焰区域，这将为接下来寻找潜在的火炬烟气区域提供位置信息，从而最终确定火炬烟气的准确位置。

为了实现这一目的，该模型考虑使用显著性检测的方法。图像的显著性是由 Koch 和 Ullman 开发的一种结合视觉特征的前馈模型，并将其称为显著图（Saliency Map），定义为：一种能够反映场景视觉显著性的图像[66]。该技术能够通过模拟人类的视觉特征来从照片中找出所需的视觉显著区域。目前常用的显著性模型有以下几种：

① Hou 和 Zhang 通过比较原始傅里叶振幅谱与其滤波后版本之间的差异，提出了一种光谱残差（Spectral Residual，SR）模型。SR 模型通过分析输入图像的对数频谱，提取图像在谱域中的谱残差，在空间域中构造对应的显著图[67]。

② Achanta 等根据频率调整（Frequency-tuned，FT）来检测视觉显著性。这是一种使用颜色和亮度等低级特征来计算图像显著性的频率调谐方法。FT 模型易于实现，可以快速输出一个全分辨率显著图，该显著图具有清晰的显著对象边界。同时 FT 模型还能够通过保留原始图像中大量的频率内容来保存这些边界[68]。

③ Hou 等使用图像签名（Image Signature，IS）新技术来检测显著性。IS 模型是一种使用二元整体图像描述符解决图形背景分离问题的方法。通过引入自然场景中简单有效的描述符，较为准确地预测不同的图像之间的感知距离[69]。

④ Li 等提出了基于多尺度频域滤波的超复杂傅里叶变换（the Hypercomplex Fourier Transform，HFT）模型。该模型通过使用原始相位和幅度谱重建 2D 信号来获得显著图，并以通过最小化显著图的无序程度来选择比例进行滤波。HFT 模型具有突出显示大、小显著区域并抑制杂乱图像中重复干扰物的能力[70]。

⑤ Kim 和 Milanfar 等利用非参数回归框架（the Nonparametric Regression Framework，NRF）进行了显著性估计和噪声抑制。NRF 模型是一种基于非参数回归框架的显著性估算方法，关注的是像素周围的中心色块与其他色块之间不同数据的相关加权平均值。这一模型能够进一步提高预测能力，如对人类视觉所关注内容的准确性和对抗噪声干扰的稳定性[71]。

对同一火炬烟气影像分别使用以上五种显著性模型进行处理，结果如图 8-5 所示，图中的五幅图像分别显示的是 SR 模型图、FT 模型图、IS 模型图、HFT 模型图和 NRF 模型图。通过对图像的对比分析，可以很容易地发现 IS 模型能够较好地提取火焰区域。

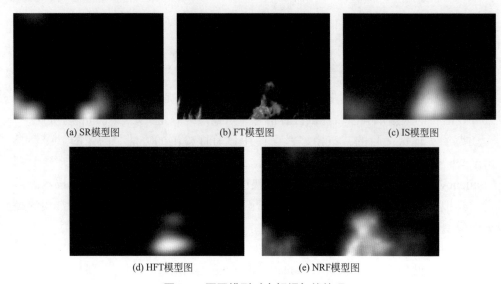

(a) SR模型图　　　　　　(b) FT模型图　　　　　　(c) IS模型图

(d) HFT模型图　　　　　　(e) NRF模型图

图 8-5　不同模型对火炬烟气的处理

IS 模型定义为：

$$IS_{\mathrm{map}} = G * \left(T_{\mathrm{IDCT2}} \left(\operatorname{sign} \left(T_{\mathrm{DCT2}} \left(P_{\mathrm{RGB}} \downarrow \right) \right) \right)^2 \right) \tag{8-20}$$

式中，P_{RGB} 为给定的 RGB 照片；T_{DCT2} 和 T_{IDCT2} 为二维信号的离散余弦变换（DCT）以及其逆变换（IDCT）；$\operatorname{sign}(\cdot)$ 为符号算子；G 为高斯核；"$*$" 为卷积算子。

从式（8-20）中可以看出，IS 模型仅使用一些算术运算，因此比其他模型计算速度较快，可以非常有效地实现火焰影像提取。

然后，将得到的 IS_{map} 进行二值化以生成火焰区域 A_{flame}：

$$A_{\mathrm{flame}} = \begin{cases} 0, & IS_{\mathrm{map}} < \alpha \\ 1, & \text{其他} \end{cases} \tag{8-21}$$

式中，α 为设定的固定阈值，通常为 0.4，用以突出显示火焰区域。

然而，由于边界阈值的问题，仅将 IS_{map} 进行二值化后监测到的火焰区域 A_{flame} 仍然有可能会包含一些背景干扰，如图 8-6(c) 左下角所示。为此，该模型考虑通过细化 IS_{map} 的分辨率之后将其分辨率恢复为原始大小，生成新的火焰区域 A'_{flame} 来消除异常值，从而减少一些图像角落区域的影响：

$$A'_{\text{flame}} = \begin{cases} 0, & \left(A_{\text{flame}}\downarrow\right)\uparrow < \beta \\ 1, & \text{其他} \end{cases} \tag{8-22}$$

式中，"↑"为图像上采样算子；β 为固定阈值，通常为 0.75。

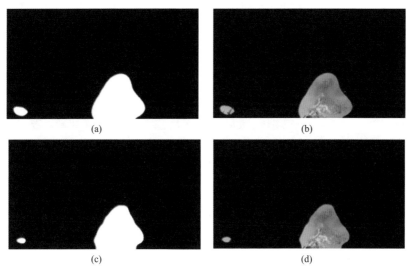

图 8-6　A_{flame} 和 A'_{flame} 的区域对比

A_{flame} 和 A'_{flame} 的结果如图 8-6 所示，能够发现在左下角区域火焰之间存在区别。但是在 A_{flame} 区域的火焰中，仍然可以发现存在非火焰的干扰区域。因此，在该模型中使用了 K-means 聚类来进一步去除异常值[72]。与 K-means 聚类的典型应用形式不同，该模型根据显著区域来确定形心，在许多情况下，如图 8-6(c)、(d) 所示，通常存在两个或更多区域。使用 K-means 聚类后，可以比较轻松地确定真正的火焰区域并去除大多数非火焰区域：

$$F_{\text{flame}} = \max_{j}\left\{ \text{mean}\left[F_2\left(B_2 P_R\downarrow - B_2 P_B\downarrow\right)\odot C_j \right]\right\} \tag{8-23}$$

式中，"⊙"为点乘运算符；B_2 为阈值为 150 的二进制运算操作；F_2 为大小为 5 的中值滤波器；C_j 为通过 K-means 从 A'_{flame} 区域中提取的第 j 个质心区域。

需要特别注意的是，在式（8-23）中，二进制运算操作和通过广泛协调的颜色通道提取之间的顺序是固定的，如果在执行二进制运算操作之前先提取了广泛协调的颜色通道，可能会得到包含不完整火焰区域在内的不良结果。

（2）火炬烟气的识别

如前文所述，火焰的存在是火炬烟气存在的前提，因此准确定位火焰区域将会对火炬烟气的识别有极大帮助。从石油化工企业中收集到的火炬气燃烧照片不可避免地包含有多种干扰景物，例如树木、云等，如图 8-7 所示。

图 8-7　火炬气燃烧照片中可能存在的干扰景物

为了解决这个问题，该模型将注意力集中在了给定照片中火焰的周围区域，首先假设出现在火焰上方的烟气通常沿风向从火焰区域扩散开来。基于此假设，该模型将提取的火焰区域的左侧、右侧和顶部视为潜在的火炬烟气区域。这样在识别火炬烟气之前先锁定某个搜索到的特定潜在区域，有助于提高系统在监测火炬烟气方面的性能。

通过验证发现，将以上这些区域视为潜在的火炬烟气区域，可以有效地消除环境中的景物干扰，能够仅保留火焰和火炬烟气，这极大程度地降低了火炬烟气识别的难度，并提高了火炬烟气识别的准确性。此外，该模型也可以扩展使用传感器来测量实时风向，从而修改潜在的火炬烟气区域。

然后，该模型对框选中的影像进行二值化运算，并计算其广泛协调的颜色通道，以从潜在的火焰烟气区域中提取火焰：

$$A_{\text{flame}}^{\dagger} = F_3\left(B_2 S_{\text{R}} - B_2 S_{\text{B}}\right) \tag{8-24}$$

式中，S_{R} 为潜在火焰烟气区域的红色通道；S_{B} 为潜在火焰烟气区域的蓝色通道；F_3 为大小为 7 的中值过滤器。提取火焰的结果如图 8-8 所示。

图 8-8　从潜在火焰烟气区域中提取火焰区域

此外，该模型引入了形态学处理方法以适当地扩展 $A_{\text{flame}}^{\dagger}$ 区域以生成 $A_{\text{flame}}^{\ddagger}$ 区域：

$$A_{\text{flame}}^{\ddagger} = F_{\text{D}}\left(A_{\text{flame}}^{\dagger}\right) \tag{8-25}$$

式中，F_{D} 为扩张运算，表示如下：

$$F_{\mathrm{D}}\left(A_{\mathrm{flame}}^{\dagger}\right) = \max_{(x_0,y_0)\in\Phi} F_{\mathrm{D}}\left(x+x_0, y+y_0\right) \tag{8-26}$$

式中，Φ 为大小为 7×7 的局部区域结构元素；(x_0, y_0) 为 Φ 中的坐标偏移量。进行形态学扩张后的图像如图 8-9 所示。

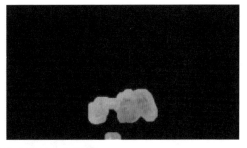

图 8-9　形态学方法处理后的火焰区域

通过消除火焰的干扰就可以得到 $A_{\mathrm{flame}}^{\S}$ 区域。该区域将仅包含火炬烟气和天空背景，如图 8-10 所示。

$$A_{\mathrm{flame}}^{\S} = 1 - A_{\mathrm{flame}}^{\ddagger} \tag{8-27}$$

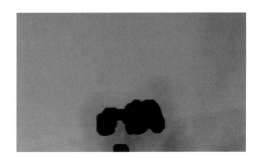

图 8-10　仅包含火炬烟气和天空背景的区域

最后，该模型基于天空背景为蓝色这一先验知识，可以对 $A_{\mathrm{flame}}^{\S}$ 蓝色通道进行二值化运算操作，找到其与 $A_{\mathrm{flame}}^{\S}$ 之间的交点，最终找到确定的火炬烟气区域，如图 8-11 所示，图中红色标记部分表示烟气区域。

$$A_{\mathrm{soot}} = \begin{cases} 1, & \left(B_3 AR = \dfrac{T_{\mathrm{ps}} + T_{\mathrm{ns}}}{P_{\mathrm{s}} + N_{\mathrm{s}}} \times 100\% \cap A_{\mathrm{flame}}^{\S}\right) = 1 \\ 0, & \text{其他} \end{cases} \tag{8-28}$$

式中，B_3 为阈值为 125 的二进制运算操作；$A_{\mathrm{flame}}^{\S}(B)$ 为 $A_{\mathrm{flame}}^{\S}$ 图像中的蓝色通道；"$\cap$" 为 "与" 运算算子。

根据式（8-24）～式（8-28）可以得到以下结论：如果 ΣA_{soot} 大于 0，则说明存在火炬烟气；否则，说明不存在火炬烟气。为了详细说明这一点，比较图 8-11(a)

和 (b) 中的示例，该模型可以验证图 8-11(a) 中的 $\sum A_{\mathrm{soot}}$ 等于 0，而图 8-11(b) 中的 $\sum A_{\mathrm{soot}}$ 大于 0。该结果与从地面观测到的真实结果完全一致，即火炬烟气在图 8-11(a) 中不存在，而在图 8-11(b) 中确实存在。

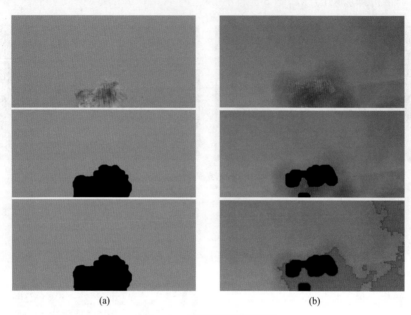

(a)   (b)

图 8-11　火炬黑烟监测情况

对于上述模型可以做出如下总结。

第一阶段，该模型先监测给定的火炬烟气采集影像中是否存在火焰。此部分根据火焰主要发出红色光、天空背景通常呈现出蓝色、燃烧中的火焰区域通常占据整个影像的相当一部分区域等先验知识，这一操作可以快速、粗略地对火焰进行监测。如果不存在火焰区域，该模型将输出"无火焰无烟气"的结果，然后结束整个流程。而一旦监测到了火焰区域，不论给定的影像是否产生黑烟，都将进入下一阶段。

第二阶段，该模型通过适当地将显著性监测、K-means 和广泛协调的颜色通道结合来提取火焰区域。需要强调的是，此阶段旨在精确地找到火焰区域位置，而不仅仅是像在第一阶段中那样简单地判断是否存在火焰区域，因为火焰区域位置的不同会极大程度地影响该模型第三阶段的进行。

最后，第三阶段根据第二阶段提取到的火焰区域，定位找到仅包含火焰和火炬烟气的区域，然后在除去异常值的"火焰"之后识别火炬烟气区域。这个阶段建立在一些先验知识之上（例如火炬烟气的飘散轨迹），并根据这一点采用广泛协调的颜色通道。如果在这一最后阶段中监测到火炬烟气，该模型将输出"有火焰有烟气"的结果；否则，将输出"有火焰无烟气"的结果。

8.3.3 火炬烟气监测实验结果分析

本节将从以下几个方面将本章所介绍的火炬烟气监测模型与其他模型监测火炬烟气的性能进行对比：测量指标、性能测试和计算效率测试。

（1）测量指标

为了较为全面地量化对比该模型和其他模型的性能，这里主要使用四个典型指标：准确率（Accuracy Rate，AR）、召回率（Recall Rate，RR）、精准率（Precision Rate，PR）和误检率（False Alarm Rate，FAR）。

$$AR = \frac{T_{ps} + T_{ns}}{P_s + N_s} \times 100\% \tag{8-29}$$

$$RR = \frac{T_{ps}}{T_{ps} + F_{ps}} \times 100\% \tag{8-30}$$

$$PR = \frac{T_{ps}}{T_{ps} + F_{ps}} \times 100\% \tag{8-31}$$

$$FAR = \frac{F_{ns}}{N_s} \times 100\% \tag{8-32}$$

式中，P_s、N_s 分别为阳性（有烟气）样本和阴性（无烟气）样本的数量；T_{ps}、T_{ns} 分别为正确监测到的真实阳性样本和真实阴性样本的数量；F_{ps}、F_{ns} 分别为未正确识别的错误阳性样本和错误阴性样本的数量。

在上述四个指标中，通常认为拥有较高的 AR、RR 和 PR 值以及较低的 FAR 值的模型较为优秀。在接下来的性能测试中，该模型将与 8.3.1 节介绍的目前现有的有关烟气监测模型性能进行对比。监测模型分别为：

① Simonyan 和 Zisserman 提出的深度卷积神经网络 Vgg-Net[7]；

② Szegedy 等提出的深度学习结构 Google-Net[8]；

③ Chollet 提出的基于深度可分离卷积层的卷积神经网络体系结构 Xception[9]；

④ Zhang 等提出的一种神经网络 Res-Net[10]；

⑤ Howard 等提出的移动端和嵌入式设备中的卷积神经网络网络 Mobile-Net[61]；

⑥ Huang 等提出的密集卷积网络 Dense-Net[62]；

⑦ Yin 等提出的深度归一化卷积神经网络 DNCNN[12]；

⑧ Gu 等提出的深层双通道神经网络 DCNN[13]。

其中前六个模型是广为人知的深层卷积神经网络，而后两个模型是专门为烟气监测而开发出的新的深度神经网络。

（2）性能测试

首先，基于 5.5.2 节建立的影像数据库，在前四个数据集的全部 845 张照片上计算出上述四个测量指标，用于测试包括该模型在内的九个模型性能，结果如表 8-3 所示。

表 8-3　基于四个常用测量指标的九个模型之间的性能比较

模型	*AR*	*RR*	*PR*	*FAR*
Vgg-Net	75.15%	78.65%	74.37%	80.47%
Google-Net	78.34%	83.16%	81.62%	38.07%
Xception	90.41%	96.80%	89.91%	25.49%
Res-Net	89.47%	96.63%	86.97%	31.46%
Mobile-Net	86.27%	96.29%	84.56%	34.64%
Dense-Net	91.95%	98.80%	90.58%	24.30%
DNCNN	90.53%	97.47%	90.27%	25.89%
DCNN	92.43%	98.82%	90.65%	23.51%
VMFS	99.76%	100.0%	99.33%	0.016%

可以看到，本节所介绍的模型在这些模型中性能较为突出，*AR*、*RR* 和 *PR* 的值最高，而 *FAR* 的值最低。特别地，该模型的 *RR* 性能值可以达到完美值 100%。与测试结果排名第二的 DCNN 模型相比，该模型在 *AR* 值上的性能提升为 7.33%，在 *RR* 值上的提升为 1.18%，在 *PR* 值上的提升为 8.68%，在 *FAR* 值上的提升约为 23.5%。此外，将该模型与测试结果排名第三的 Dense-Net 进行比较后，可以发现 *AR* 值的提高程度达到 7.81%，*RR* 值的提高程度达到 1.2%，*PR* 值的提高程度达到 8.75%，而 *FAR* 值的提高程度约达 24.3%。总体而言，根据上述提出的四个常用测量指标进行比较和判断，该模型可以产生一个较为令人满意的结果。

其次，本节还比较了九个模型在这四个影像数据集上的准确性 *AR*，结果如表 8-4 所示。

表 8-4　九个模型之间基于四个不同影像数据集的 AR 结果比较

模型	数据集 1	数据集 2	数据集 3	数据集 4
Vgg-Net	98.47%	77.73%	82.14%	68.67%
Google-Net	95.92%	54.54%	70.92%	92.27%
Xception	98.98%	90.00%	70.92%	100.0%
Res-Net	95.92%	89.09%	70.92%	100.0%
Mobile-Net	81.63%	91.36%	70.92%	98.28%
Dense-Net	97.96%	96.82%	70.92%	100.0%
DNCNN	95.92%	93.18%	70.92%	100.0%
DCNN	98.47%	97.27%	70.92%	100.0%
VMFS	100.0%	99.09%	100.0%	100.0%

经过比较可以发现以下几个结论：该模型产生的测试结果十分优秀，尤其是在数据集 1、数据集 3 和数据集 4 测试中表现出了高达 100% 的准确性。通过比较该模型和测试结果排名第二的 DCNN 之间的准确率，可以得出该模型在数据集 1、数据集 2 和数据集 3 中的相对提升率分别为 1.55%、1.87% 和 41.0%。而比较该模型和测试结果排名第三的 Dense-Net，其在数据集 1、数据集 2 和数据集 3 中的相对提升率分别为 2.08%、2.34% 和 41.0%。

此外，该模型在用于烟气监测的四个测试数据集上都体现了非常稳定的高精确度。相比之下，在这四个影像数据集上每个深度神经网络测试结果的精度差异非常大，最大差异甚至超过了 30%。这种巨大的变化可能是由影像背景的变化而产生的，例如阴暗天空中的云等景物，这些景物与火炬烟气高度相似，可能导致一些深度神经网络模型失效。

最后，该模型与之前提出的 DCNN 模型和 Dense-Net 在四个数据集上均取得了较为良好的结果。DCNN 模型在数据集 1 和数据集 2 上的 AR 值结果略优于 Dense-Net，而在数据集 3 和数据集 4 上的 AR 值结果与 Dense-Net 基本等效。相比之下，在数据集 2 上 Xception 模型和 Res-Net 模型的 AR 值测试结果比较低，而在 Vgg-Net 模型和 Google-Net 模型的测试结果中 AR 值则非常低。这一结果会极大程度地拉低对应模型的总体性能评价，并使它们在总体排名上不如第二名 DCNN 模型和第三名 Dense-Net 模型。

注意：有七个深度神经网络模型在数据集 3 上达到了 70.92% 的相同 AR 值结果。事实上，这七个深度神经网络会错误地监测到所有 57 张"有火焰无烟气"的照片。

图 8-12 展示了由 Vgg-Net、Google-Net、Xception、Res-Net、Mobile-Net、Dense-Net、DNCNN 和 DCNN 这八个模型计算出的 57 张错误识别的影像之一和其相关的中间过程图像。

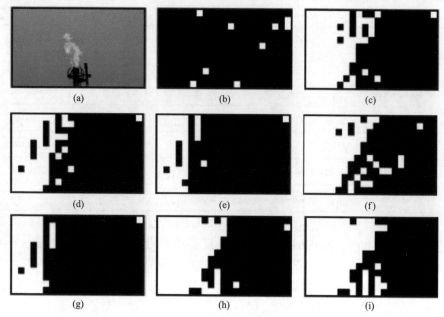

图 8-12 数据集 3 中一张典型的错误识别影像以及相应网络的中间图

造成这一结果的原因可能是所有参与测试的深度神经网络模型都将影像采集过程中的相机噪声或压缩噪声误认为是火炬烟气，从而错误地识别了"有火焰无烟气"的照片。因此，在使用一些深度神经网络模型监测火炬烟气时，非常有必要增强深度神经网络对噪声的抵抗力。

最后，为了便于实现更直接的比较，本节将四个测试数据集中的每一个影像都绘制一个条形图，如图 8-13 所示。

在每个图中，条形数表示分类错误的数量。为了更清楚地表示，利用式（8-33）对每张测试影像的模型输出结果与真实情况之间的误差进行定义：

$$E_{rr} = XOR(O_r, T_r) \tag{8-33}$$

式中，O_r 为第 r 张影像上模型输出的结果；T_r 为第 r 张影像上的真实情况；"XOR"为异或运算算子。当某个模型输出的结果与第 r 张照片上的真实情况不相符时，E_{rr} 的结果将等于 1，然后将该模型的误差结果绘制成一个条形图，这意味着越少的条数表示越高的精确度。从图 8-13 中可以很容易地看到，本节所介绍的模型仅具有两条数据，远少于其他八个深度神经网络所拥有的误差条数。

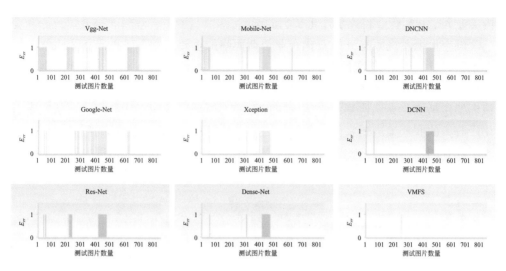

图 8-13　九种模型错误分类示意图（E_{rr} 为模型输出结果与真实情况之间的误差）

（3）计算效率测试

模型计算效率也是火炬烟气监测过程中重要的指标，因为在烟气监测中需要监测模型提供实时监控的结果，以更好地指导后续控制系统抑制火炬烟气。表 8-5 列出了与计算效率相关的一些结果。在测试实验中，本节使用 MATLAB R2014a 来监测该模型的计算效率，而使用 TensorFlow 和 Keras 来监测其他八个深度神经网络模型的计算效率。测试环境都是配备了 2.00 GHz 的 Intel Xeon CPU E5-2683 v3、64.00 GB 的 RAM 和 NVIDIA GeForce GTX 1080 GPU 的 Windows 10 操作系统。从表 8-5 中可以看出，本节所介绍的模型平均每张照片仅耗费不到半秒的时间，执行速度相比于其他模型快了一些。

表 8-5　九个模型计算效率（秒 / 张）的比较

模型	Vgg-Net	Google-Net	Xception	Res-Net	Mobile-Net	Dense-Net	DNCNN	DCNN	VMFS
费时 /s	0.501	0.983	1.158	0.979	1.181	1.206	1.122	1.100	0.438

8.3.4　基于影像的火炬烟气监测模型小结

放空火炬智能控制系统是一种经典的机器代替手工的人工智能控制方式。当前我国人工智能飞速发展，这不仅是国家努力推动的结果，更是未来社会发展的必然趋势。在未来的石油化工厂中必然会出现大面积机器代替人工的现象，这也符合人工智能向基础行业大步进入的趋势。放空火炬智能控制系统作为典型的人工智能控制系统，在其开发、调试并在各大石油化工厂的落地应用过程中，对国内工业人工智能行业将逐步产生长远的影响。

放空火炬燃烧不充分是石化企业长期面临的重要问题，严重破坏了大气、生态平衡，危害着人类健康。为了解决这个问题，本章重点介绍了一种火炬烟气监测模型。借助主流的图像分析技术，该模型能够在三阶段框架中监测火炬烟气，该框架包括快速火焰检测、火焰区域提取和火炬烟气识别三项功能。对从实际石化厂收集的照片集进行实验，其结果表明，该模型根据四个常用的测量指标都实现了较好的监测性能。此外，该模型被证明具有非常快的计算速度，这表明可能该模型更适合于工业应用中火炬气燃烧的实时监控。

参考文献

[1] KIM C, CHEN S C, ZHOU J, et al. Measurements of outgassing from PM$_{2.5}$ collected in Xi'an, China through soft X-Ray-Radiolysis[J]. IEEE Transactions on Semiconductor Manufacturing, 2019, 32(3): 259-266.

[2] NEDA K C, ALI A A, MOHAMMAD S. A ubiquitous asthma monitoring framework based on ambient air pollutants and individuals contexts[J]. Environmental Science and Pollution Research, 2019, 26(8): 7525-7539.

[3] LIN Y W, LIN Y B, LIU C Y, et al. Implementing AI as cyber IoT devices: the house valuation example[J]. IEEE Transactions on Industrial Informatics, 2020, 16(4): 2612–2620.

[4] RAHIMPOUR M, JAMSHIDNEJAD Z, JOKAR S M, et al. A comparative study of three different methods for flare gas recovery of Asalooye gas refinery[J]. Journal of Natural Gas Science and Engineering, 2012, 4: 17-28.

[5] KRIZHEVSKY A, SUTSKEVER I, HINTON G E. ImageNet classification with deep convolutional neural networks[J]. Proceedings of Advance Neural Information Processing System, 2012, 25: 1097-1105.

[6] ZEILER M D, FERGUS R. Visualizing and understanding convolutional networks[C]// Proceedings of European Conference on Computer Vision, 2014: 818-833.

[7] SIMONYAN K, ZISSERMAN A . Very deep convolutional networks for large-scale image recognition[J]. Computer Science, 2014.

[8] SZEGEDY C, LIU W, JIA Y, et al. Going deeper with convolutions [C]// Proceedings of IEEE Conference on Computer Vision and Pattern Recognition, 2015: 1-9.

[9] CHOLLET F. Xception: deep learning with depthwise separable convolutions[C]// Proceedings of IEEE Conference on Computer Vision and Pattern Recognition, 2017: 1251-1258.

[10] HE K, ZHANG X, REN S, et al. Deep residual learning for image recognition[C]// Proceedings of IEEE

Conference on Computer Vision and Pattern Recognition, 2016: 770-778.

[11] HUANG G, LIU Z, LAURENS V, et al. Densely connected convolutional networks[C]//Proceedings of the IEEE Conference on Computer Vision and Pattern Recognition. 2017: 4700-4708.

[12] YIN Z, WAN B, YUAN F, et al. A deep normalization and convolutional neural network for image smoke detection[J]. IEEE Access, 2017, 5: 18429-18438.

[13] GU K, XIA Z, QIAO J, et al. Deep dual-channel neural network for image-based smoke detection[J]. IEEE Transactions on Multimedia, 2020, 22(2): 311-323.

[14] GU K, ZHANG Y, QIAO J. Vision-based monitoring of flare soot[J]. IEEE Transactions on Instrumentation and Measurement, 2020, 69(9): 7136-7145.

[15] FINN C, ABBEEL P, LEVINE S. Model-agnostic meta-learning for fast adaptation of deep networks[C]// International Conference on Machine Learning, 2017: 1126-1135.

[16] SAGI O, ROKACH L. Ensemble learning: a survey[J]. Wiley Interdisciplinary Reviews: Data Mining and Knowledge Discovery, 2018, 8(4): e1249.

[17] IQBAL M, SETIANINGSIH C, IRAWAN B. Deep learning algorithm for fire detection[C]// 2020 10th Electrical Power, Electronics, Communications, Controls and Informatics Seminar (EECCIS), 2020: 237-242.

[18] HUANG M, WANG Y, HU Y. Smoke identification of low-light indoor video based on support vector machine[C]// 3rd IEEE International Conference on Computer and Communications (ICCC), 2017: 2045-2049.

[19] NGUYEN V T, QUACH C H, PHAM M T. Video smoke detection for surveillance cameras based on deep learning in indoor environment [C]// 2020 4th International Conference on Recent Advances in Signal Processing, Telecommunications & Computing (SigTelCom), 2020: 82-86.

[20] AJITH M, MARTÍNEZ-RAMÓN M. Unsupervised segmentation of fire and smoke from infra-red videos[J]. IEEE Access, 2019, 7: 182381-182394.

[21] SAPONARA S, ELHANASHI A, GAGLIARDI A. Exploiting R-CNN for video smoke/fire sensing in antifire surveillance indoor and outdoor systems for smart cities[C]// 2020 IEEE International Conference on Smart Computing (SMARTCOMP), 2020: 392-397.

[22] SAPONARA S, FANUCCI L. Real-time imaging acquisition and processing system to improve fire protection in indoor scenarios[C]// 2015 IEEE 9th International Symposium on Intelligent Signal Processing (WISP), 2015: 1-4.

[23] ZHANG J, ZHU H, WANG P, et al. ATT Squeeze U-Net: a lightweight network for forest fire detection and recognition[J].

IEEE Access, 2021, 9: 10858-10870.

[24] CAO Y, YANG F, TANG Q, et al. An attention enhanced bidirectional lstm for early forest fire smoke recognition[J]. IEEE Access, 2019, 7: 154732-154742.

[25] WEI Z, WANG Y, LI Z, et al. Inversion of smoke black concentration field in a tangentially fired furnace based on super-resolution reconstruction[J]. IEEE Access, 2020, 8: 165827-165836.

[26] 李凡军, 王孝红, 路士增. 水泥熟料烧成系统建模方法研究进展[J]. 控制与决策, 2019, 34(10): 2041-2047.

[27] ARIYARATNE W K H, MELAAEN M C, TOKHEIM L A. Mathematical model for alternative fuel combustion in a rotary cement kiln burner[J]. International Journal of Modeling and Optimization, 2014, 4(1): 56.

[28] MUJUMDAR K S, ARORA A, RANADE V V. Modeling of rotary cement kilns: applications to reduction in energy consumption[J]. Industrial & Engineering Chemistry Research, 2006, 45(7): 2315-2330.

[29] BOATENG A A, BARR P V. A thermal model for the rotary kiln including heat transfer within the bed[J]. International Journal of Heat and Mass Transfer, 1996, 39(10): 2131-2147.

[30] LI S Q, MA L B, WAN W, et al. A mathematical model of heat transfer in a rotary kiln thermo-reactor[J]. Chemical Engineering & Technology: Industrial Chemistry-Plant Equipment-Process

Engineering-Biotechnology, 2005, 28(12): 1480-1489.

[31] CHMIELOWSKI M, SPECHT E. Modelling of the heat transfer of transport rollers in kilns[J]. Applied Thermal Engineering, 2006, 26(7): 736-744.

[32] GRANADOS D A, CHEJNE F, MEJíA J M. Oxy-fuel combustion as an alternative for increasing lime production in rotary kilns[J]. Applied Energy, 2015, 158: 107-117.

[33] GENG F, LI Y, WANG X, et al. Simulation of dynamic processes on flexible filamentous particles in the transverse section of a rotary dryer and its comparison with ideo-imaging experiments[J]. Powder Technology, 2011, 207(1-3): 175-182.

[34] MUJUMDAR K S, RANADE V V. Simulation of rotary cement kilns using a one-dimensional model[J]. Chemical Engineering Research and Design, 2006, 84(3): 165-177.

[35] CSERNYEI C, STRAATMAN A G. Numerical modeling of a rotary cement kiln with improvements to shell cooling[J]. International Journal of Heat and Mass Transfer, 2016, 102: 610-621.

[36] NIELSEN A R, ANIOL R W, LARSEN M B, et al. Mixing large and small particles in a pilot scale rotary kiln[J]. Powder Technology, 2011, 210(3): 273-280.

[37] SÖĞÜT Z, OKTAY Z, KARAKOÇ H. Mathematical modeling of heat recovery from a rotary kiln[J]. Applied Thermal

Engineering, 2010, 30(8-9): 817-825.

[38] NGAKO S, MOUANGUE R, CAILLAT S, et al. Numerical investigation of bed depth height, axial velocity and mean residence time of inert particles in steady state industrial cement rotary kiln: case of Figuil plant in Cameroon[J]. Powder Technology, 2015, 271: 221-227.

[39] HANEIN T, GLASSER F P, BANNERMAN M N. One-dimensional steady-state thermal model for rotary kilns used in the manufacture of cement[J]. Advances in Applied Ceramics, 2017, 116(4): 207-215.

[40] WANG Z, WANG T R, YUAN M Z, et al. Dynamic model for simulation and control of cement rotary kilns[J]. Journal of System Simulation, 2008, 20(19): 5131-5135.

[41] SHAHIN H, HASSANPOUR S, SABOONCHI A. Thermal energy analysis of a lime production process: rotary kiln, preheater and cooler[J]. Energy Conversion and Management, 2016, 114: 110-121.

[42] LIU Z, WANG Z, YUAN M Z, et al. Thermal efficiency modelling of the cement clinker manufacturing process[J]. Journal of the Energy Institute, 2015, 88(1): 76-86.

[43] WANG M, LIAO B, LIU Y, et al. Numerical simulation of oxy-coal combustion in a rotary cement kiln[J]. Applied Thermal Engineering, 2016, 103: 491-500.

[44] BARRAZA C L, BULA A J, PALENCIA A. Modeling and numerical solution of coal and natural gas co-combustion in a rotary kiln[J]. Combustion Science and Technology, 2012, 184(1): 26-43.

[45] MIKULČIĆ H, VON BERG E, VUJANOVIĆ M, et al. Numerical analysis of cement calciner fuel efficiency and pollutant emissions[J]. Clean Technologies and Environmental Policy, 2013, 15(3): 489-499.

[46] BAKDI A, KOUADRI A, BENSMAIL A. Fault detection and diagnosis in a cement rotary kiln using PCA with EWMA-based adaptive threshold monitoring scheme[J]. Control Engineering Practice, 2017, 66: 64-75.

[47] MOSES N O E, ALABI S B. Predictive model for cement clinker quality parameters[J]. Journal of Materials Science and Chemical Engineering, 2016, 4(07): 84.

[48] ZHU Y, HOU Z, QIAN F, et al. Dual RBFNNs-based model-free adaptive control with aspen HYSYS simulation[J]. IEEE Transactions on Neural Networks and Learning Systems, 2016, 28(3): 759-765.

[49] PANI A K, VADLAMUDI V K, MOHANTA H K. Development and comparison of neural network based soft sensors for online estimation of cement clinker quality[J]. ISA Transactions, 2013, 52(1): 19-29.

[50] QIAO J, CHAI T. Soft measurement model and its application in raw meal

calcination process[J]. Journal of Process Control, 2012, 22(1): 344-351.

[51] 赵朋程，刘彬，高伟，等 . 用于水泥熟料 fCaO 预测的多核最小二乘支持向量机模型 [J]. 化工学报，2016, 67(6): 2480-2487.

[52] GUO F, LIU B, HAO X. A variable gain fuzzy ARX model for nonlinear multivariable time-delay systems[J]. Journal of Computational Information Systems, 2012, 8(14): 6065-6072.

[53] SADEGHIAN M, FATEHI A. Identification, prediction and detection of the process fault in a cement rotary kiln by locally linear neuro-fuzzy technique[J]. Journal of Process Control, 2011, 21(2): 302-308.

[54] CAI Y . Modeling for the Calcination Process of Industry Rotary Kiln Using ANFIS Coupled with a Novel Hybrid Clustering Algorithm[J]. Mathematical Problems in Engineering, 2017, 2017: 1-8.

[55] WANG X, QIN B, XU H, et al. Rotary drying process modeling and online compensation[J]. Control Engineering Practice, 2015, 41: 38-46.

[56] LIMA R N, DE ALMEIDA G M, BRAGA A P, et al. Trend modelling with artificial neural networks. Case study: operating zones identification for higher SO_3 incorporation in cement clinker[J]. Engineering Applications of Artificial Intelligence, 2016, 54: 17-25.

[57] PANI A K, MOHANTA H K. Online monitoring of cement clinker quality using multivariate statistics and Takagi-Sugeno fuzzy-inference technique[J]. Control Engineering Practice, 2016, 57: 1-17.

[58] ZHANG Y, WANG W, SHAO S, et al. ANN-GA approach for predictive modelling and optimization of NO_x emissions in a cement precalcining kiln[J]. International Journal of Environmental Studies, 2017, 74(2): 253-261.

[59] WU R T, ZHANG Y Q. Application of intelligent algorithm in the cement rotary kiln[C]// 2011 International Conference on Electric Information and Control Engineering. IEEE, 2011: 1190-1192.

[60] WANG Y, LI S, TIAN Z, et al. A multi-model fusion soft sensor modelling method and its application in rotary kiln calcination zone temperature prediction[J]. Transactions of the Institute of Measurement and Control, 2016, 38(1): 110-124.

[61] HOWARD A G , ZHU M , CHEN B , et al. MobileNets: efficient convolutional neural networks for mobile vision applications [J]. arXiv Preprint arXiv: 1704.04861, 2017.

[62] HUANG G, LIU Z, VAN DER MAATEN L, et al. Densely connected convolutional networks[C]// Proceedings of the IEEE Conference on Computer Vision and Pattern Recognition, 2017: 2261-2269.

[63] HEAVEN D. Why deep-learning AIs are so easy to fool[J]. Nature, 2019,

574(7777): 163-166.

[64] DODGE S, KARAM L. Understanding how image quality affects deep neural networks[C]// 2016 Eighth International Conference on Quality of Multimedia Experience (QoMEX). IEEE, 2016: 1-6.

[65] GOODFELLOW I J, SHLENS J, SZEGEDY C . Explaining and harnessing adversarial examples[J]. Computer Science, 2014.

[66] KOCH C, ULLMAN S. Shifts in selective visual attention: towards the underlying neural circuitry[M]. Dordrecht: Springer, 1987: 115-141.

[67] HOU X, ZHANG L. Saliency detection: a spectral residual approach[C]// 2007 IEEE Conference on Computer Vision and Pattern Recognition. IEEE, 2007: 1-8.

[68] ACHANTA R, HEMAMI S, ESTRADA F, et al. Frequency-tuned salient region detection[C]// 2009 IEEE Conference on Computer Vision and Pattern Recognition. IEEE, 2009: 1597-1604.

[69] HOU X, HAREL J, KOCH C. Image signature: highlighting sparse salient regions[J]. IEEE Transactions on Pattern Analysis and Machine Intelligence, 2011, 34(1): 194-201.

[70] LI J, LEVINE M D, AN X, et al. Visual saliency based on scale-space analysis in the frequency domain[J]. IEEE Transactions on Pattern Analysis and Machine Intelligence, 2012, 35(4): 996-1010.

[71] KIM C, MILANFAR P. Visual saliency in noisy images[J]. Journal of Vision, 2013, 13(4): 5-5.

[72] KANUNGO T, MOUNT D M, NETANYAHU N S, et al. An efficient k-means clustering algorithm: analysis and implementation[J]. IEEE Transactions on Pattern Analysis and Machine Intelligence, 2002, 24(7): 881-892.

第 9 章

空气质量智能监控方法与系统设计

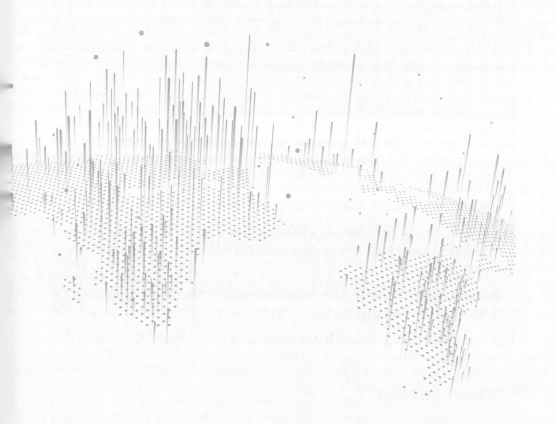

前面已经深入研究了对空气质量的智能感知和智能识别技术，同时对新的人工智能监控技术进行了介绍和研究。本章将先以放空火炬智能监控系统为起点，总结控制系统应用于实际情景中的设计准则，并且列举两个典型的工业场景：水泥窑的 NO_x 智能预测与智能控制、放空火炬的智能控制系统分析与设计，通过将人工智能技术应用于此两类典型场景，验证前面研究的有效性与实用性。

9.1
空气质量智能监控方法

9.1.1 传统控制技术

传统的控制方法（包括开关控制、PID 控制等）结构相对简单，在现场实际操作过程中较为容易实现，从而得到了广泛的应用。

开关控制较为简单且易于实现，但常规的开关控制难以满足控制精度的要求。PID 控制相比于开关控制明显提高了精度和可靠性，但是在一些非线性复杂系统中，对多变量控制精度和对参数的调整问题依旧达不到理想的效果。付文韬[1] 通过设计一种基于自适应控制策略的 PID 控制方法，利用神经网络非线性映射能力和学习能力，确保了 PID 控制器参数在线调整的实时性和稳定性，并通过仿真实验表明这种基于自适应控制策略的 PID 控制器具有较好的控制效果。

9.1.2 智能控制技术

近年来，随着智能控制技术的发展，越来越多的智能控制方法被应用到各个领域当中。其中作为主流的智能控制技术主要包括：专家控制、模糊控制、神经网络控制以及模型预测控制等。

专家控制融合了专家系统理论和控制技术。该技术能够在系统模型未知的情况下，利用人类专家的知识和解决问题的经验方法来控制系统的运行。其实，在本质上模糊控制也是一种专家控制。在控制过程中，模糊控制是将专家经验汇总成相应的控制规则，然后经过一定量"If-then"条件的推理过程得到作用集，作用于被控对象。近年来，神经网络以其自身强大的自学习、自适应以及非线性逼近的优势，成为广大学者们研究的热点。韩广等[2] 采用了一种基于前馈神经网络的在线控制方法，实现了系统的串级跟踪控制，保证了系统的平稳性并提高了控制精度。

可以看出，每种控制策略都各有千秋，但也都有一定的缺点。为了充分发挥各个控制的优越性，众多学者聚焦于混合智能控制策略。比如，将神经网络和模糊逻辑结合起来以及神经网络预测控制等。胡玉玲等[3]通过构造一个具有三层隐含层的模糊神经网络控制器，使得该控制器能够自适应调整隶属函数、动态优化控制规则。实验结果表明，该控制策略不仅能够对控制对象进行快速有效的跟踪控制，而且具有较高的控制精度。刘超彬等[4]设计一种自适应的模糊神经网络器。实验结果表明，该方法不仅能够在线调整优化控制规则，而且具有较强的鲁棒性，控制效果良好。Han等[5]将模型预测控制方法，同时将模型预测控制与自组织RBF神经网络结合。实验结果表明，该方法不仅可以实时调节控制网络结构，而且具有较高的预测精度，控制性能较好。

自适应动态规划（adaptive dynamic programming，ADP）是近年来发展起来的一种针对复杂未知非线性系统设计的求解系统最优控制的方法，其采用各种函数近似结构来逼近系统的模型、评价指标以及最优控制策略，Werbos在本章文献[6]中首次提出了采用APD方法来求哈密尔顿-雅克比-贝尔曼方程的解。在过去几十年，ADP已经广泛应用于控制领域，Murray等[7]提出了一种策略迭代算法求得最优控制率，Qiao等[8]也应用APD去解决最优控制问题。

综合以上分析可以看出，对于空气质量监控这种非线性、不确定性及过程复杂的系统而言，智能控制方法有着潜在的优势。

9.2
系统设计准则

在一切控制系统中，评判控制系统的三大主要特性是稳定性、快速性和准确性。另外考虑到系统安全等问题，还提出了另外一种相当重要的特性，即控制系统的鲁棒性。

9.2.1　系统设计的稳定性

控制系统的稳定性是控制系统最重要的特性，它反映的是一个受控系统相对于其平衡状态的收敛性或有界性。稳定性是保证系统正常工作最基本的条件，不稳定的系统是毫无意义的系统。在经典控制理论中，系统稳定的充分必要条件为"当时间趋于正无穷时，系统的单位脉冲响应等于零"[9]。可以使用多种判定方法来判定一个系统是否为稳定系统，例如劳斯（Routh）判据、奈奎斯特（Nyquist）

稳定性判据和李雅普诺夫（Lyapunov）稳定性判定法等[10]。

在放空火炬控制系统中，系统的稳定性有两方面的含义：首先石油化工厂的放空火炬在正常排放的情况下，所需要的助燃蒸汽要稳定输出；其次，在异常工况下火炬气流量激增时，控制系统应当消除烟气排放，尽快恢复稳定状态。

9.2.2 系统设计的快速性

控制系统响应的快速性是指在系统稳定的前提下，系统自动进行调节，最终消除因外部因素改变而引起的输出量与给定量之间偏差的快慢程度[11]。一般使用调节时间（t_p）来衡量快速性。调节时间越短，说明系统的快速性越强；相反地，调节时间越长，则说明系统的快速性越差。

在放空火炬控制系统中，系统的快速性是指火炬气产生并进入火炬控制系统中时，火炬控制系统能够快速反应并迅速达到所需要的助燃蒸汽给定值，如果速度过慢的话，将会产生烟气。所以结合工厂和社会的实际需要后，较为快速的反应才能保证工厂在不污染空气的前提下使得利益最大化。

然而在一般情况下，控制系统的快速性和稳定性之间是相互矛盾的，快速性较强的控制系统势必会产生较大的超调量，从而容易超出控制系统的最大稳定裕度。这样的例子在日常生活中随处可见，例如在向水杯加水的过程中，如何以最快的速度向水杯加水，并在即将加满时保证水杯中的水不溢出，这样既能保证水杯接满水，又能使接水所耗的时间最短。总而言之，控制系统的快速性必须是在控制系统能够稳定的情况下才具有实际的意义，如何保证放空火炬控制系统在火炬放出烟气的状态下快速反应并进入稳定的消烟过程都是放空火炬智能控制系统需要解决的问题。

9.2.3 系统设计的准确性

控制系统的准确性是指系统在自身调节结束后，系统进入稳定状态，但其输出值和给定值依旧存在误差，这个误差称为稳态误差[12]。稳态误差是评价控制系统准确性的主要性能指标。稳态误差越小，控制系统的准确性就越强；稳态误差越大，控制系统的准确性就越差。在一个处于平衡状态的控制系统上导入特定的输入，其输出值将无法保持之前的平衡状态，但是控制系统仍然会在自身的调节作用下，使得实际输出量根据给定的输入进行调节，以达到期望的输出，但此时系统可能会出现稳态误差，而稳态误差的大小会直接反映系统的准确性[13]。

在放空火炬控制系统中，被控量为助燃蒸汽流量，其由助燃蒸汽的阀门开度进行控制。当控制系统的控制时间无穷大时，助燃蒸汽流量应当和给定值一致。

但在实际应用中，其被控量会因各种因素（如系统自身的惯性、电磁耦合等）的影响而变得不准确。石油化工厂所能接受的只是一定范围内的稳定，因此设计的理想控制系统应该做到在时间无穷大时，输出值和给定值是无限接近的。

但在控制系统中，系统的准确性和稳定性之间也是相互矛盾的。当系统达到稳定状态后，此时若突然出现扰动信号，系统自然无法继续保持当前的稳定状态。根据系统准确性的要求，系统会在这一时刻向稳定时的状态逐渐靠近。但即使扰动信号消失了，系统依旧无法恢复至最初的平衡状态。因此，这就需要在设计系统时考虑控制系统稳定性和准确性之间的取舍关系。

9.2.4 系统设计的鲁棒性

控制系统的鲁棒性是指系统在不确定性的扰动下，具有保持某种性能不变的能力。假设被控对象的不确定性可以用一个集合 P 来描述，在考察控制系统的某些性能指标（如稳定性、准确性等）时，如果对象集合中的每个对象都能满足给定的性能指标，则称该控制器对此性能指标（特性）是鲁棒的。因此，在谈到鲁棒性时，要求必须有一个控制器、有一个对象集合和控制系统性能的指标[14]。

在放空火炬系统中，若系统的鲁棒性强，则系统会在当前情况下，输出一个稳定的助燃蒸汽量，并且该助燃蒸汽量受到外界噪声的影响也较小。若系统的鲁棒性差，则在每一种情况下，助燃蒸汽量都会因噪声的影响而产生跳变，使得助燃蒸汽出现过量供给或供给不足的状况。当助燃蒸汽过量供给时，会出现资源浪费的情况；而助燃蒸汽的供给不足时，火炬气将可能无法完全燃烧而产生大量烟气，进而对大气环境造成严重污染，如图 9-1 所示。此外，当助燃蒸汽流量过小时，火炬气在一定温度下出现二次反应后，系统排出的混合气体中可能大概率含有某些有害成分[15]，其中有一些有害气体的分子量大于空气的分子量，进而有可能再次返回至放空火炬控制系统中。此时，由于火炬系统的冷凝作用，这些混合气体将在火炬头部形成液滴，这些液滴在与火炬气融合后的燃烧过程中会形成"火雨"[16]。"火雨"在产生后会进入放空火炬系统中，使得放空火炬的部分器件受损，如火炬头和自动点火装置等器件[17]。"火雨"情况严重时，甚至会落至水封罐或分液罐中，使得罐体受损。而水封罐和分液罐中所存的火炬气浓度高、气压高、架设水平位置低，一旦发生火炬气泄漏，不但会严重破坏环境，甚至还会危及周围居民的生命财产安全。

根据以上分析可知，控制系统的鲁棒性也是当前石油化工厂需要重点考虑的问题之一。安全是工厂生产的大前提，并且近几年的石油化工厂爆炸案例使得当前放空火炬安全问题成为国家重点关注的问题。当前国内的放空火炬大部分是高架火炬，而高空中往往存在风速较大、风向不定等问题，无论是从安全生产方面进行考虑，还是以节约能源、防止空气污染方面进行考虑，设计者都应该重点关注放空火炬控制系统的鲁棒性。

图 9-1　放空火炬产生大量烟气

9.3
基于数据驱动的水泥窑 NO_x 预测模型

9.3.1　模型设计分析

水泥回转窑内的高温气体温度为 1200 ～ 2000℃。水泥回转窑是 NO_x 产生的主要场所，既生成燃料型 NO_x，又生成热力型 NO_x，窑内 NO_x 浓度高达 2000mg/m³，降低水泥熟料烧成系统 NO_x 的排放量势必要减少水泥回转窑内 NO_x 的生成量。优化控制水泥窑工艺操作变量，协调风、煤、料的比例，能够经济有效地降低窑内 NO_x 的生成量。水泥窑是一个巨大的长筒型高温设备，窑内温度及 NO_x 含量无法直接获取，一般都是通过窑尾烟室的 NO_x 浓度推断窑内工况，据此进行水泥窑工艺操作控制。然而，水泥窑是典型的大时滞系统，依据当前的 NO_x 浓度指导水泥窑工艺操作，工况不匹配，效果不理想。为正确反映窑内煅烧工况，实现水泥窑工艺操作稳定优化控制，建立 NO_x 预测模型是关键环节。然而水泥窑内物理化学反应复杂，难以建立理想的机理模型。

随着 DCS 控制系统在水泥熟料烧成过程中的广泛应用，以及数据采集技术、传感器技术的快速发展，大量水泥熟料煅烧过程数据得以获取，使得数据驱动建模方法用于泥窑炉 NO_x 释放特性建模成为可能。Yao 等基于相关分析选择窑煤耗、窑电流、窑头压力、二次风温、分解炉出口温度及烟室温度为辅助变量，以一级旋风预热器出口 NO$_x$ 浓度为目标输出，基于多变量线性回归模型对 12000t/ 天及 5000t/ 天两条生产线 NO$_x$ 释放浓度分别建模测量，取得了不错的测量效果[18]。但水泥熟料烧成系统的非线性特征显著，线性回归模型难以模拟辅助变量与 NO$_x$ 浓度之间的非线性关系。针对水泥熟料烧成系统 NO$_x$ 释放过程的非线性、不确定性、时延及连续性，Hao 等综合运用深度信念网、聚类算法及 NO$_x$ 时序特征，构建了水泥熟料烧成系统 NO$_x$ 预测模型，实现了 NO$_x$ 释放浓度的精确预测，为脱氮控制提供参考[19]。Zhang 等基于三层人工神经网络建立水泥熟料烧成系统 NO$_x$ 释放浓度与操作参数之间的关系模型，通过遗传算法优化操作参数以获得 NO$_x$ 最低释放浓度[20]。针对水泥熟料煅烧过程的高噪声、非线性及时变特征，Zheng 等利用多变量经验模态分解方法对原始数据进行降噪处理，然后基于混合高斯回归模型及即时学习算法构建窑尾 NO$_x$ 浓度预测模型，最后利用粒子群优化方法获得最优的决策变量，以降低 NO$_x$ 的排放量[21]。

水泥熟料烧成系统是典型的动态系统，NO$_x$ 的释放浓度具有明显的时序特征，而递归神经网络理论上能够无限逼近动态系统，适合处理具有时序特征的数据集[22]。回声状态网络（ESN）是一类特殊的递归神经网络，其核心思想是利用大规模、稀疏、随机连接的递归层（储备池）将低维输入映射至高维空间，然后基于最小二乘回归求解储备池与输出节点的连接权值[23]。回声状态网络在非线性系统建模，特别是非线性时间序列预测问题上表现出了优良的网络性能。另外，水泥熟料煅烧过程受煤质、生料质量、漏风等因素的影响波动比较大，导致温度、压力、流量等传感器数据噪声比较大，且变量间的时滞难以确定，严重影响数据驱动建模精度。实验证明，模块化回声状态网络具有较好的预测性能及鲁棒性，时间序列经过分解后能够提高网络的预测效果[24, 25]。这里借鉴"分解 - 预测 - 集成"的思想，基于经验模态分解及多储备池模块化回声状态网络（MR-ESN）构建水泥熟料烧成系统 NO$_x$ 释放浓度预测模型。

如图 9-2 所示，回声状态网络由输入层、储备池层和输出层组成，设 W^{in}、W、W^{out} 分别为输入权值、储备池权值及输出权值，给定输入信号 $u(n)$，则储备池状态下 $x(n)$ 及网络输出 $y(n)$ 计算如下：

$$x(n) = f\left[Wx(n-1) + W^{in}u(n)\right] \quad (9-1)$$

$$x(n) = W^{out}\left[u(n)x(n)\right] \quad (9-2)$$

为了消除初始状态对输出权值计算结果的影响，去掉前 n_{min} 步之后将储备池状态及输入信号收集到矩阵 H 中，相应的目标输出矩阵为 D，则输出权值矩阵计算如下：

$$W^{out} = \left(H^T H\right)^{-1} H^T D \quad (9-3)$$

在 ESN 设计过程中，有几个储备池参数需要优化设定，包括储备池规模、储备池权值矩阵的最大特征值、储备池稀疏度、输入权值的缩放因子等[26]。

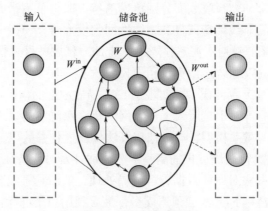

图 9-2　ESN 网络结构

图 9-3 给出了 MR-ESN 的结构示意图，可以看出，MR-ESN 与 ESN 结构类似，不同之处在于 MR-ESN 储备池由多个独立的子储备池组合而成，权值矩阵为准对角矩阵，子储备池权值矩阵由奇异值分解（SVD）方法构造而成，其奇异值分布是可以控制的[27, 28]。如果储备池节点采用非线性激活函数，我们称之为非线性 MR-ESN（NMR-ESN），若采用线性激活函数，则成为线性 MR-ESN（LMR-ESN）。MR-ESN 处理多尺度时间序列预测问题时表现出较好的预测性能及鲁棒性。

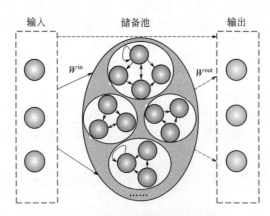

图 9-3　MR-ESN 网络结构

9.3.2　模型构建及算法设计

如图 9-4 所示，本节提出的水泥熟料烧成系统 NO_x 预测模型分为四个模块：数据处理模块、EMD 分解模块、子序列预测模块和加权集成模块。

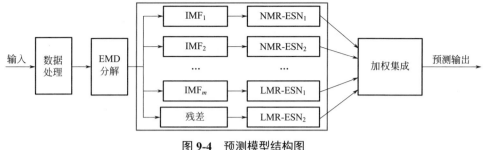

图 9-4　预测模型结构图

（1）数据处理模块

数据预处理的首要目的是提高数据质量，在对 DCS 数据清洗之后进行归一化处理，如下：

$$\hat{u}(t) = \frac{u(t) - u_{min}}{u_{max} - u_{min}}$$

（9-4）

式中，$u(t)$ 为原始数据 NO_x 浓度序列；u_{max} 与 u_{min} 为数据样本的最大值和最小值；$\hat{u}(t)$ 为归一化后的数据。

（2）EMD 分解模块

本模块的主要作用是基于 EMD 分解方法将 NO_x 浓度序列分解成若干个不同时间尺度的简单子序列。EMD 分解由 Huang 等于 1998 年提出，是一种有效非线性、非平稳数据分析方法，其主要思想为将原始数据分解为若干具有不同时间尺度的本征模函数（Intrinsic Mode Functions，IMF）及残差[29]，如下所示：

$$\hat{u}(t) = \sum_{i=1}^{m} IMF_i(t) + r_m(t)$$

（9-5）

式中，$\hat{u}(t)$ 为预处理后的 NO_x 浓度序列；$IMF_i(t)$ 为第 i 个本征模函数；$r_m(t)$ 为残差。EMD 的分解过程如下：

步骤 1：给定 NO_x 浓度序列 $\hat{u}(t)$，设定阈值 ε 及 IMF 标记 $j=1$。

步骤 2：定义初始残差 $r_{j-1}(t) = \hat{u}(t)$。

步骤 3：抽取第 1 个 IMF。

步骤 3.1：赋值迭代变量 $i=1$。

步骤 3.2：定义 $h_{j,i-1}(t) = r_{j-1}(t)$。

步骤 3.3：找出 $h_{j,i-1}(t)$ 的所有极大值点和极小值点。

步骤 3.4：基于三次样条插值拟合所有极大值点形成上包络线 $e_{max}(t)$，同理得到下包络线 $e_{min}(t)$。

步骤 3.5：计算上下包络线的均值线 $m(t)$，如下所示。

$$m(t) = \frac{e_{\max}(t) + e_{\min}(t)}{2} \tag{9-6}$$

步骤 3.6：更新迭代变量 $i=i+1$，计算新序列如下。

$$h_{j,i}(t) = h_{j,i-1}(t) - m(t) \tag{9-7}$$

步骤 3.7：计算终止标准 $sd(i)$ 如下。

$$sd(i) = \sum_{t=0}^{N} \frac{\left[h_{j,i-1}(t) - h_{j,i}(t) \right]^2}{\left[h_{j,i-1}(t) \right]^2} \tag{9-8}$$

式中，N 为序列时长。

步骤 3.8：重复步骤 3.1～步骤 3.7，直至满足 $sd(i) < \varepsilon$。

步骤 3.9：记录本征模函数 $IMF_j(t) = h_{j,i}(t)$。

步骤 4：计算残差 $r_j(t) = r_{j-1}(t) - IMF_j(t)$ 并更新标记参数 $j=j+1$。

步骤 5：重复步骤 3～步骤 4，直至残差 $r_j(t)$ 的极值点小于 2。

（3）子序列预测模块

本模块的主要作用是基于多储备池回声状态网络（MR-ESN）对每一个子序列（本征模函数和残差）建立预测模型。MR-ESN 网络能够自动生成储备池，并通过控制储备池权值矩阵奇异值的上下界增强预测模型的鲁棒性，其网络结构如图 9-3 所示。对于非线性特性比较强的 $IMF_i(t)(i=1, 2, \cdots, m-1)$，采用非线性对储备池回声状态网络（NMR-ESN）建立预测模型，而 $IMF_m(t)$ 及 $r_m(t)$ 采用线性多储备池回声状态网络（LMR-ESN）建立预测模型。具体过程如下：

步骤 1：基于分解模块的分解结果以及给定的预测步长 p，构建预测模型的输入输出样本对 $\left[\hat{x}_l(t), \hat{d}_l(t) \right]$，$t=1, 2, \cdots, n_{\max}$，$l=1, 2, \cdots, m, m+1$。

步骤 2：初始化参数。赋值储备池个数 $k=0$，储备池内部状态收集起点 $n_{\min}$，目标输出矩阵 $\hat{D}_l = \left[\hat{d}_l(n_{\min}+1), \hat{d}_l(n_{\min}+2), \cdots, \hat{d}_l(n_{\max}) \right]^{\mathrm{T}}$；

步骤 3：更新储备池个数 $k=k+1$，随机生成对角矩阵 $S_k = \mathrm{diag}\left(\lambda_1^k, \lambda_2^k, \cdots, \lambda_{n_k}^k \right)$，$0 < a \leqslant \lambda_i^k \leqslant b < 1$，以及随机正交矩阵 ΔU_k 与 ΔV_k，构造第 k 个子储备池的权值矩阵 $\Delta W_k = \Delta U_k S_k \Delta V_k$；

步骤 4：随机生成子储备池的输入权值矩阵 ΔW_k^{in}，计算子储备池内部状态如下。

$$\Delta x_k(t) = f\left[\Delta W \Delta x_k(t-1) + \Delta W_k^{\mathrm{in}} \hat{u}(t) \right] \tag{9-9}$$

式中，$f(\cdot)$ 为非线性函数 tanh（NMR-ESN）或者线性函数（LMR-ESN）。

步骤 5：构建子储备池内部状态向量。

$$\Delta H = \left[\Delta x_k(n_{\min}+1), \Delta x_k(n_{\min}+2), \cdots, \Delta x_k(n_{\max}) \right]^{\mathrm{T}} \tag{9-10}$$

步骤 6：计算网络输出权值。

$$\begin{cases} \boldsymbol{W}_k^{\text{out}} = \left[\left(\boldsymbol{H}_k^{\mathrm{T}} \boldsymbol{H}_k \right)^{-1} \boldsymbol{H}_k^{\mathrm{T}} \hat{\boldsymbol{D}}_l \right]^{\mathrm{T}} \\ \boldsymbol{H}_k = \left[\boldsymbol{H}_{k-1}, \Delta \boldsymbol{H}_k \right] \end{cases} \tag{9-11}$$

步骤 7：更新网络权值。

$$\begin{cases} \boldsymbol{W}_k^{\text{in}} = \left[\left(\boldsymbol{W}_{k-1}^{\text{in}} \right)^{\mathrm{T}}, \left(\Delta \boldsymbol{W}_k^{\text{in}} \right)^{\mathrm{T}} \right]^{\mathrm{T}} \\ \boldsymbol{W}_k = \mathrm{diag} \left(\boldsymbol{W}_{k-1}, \Delta \boldsymbol{W}_k \right) \end{cases} \tag{9-12}$$

步骤 8：计算检验误差。

$$\boldsymbol{E}_k^{\text{val}} = \left\| \boldsymbol{H}_k^{\text{val}} \left(\boldsymbol{W}_k^{\text{out}} \right)^{\mathrm{T}} - \hat{\boldsymbol{D}}_l^{\text{val}} \right\| \tag{9-13}$$

式中，$\boldsymbol{H}_k^{\text{val}}$ 和 $\hat{\boldsymbol{D}}_l^{\text{val}}$ 分别为检验样本对应的储备池内部状态矩阵及目标输出矩阵。

步骤 9：计算终止条件。

$$SC_k^l = E_k^v - E_{k-l}^v \tag{9-14}$$

若 $SC_k^l \leqslant 0$ 则停止迭代。

步骤 10：选择检验误差最小的网络建立预测模型，并给出子序列的预测结果 $\hat{y}_l(t)$，$t = 1, 2, \cdots, n_{\max}$，$l = 1, 2, \cdots, m, m+1$。

（4）加权集成模块

加权集成模块通过对子模型预测输出加权求和得到 NO_x 浓度的最后预测结果，本节采用最小二乘方法求得权重，步骤如下：

步骤 1：构造矩阵 $\boldsymbol{X} = \begin{bmatrix} \boldsymbol{y}_1^{\mathrm{T}} \\ \boldsymbol{y}_2^{\mathrm{T}} \\ \vdots \\ \boldsymbol{y}_{m+1}^{\mathrm{T}} \end{bmatrix}^{\mathrm{T}}$，$\boldsymbol{y}_l = \begin{bmatrix} \hat{y}_l(1) \\ \hat{y}_l(2) \\ \vdots \\ \hat{y}_l(n_{\max}) \end{bmatrix}$，$\boldsymbol{D} = \begin{bmatrix} d(1) \\ d(2) \\ \vdots \\ d(n_{\max}) \end{bmatrix}$

步骤 2：求解 $\min_{\beta} \| \boldsymbol{X}\beta - \boldsymbol{D} \|$ 得 $\beta = \left(\boldsymbol{X}^{\mathrm{T}} \boldsymbol{X} \right)^{-1} \boldsymbol{X}^{\mathrm{T}} \boldsymbol{D}$。

步骤 3：加权计算 NO_x 的预测结果。

9.3.3 模型验证

实验数据来自山东某水泥生产线 DCS 数据库，采样周期为 10min，数据清洗后共获得 2880 组数据样本，涵盖了熟料煅烧过程中的多种工况，其中 1700 组用于训练，300 组用于计算停止标准，880 组用于模型测试，实验实现 NO_x 浓度单步预测。均方根误差（RMSE）、平均百分比误差（MAPE）、可决系数（R^2）用于评价模型性能。给定目标输出 d_i 以及预测输出 t_i，则性能指标计算如下：

$$RMSE = \sqrt{\frac{\sum_{i=1}^{n}\left(t_i - d_i\right)^2}{n}} \tag{9-15}$$

$$MAPE = \frac{100\%}{n}\sum_{i=1}^{n}\left|\frac{t_i - d_i}{d_i}\right| \tag{9-16}$$

$$R^2 = 1 - \frac{\sum_{i=1}^{n}\left(t_i - d_i\right)^2}{\sum_{i=1}^{n}\left(d_i - \overline{d}\right)^2} \tag{9-17}$$

式中，$\overline{d}$ 为目标输出平均值。

(1) 性能分析

图 9-5 给出了归一化后 NO_x 浓度序列的 EMD 分解结果图示。由图 9-5 可以看出，由 DCS 数据库采取到的数据尽管经过了数据清洗，但仍然具有很强的非线性特性及噪声干扰，预测困难，而经过 EMD 分解后子序列相对简单了很多，预测难度降低。分解后的子序列呈现不同的非线性特性，IMF_1 子序列具有强非线性，而残差具有明显的线性特性。图 9-6 和图 9-7 分别给出了 NMR-ESN 和 LMR-ESN

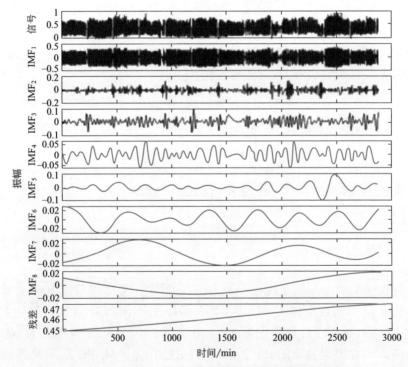

图 9-5 归一化后 NO_x 浓度序列的 EMD 分解结果图示

对于残差子序列和 IMF_1 子序列的预测误差，对于残差子序列 LMR-ESN 预测误差比 NMR-ESN 预测误差小了 2 个数量级，而对于非线性特性比较强的 IMF_1 子序列，LMR-ESN 预测误差比 NMR-ESN 预测误差大了许多。因此，IMF_1 ～ IMF_7 采用非线性激活函数 tanh 函数（NMR-ESN）预测，而 IMF_8 及残差序列采用线性激活函数（LMR-ESN）预测。

图 9-8 给出的是 NMR-ESN 对于 IMF_1 的学习训练过程，即训练和检验误差曲线。由图 9-8 可以看出，随着储备池模块数量的增加，训练误差呈现单调下降的趋势，但检验误差却出现了先下降后上升的趋势，最小检验误差出现在 21 个模块点，NMR-ESN 能够找到这个最小值点，也就是能够找到当前情况下的最优模型结构。图 9-9 与图 9-10 分别列出了子序列的预测效果和 NO_x 浓度预测效果。由图 9-9 和图 9-10 可见，NO_x 浓度（单位为 mg/m^3）序列经过分解后的子序列都得到了较好的预测效果，序列越简单预测效果越好，而模型最后的输出结果很好地拟合了 NO_x 浓度序列，说明这种"分解 - 预测 - 组合"的模型构建方式是有效的。

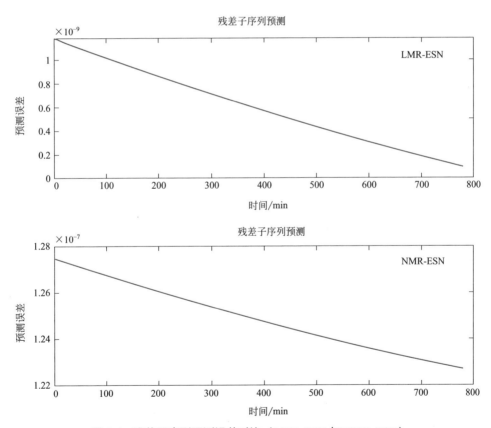

图 9-6　残差子序列预测误差对比（**LMR-ESN 与 NMR-ESN**）

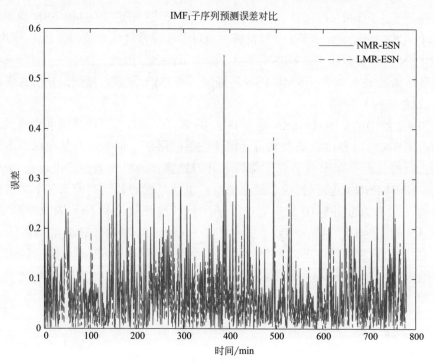

图 9-7 **IMF₁ 子序列预测误差对比（LMR-ESN 与 NMR-ESN）**

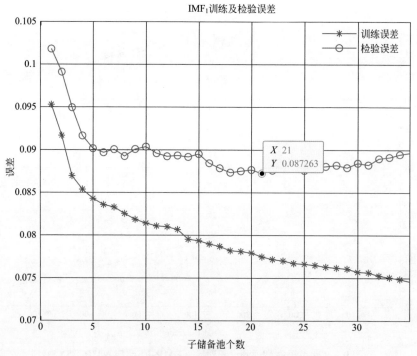

图 9-8 **IMF₁ 子序列训练、检验误差曲线**

空气污染智能感知、识别与监控

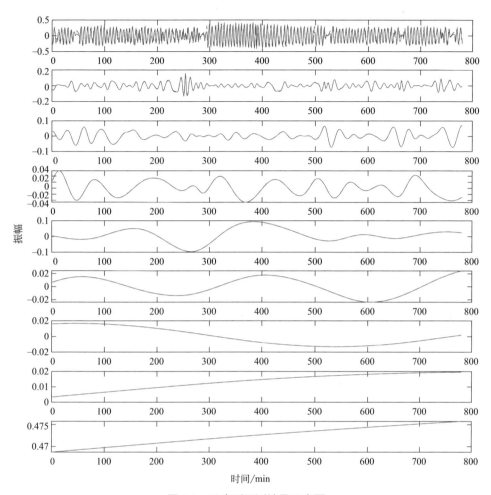

图 9-9 子序列预测结果示意图

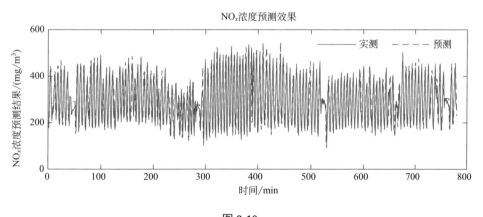

图 9-10

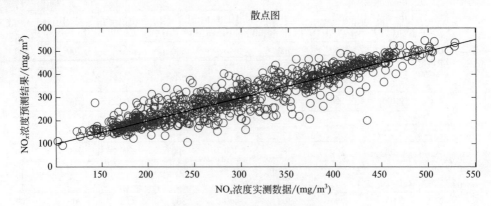

图 9-10　NO_x 浓度预测结果图示

（2）性能对比

为了更好地验证模型的有效性，ESN[23]、GESN[24]、LSTM[30]、EMD+ESN[31] 用于模型预测性能对比研究，模型参数由 5 折交叉验证选取，表 9-1 给出了 MR-ESN 各子模型的参数设置。30 次独立实验之后，统计结果列于表 9-2，包括 RMSE、MAPE 及 R^2 的均值与标准差，均值反映了模型的预测精度，而方差反映了模型的鲁棒性。由表 9-2 可以看出，与 EMD+ESN 模型相比，EMD+MR-ESN 预测精度和稳定性都有全面的提高，说明多储备池模块化结构比随机储备池结构具有更好的预测性能和稳定性，MR-ESN 通过限制储备池权值矩阵的奇异值生成区间提高了网络的稳定性。与 ESN 模型相比，EMD+EMD 和 EMD+MR-ESN 模型具有更好的预测性能，说明这种"分解-预测-集成"模型构建方法是有效的。总体上来说，本节提出的 EMD+MR-ESN 模型比其他几个方法具有更好的预测性能和稳定性。

表 9-1　MR-ESN 各子模型的参数设置

模型	参数			
	储备池节点数	输入缩放因子	奇异值区间	激活函数
NMR-ESN$_1$	110	0.1	[0.2, 0.25]	非线性（tanh）
NMR-ESN$_2$	5	0.1	[0.2, 0.30]	非线性（tanh）
NMR-ESN$_3$	50	0.1	[0.2, 0.35]	非线性（tanh）
NMR-ESN$_4$	50	0.1	[0.3, 0.45]	非线性（tanh）
NMR-ESN$_5$	15	0.1	[0.3, 0.55]	非线性（tanh）
NMR-ESN$_6$	15	0.1	[0.4, 0.60]	非线性（tanh）

模型	参数			
	储备池节点数	输入缩放因子	奇异值区间	激活函数
NMR-ESN$_7$	25	0.1	[0.4, 0.75]	非线性（tanh）
LMR-ESN$_1$	50	0.1	[0.6, 0.90]	线性
LMR-ESN$_2$	15	0.1	[0.8, 0.95]	线性

表 9-2　性能对比

模型	性能指标					
	RMSE		*MAPE*		R^2	
	均值	标准差	均值	标准差	均值	标准差
EMD+MR-ESN	**40.8263**	**0.2314**	**0.1104**	**6.72e−04**	**0.8447**	**1.80e−03**
EMD+ESN	41.3543	0.5104	0.1126	1.70e−03	0.8402	3.90e−03
ESN	42.7071	0.3407	0.1159	1.20e−03	0.8328	2.80e−03
GESN	42.6684	0.4625	0.1157	1.90e−03	0.8326	3.30e−03
LSTM	42.7142	0.6226	0.1128	1.90e−03	0.8282	2.30e−03

　　针对水泥熟料烧成系统 NO$_x$ 释放浓度的预测问题，本节基于"分解 - 预测 - 集成"的思想，利用 EMD 时序分解方法和模块化多储备池 ESN，设计了数据驱动预测模型。首先通过 EMD 方法将 NO$_x$ 浓度序列分解为若干简单的子序列，然后用多储备池模块化回声状态网络（MR-ESN）实现对子序列的预测，最后利用最小二乘法实现子序列的加权集成得到 NO$_x$ 浓度预测值，实验结果显示该模型具有较好的预测性能和鲁棒性。

9.4
火炬烟气智能控制系统分析

　　火炬控制系统是一个典型的现代化工业智能控制系统，其设计过程需要综合考虑多种问题，如：放空火炬现场复杂的工况环境会导致火炬气排放性质的不确定性，火炬搭设位置过高会导致数据采集困难，硬件和软件设置无法统一的问题，操作人员对于软件操作的不熟练等。本节会对以上几点问题进行简要的难点分析。

9.4.1 工况分析

在保护大气环境和保障生产安全的前提条件下，维护火炬系统的安全性是石化企业发展中必须解决的问题。火炬气的种类多种多样，含有不同物质的火炬气的燃烧工况也不尽相同。按照排放气体的成分，通常将其工况分为以下两类。

(1) 烃类放空火炬燃烧

对于轻烃类火炬气，放空火炬可以直接燃烧，其往往不需要使用助燃蒸汽消烟；而对于重烃类火炬气，在不施加外部手段的情况下，火炬气往往不能完全燃烧，因此会产生大量的烟气，一般就需要通过助燃蒸汽消烟的方式来进行消烟处理。

在火炬不完全燃烧的过程中，会产生 CO、VOCs、CO_2、H_2O、NO_x 和 SO_x 等中间气体和其他未完全燃烧的产物（包括甲烷和其他碳氢化合物）。烟气中含有潜在致癌物的多环芳烃（PAHs），多环芳烃会导致人身健康的损害，包括对呼吸系统和心血管系统等的危害；高反应性 VOCs 可产生大气光化学反应，严重破坏臭氧层，同时危害人类健康[32]，也是导致 $PM_{2.5}$ 和 PM_{10} 浓度增加的主要原因之一。目前，国内外研究机构和火炬系统供应商已经对火炬气燃烧过程排放的 VOCs 以及火炬燃烧状态监测及控制技术进行了广泛而深入的研究。

由本书前文中详细介绍的关于烃类燃烧的具体过程可知，烃类物质燃烧是烟气产生的主要原因，而抑制烟气产生的核心技术是增加火炬气在燃烧处的含氧量，目前我国采用的主要方式是在火炬头注入助燃蒸汽[33]。

(2) 酸性火炬燃烧

酸性火炬气由于具有较强的腐蚀性，需要借助单独的火炬筒体将其引至高空，不能和其他类型的火炬气混合排放，其原因有两点：一是容易腐蚀；二是酸性气体可能会与其他的物质混合后发生化学反应。

酸性火炬气的燃烧值相对于烃类气体低得多，在燃烧过程中需要燃烧温度达到 700℃ 以上才可能完全分解。而酸性火炬气中由于含有 H_2S 等有毒物质，一旦燃烧不充分，造成的危险会比一般烃类火炬燃烧造成的危害大得多，目前我国主要是通过掺加燃料气的方式提高其燃烧值以保证完全燃烧。石油化工厂在酸性气体燃烧过程中一般会采取掺烧或伴天然气燃烧的做法来提高酸性火炬气的分解效率，但目前还没有明确的理论数据来说明掺烧及伴天然气的燃烧用量[34]。

酸性气体排放情况及其燃烧工况有以下三大特点：

① 当酸性火炬气排放速率较小时，火炬的燃烧效率较低，根据经验通常只有 68%[35]。而随着火炬气排放速率的提高，酸性火炬气的燃烧效率也相应地会迅速提高。当排放速率超过 $30m^3/s$ 时，酸性火炬气的燃烧效率会达到一个约为 92% 的

基本稳定的水平[36]。

② 随着风速的逐渐增大，酸性气火炬燃烧速率会呈现出先增加后降低的趋势，但是总趋势与低热值火炬燃烧的趋势是一致的。

③ 采用天然气伴烧和掺烧的方案均能提高酸性气火炬的燃烧效率，但采用伴烧方案的燃烧效率要高于采用掺烧方案的燃烧效率。当助燃气体占整个泄放气（泄放气＋助燃气）总量的比例大于 20% 时，随着助燃气量的增加，H_2S 燃烧的效率将会有所提高，但提高的幅度并不大。

烃类火炬产生的烟气会对环境造成污染，烟气会在空中凝聚成毒云后向下扩散，进而威胁周边人员的生命安全。为了能够消除放空火炬烟气和保护环境，无论是烃类气体还是酸性燃烧气体，在两者进行燃烧的过程中都需要注入助燃蒸汽。由此可知，设计并搭建促进火炬气高效燃烧的放空火炬智能监控系统对于改善这两类工况都有着重大且深远的意义。

9.4.2　环境分析

（1）天气环境

利用摄像头捕捉火炬燃烧时的影像，并以此来分析火炬实时燃烧状态是一个理想的解决方案。然而，在雨、雪、高温等天气情况下，摄像头内部电子元件的运转将会受到环境的影响，环境的温度过高或过低都会影响其识别烟气的状况。假如环境的温度过低，电子器件会达不到预热值，就会影响机器的作业特性。对于部分含有电池部件的组成部分也是一样的，如果环境的温度过低，电池内部的化学反应与释放能量的速度也会减慢，应有的能量将无法得到充分的发挥，从而减少其正常的作业时间。虽然低温天气一般不会对设备造成损坏，但是仍然会影响作业效率。此外，如果温度低至 -40℃，传统的摄像机将无法正常作业。

在大雾的天气情况下，由于雾是由空气中的水蒸气形成的，它具有较高的散射反光率，因此摄像头的可视范围会大幅度下降，进而严重影响放空火炬烟气检测识别的准确率。

（2）空间环境

放空火炬根据支撑结构可以分为高架火炬和地面火炬，目前国内大多数石油化工厂采用的是高架火炬。然而，高架火炬由于垂直高度过高，如图 9-11(a) 所示，可视距离是有限的，所以目前需要攻克的一个难点是确保在较远的距离下对有限的影像特征进行精准提取。

在设置高架火炬的石油化工厂中，火炬气的安全传输也是企业需要综合考虑的一个问题。火炬气传输距离越远、传送高度越高，危险发生的概率也就越大。首先，高架火炬搭建的高度通常是150m以上，这样可以将对周围居民造成的影响降低到最小。相应地，放空火炬智能控制系统在控制火炬气传输至火炬头和自动点火装置处时，需要保证传输过程中的稳定性[37]。此外，放空火炬在传输过程中必然会受到噪声的影响，因此在设计系统时需要保证控制系统的稳定性要足够强。

相对于高架火炬而言，某些小型的石油化工厂会搭设用于处理废气的小型放空火炬。在小型火炬系统中，数据采集方面也会相对简单。如图9-11(b)所示，小型火炬搭设体积小，储存待处理的火炬气较少，在这种情况下就需要做到对火炬气的实时处理。因此就需要保证控制系统的快速性和准确性都很强，这样才能保证火炬气突然激增时，控制系统仍能够实时响应并输出稳定值。

(a)　　　　　　　　　　　　(b)

图 9-11　高架火炬和小型火炬

9.4.3　控制系统分析

（1）硬件分析

通过对实验基地和石油化工厂现场进行调研发现，放空火炬烟气智能监控系统主要由石油化工厂原有放空火炬燃烧设备、放空火炬控制器以及放空火炬火焰图像采集设备等组成。

本章设计的放空火炬高效燃烧智能监控系统如图 9-12 所示，其在原有的放空火炬燃烧主系统中，额外添加了用于提取当前放空火炬烟气情况的摄像机，并通过计算机将摄像头捕捉到的火炬燃烧影像进行分析与计算，来确定阀门开度的输出量。同时在 ZDLP 电子调节阀的阀门开度上，设计了一种有效的用于控制助燃蒸汽流量的控制算法，以实现消除放空火炬烟气的目的。在设计出放空火炬智能监控系统后，首先在实验室做模拟实验，之后在中试场地做实地测试，最后才搭建在实际的石油化工厂中进行使用。

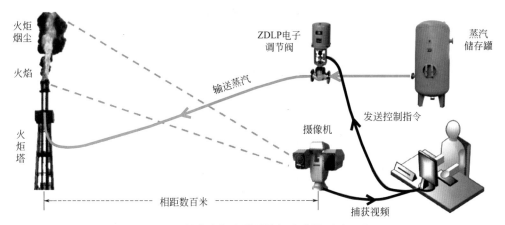

图 9-12　放空火炬高效燃烧智能监控系统组成

在实地场地中搭建控制系统消耗的资源较大，因此可以在实际的控制系统之外设计和搭建一套独立于石油化工厂放空火炬原监控系统的新型放空火炬高效燃烧智能优化微型控制系统，如图 9-13 所示。计划接入高清图像采集设备的新系统由实时数据采集、实时数据优化处理、助燃蒸汽流量智能优化控制等几个主要环节组成。

①　高清图像采集设备：放空火炬智能监控系统将使用高清摄像头采集当前状况下的放空火炬的实时状态作为图像算法处理的输入信号。值得注意的是，输入信号为图片，因此必须保证图片足够清晰和准确，这样才能提高控制系统的准确性。

②　实时数据采集：根据系统设计的快速性要求，摄像头需要将实时数据传输至放空火炬智能监控系统。若数据采集无法做到实时采集，将会影响整个控制系统的工作效率，也就是控制系统会在下一时刻调控很久之前的放空火炬数据，这样会导致对石油化工厂毫无意义的延时控制。

③　实时数据优化处理：单纯的数据采集是无法对系统进行最优化控制的。通

过实时数据来优化处理机制，首先将传输数据进行预处理，再将预处理之后的数据传输至控制系统，由此可以在最大程度上提高控制效率。

④ 助燃蒸汽智能优化控制：对于控制系统优化而言，保证安全生产的主要性能指标是确保控制信号的给定值和实际值是一致的。所以在设计实际系统时，控制系统需要在快速反应的基础上，保证稳态误差是最低的。

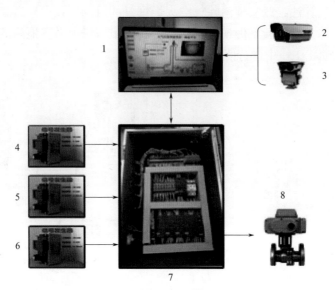

图 9-13　微型放空火炬硬件平台设计

1—智能控制站（V2.0）上位机部分；2—可见光谱高清摄像机，型号为 DS-B2617-3/6PA；3—红外光谱高清摄像机，型号为 DS-2CD1221D-I3；4 ~ 6—4 ~ 20mA 电流信号发生器，分别模拟水蒸气流量、火炬气流量和消烟水蒸气流量；7—智能控制站（V2.0）下位机部分，由西门子 PLC-smart200-CPU、模拟量输入模块和模拟量输出模块组成；8—电流控制电动阀门，开度为 0° ~ 90°

本章上述内容所介绍的系统可接入信号发生器、电动阀门和小型摄像机构成放空火炬高效燃烧智能控制技术开发平台，进行实验室级别的小型测试。新系统还可接入仪表信号、电动阀门和高清摄像机构成放空火炬高效燃烧智能控制技术开发平台，进行实验基地级别的中型测试。在实际的石油化工厂的设计中，根据上一节的分析，还需要考虑更加复杂的干扰信号和环境的影响，因此需要设计更加稳定的控制算法和控制系统。

（2）软件分析

放空火炬燃烧状态的实时监控在一定程度上能够保证消烟控制系统控制的有效性，使用简便的交互式设计会使工作人员比较容易上手，并且能够使软件系统更普遍地应用[38]。结合上一章所提出的放空火炬消烟控制系统对烟气检测性能的实际要求，监控软件还需要在该要求的基础之上保证软件能实现完整的放空火炬控制算法的逻辑。在整体软件的设计上，放空火炬监控软件的核心目标是易操作性、实时性和准确性。

① 易操作性　放空火炬烟雾监控软件系统的主要目的是针对放空火炬的日常监控和火炬燃烧时烟气浓度的识别，然而使用该软件的主要人员是石油化工厂的工作人员，工作人员对于计算机操作的熟悉程度不尽相同，所以应该使得软件的使用过程更加人性化。软件的操作越简易，工作人员就越容易上手[38]。

② 实时性　为使放空火炬不产生烟气，并且满足工厂的排放标准，根据上文所述的控制系统的稳定性、快速性和鲁棒性的要求，应当要求放空火炬烟雾监控软件对每张图片中烟气识别的过程小于1s。这个时间间隔能够使控制系统在极短的时间内控制助燃蒸汽流量达到系统计算得到的给定值。

③ 准确性　准确的烟气识别才能给消烟控制系统提供有效的反馈信息，使得消烟控制更加及时[39]。根据软件控制策略的需求，监控软件不但要判断当前时刻放空火炬烟气的有无，还要尽可能给出火炬气的燃烧比，因此烟气识别算法应在确保判断图像中烟气有无的基础上，进一步判断火炬气的燃烧状态，最终得出火炬气的燃烧比与烟气浓度。

根据以上几点需求，所设计的放空火炬智能监控软件框架图如图 9-14 所示。其中用户登录模块对应了易操作性的需求，在用户登录过程中会设计管理模式和访客模式，保证放空火炬监控系统的安全性。在访客模式下，非管理员也能观察当前放空火炬的实时工况，但不能改变放空火炬的内部参数。火炬燃烧监控平台内包含烟气识别算法和智能控制算法，以满足监控系统的实时性和准确性需求。图 9-14 所示的放空火炬智能监控软件系统将在下一节中展开详细介绍。

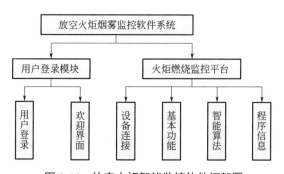

图 9-14　放空火炬智能监控软件框架图

软件系统还需和实际的硬件相连接，并且在使用前需要设置放空火炬整套系统的实际参数。在设定好参数之后，控制系统才能更加精准地控制助燃蒸汽流量，最终达到节约能源和保护环境的目的。

9.5

火炬烟气智能控制方案设计

目前我国石化企业普遍采用的是高架火炬，大多数烟气传感器在高架火炬中难以布设和进行后期维护，而且容易受到高温的影响出现测量误差。此外，通过计算火炬气与助燃蒸汽的燃烧比的传统火炬烟气智能控制方案往往容易造成资源浪费或者无法完全抑制烟气的排放，从而不能很好地满足控制系统的要求 [40]。

结合人工智能技术，运用高清摄像机来实时显示并动态采集放空火炬火焰焰心的图像，然后将该图像实时传输至放空火炬智能解析模型，依赖计算机来分析放空火炬火焰燃烧状态，进而控制助燃蒸汽浓度。系统得到火炬燃烧状态数据后，会控制助燃蒸汽的阀门开度，最终实现消除烟气的目的。在实际应用中，火炬燃烧系统大多处于室外环境，因此火炬气燃烧时摄像机摄取到的图像会在不同程度上受到周围环境的影响。天空背景亮度多变、风速不定、放空火炬高度过高等因素可能会使烟气出现空间上的扩散。不仅如此，其他干扰物（如飞鸟、云、高层建筑等）的影响也会使火炬燃烧图像的烟气识别成为一个具有挑战性的难题。

9.5.1 系统设计应用目的

放空火炬智能监控系统是以智能优化算法为核心的，其通过图像提取实际火焰的关键信息，分析和评估火炬燃烧的品质，最终给出火炬燃烧控制参数调节量。放空火炬智能监控系统可以利用此调节量，基于控制算法以调整控制策略，最终设计出最佳的火炬燃烧效率控制方案。该系统还通过构建智能化放空火炬高效燃烧自动控制软件，提高火炬燃烧效率，满足排放要求，降低助燃蒸汽的物耗成本。

放空火炬智能监控系统中的算法主要分为烟气检测部分和控制算法部分。烟气检测部分主要是将放空火炬当前燃烧状态标记为一个标签，即对燃烧状态进行二分类，然后控制算法部分将烟气检测系统的输出值作为对应的输入信号，进而计算得到最终所需的助燃蒸汽值，并控制阀门输出给定的助燃蒸汽。

如图 9-15 所示，放空火炬智能控制系统通过摄像头采集数据并将该数据作为算法的输入传输至下位机，判断该数据是否含有火焰之后，再继续判断是否含有烟气，然后控制算法通过烟气情况来控制阀门开度是增大还是减小。

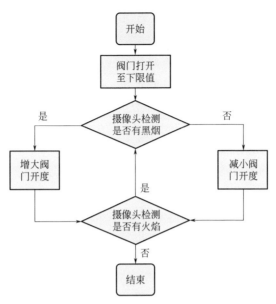

图 9-15 放空火炬智能检测算法逻辑图

9.5.2 火炬烟气智能检测方案设计

在白天的工况下，天空背景亮度较高，放空火炬燃烧状态和烟气对比度也会较高[41]。因此，通常采用可见光谱高清摄像机来实时捕捉火炬燃烧及形成烟气的图像，并且基于图像分析或者深度学习来实现对烟气由定性到定量的实时监测。

在夜晚的工况下，放空火炬烟气状况目前是无法稳定观测的，还需要未来在识别和控制的方向上进行更进一步的系统更新。

在石油化工厂中，放空火炬根据不同的工况（待机工况、正常工况、异常工况）将火焰燃烧图像分成了三类：无火焰无烟气图像、有火焰无烟气图像和有火焰有烟气图像，如图 9-16 所示。

(a)　　　　　　　　　　(b)　　　　　　　　　　(c)

图 9-16 放空火炬的工况图像示意图

在火炬的燃烧状态下，火焰的存在是火炬烟气存在的前提，因此定位出火焰区域是对火炬烟气进行识别的首要步骤。然而相较于实验室、中试基地放空火炬这种绝对理想的实验环境，石油化工厂作业现场收集的放空火炬燃烧图像通常会包含多种干扰物，例如云、树和高架台等。尤其是放空火炬处于工作状态时，环境是会随机变化的。使用传统的图像定位算法有时无法达到理想的定位效果，因此，要想对火炬燃烧部分进行更明确的定位，需要在传统的算法中添加注意力集中机制来实现定位，也就是将算法的注意力集中在给定图像中的火焰周围区域。通过这种方法可以更加有效地定位出放空火炬燃烧状态下的火焰显著图，这可以使传统的定位算法的定位效果更加高效、稳定。

上一章中提出的 VMFS 放空火炬火焰定位识别智能算法能够精准地定位并捕捉火焰和烟气的所在位置，其工作流程如下 [42]：

① 在第一阶段中，根据火焰燃烧呈现红光、天空背景呈现出蓝色等先验知识，快速、粗略地对火炬气燃烧的火焰进行监测。如果无法检测出火焰，则检测环节结束，输出"无火焰无烟气"的结果；如果存在火焰区域，那么 VMFS 模型进入下一环节，精准定位火焰区域。

② 在第二阶段中，VMFS 模型将图像分析领域的显著性检测、K-means 和广泛协调的颜色通道结合起来提取火焰区域，从而精确地锁定火炬气燃烧时的火焰区域，然后进入下一阶段检测是否存在烟气。

③ 在第三阶段中，首先利用火炬烟气的分子量低于空气平均分子量的先验知识，然后将烟气的自然流动轨迹与广泛协调的颜色通道结合起来去检测火炬气燃烧过程中是否产生了烟气，然后根据检测结果输出"有火焰有烟气"或是"有火焰无烟气"的结果。

VMFS 模型智能监测算法流程如图 9-17 所示。

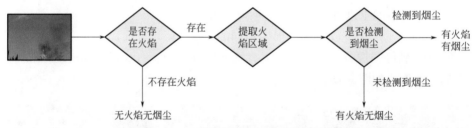

图 9-17　VMFS 模型智能监测算法流程图

VMFS 放空火炬火焰燃烧区域智能算法的三个阶段的示例如下：

第一阶段：如图 9-18 所示的上半部分和下半部分两幅图像可以首先通过自左至右的三个阶段检测火焰是否存在。利用基于火炬燃烧时会发出红光并且通常会占据整个图像中较大部分的先验知识，可以实现对火焰定位快速且准确的检测。如果图像中不存在火焰，VMFS 模型将输出"无火焰无烟气"的结果，之后停止继续检测，否则，将进入下一阶段继续处理给定的图像。如图 9-18 所示，上半部分的图像经过 VMFS 模型检测后的结果为"无火焰"，下半部分的图像经过 VMFS 模型检测后的结果为"有火焰"，进而计算机标定出如图所示的火焰区域[42]。

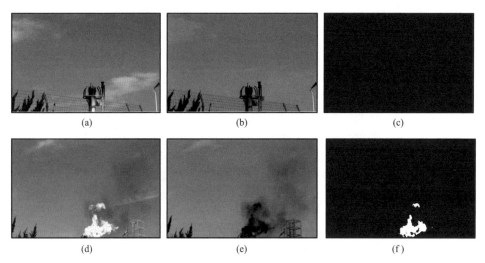

图 9-18　第一阶段检测效果示意图

第二阶段：VMFS 模型将显著性检测、K-means 和广泛谐调的颜色通道适当地结合起来去提取包含火焰的区域。此阶段的目的是找到放空火炬全部的火焰区域。之后的火焰定性检测则是需要标记出全部的有可能包含的火焰的区域，因为它会严重影响 VMFS 模型第三阶段的检测性能。若是检测的火焰区域不完整，会导致火炬烟气的测量值和实际值是不一致的，最终会导致助燃蒸汽量供应不足，无法达到完全消烟的目的，因此这一阶段的要求不单单是像第一阶段中那样简单地判断是否存在火焰。在试验场地得到的火焰提取区域的效果如图 9-19 所示[43]。

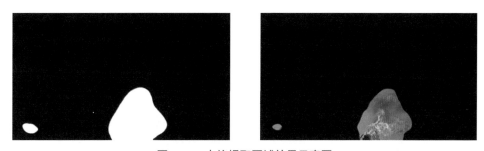

图 9-19　火焰提取区域效果示意图

第三阶段：算法会在第二阶段提取出的火焰区域的基础上自动定位出只包含火焰和火炬烟气的区域。现场考察过程中消烟时往往容易忽略潜在的烟气，从而导致石油化工厂经济受损。为了避免这种情况的发生，VMFS 模型算法使用基于火焰上方的烟气往往会沿风向从火焰区域浮出的先验知识，将提取出的火焰区域左侧、右侧和顶部均视为潜在的火炬烟气区域[42]。如图 9-20 所示，图中方框包含的区域被视为潜在的火炬烟气区域。该阶段消除了所有其他景物的干扰，只保留了火焰和火炬烟气，这样做可以大幅度降低火炬烟气识别的难度，而且还会提高准确性。如果检测到火焰烟气，VMFS 模型会输出"有火焰有烟气"的结果；否则，它将输出"有火焰无烟气"的结果。

图 9-20　火炬烟气潜在区域示意图

　　VMFS 模型从"有火焰无烟气"的图像和"有火焰有烟气"的图像中分别提取潜在火炬烟灰区域，以识别火炬烟灰的效果，如图 9-21 所示[44]，放空火炬火焰区域与潜在烟气区域在很大程度上是不相同的。从图 9-21 中可以看出，右侧图像中的红色部分存在着大量的潜在烟气，这些烟气的含量也是石油化工厂所不能接受的情况。

 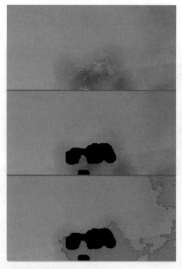

图 9-21　火炬烟灰潜在区域识别效果示意图

9.5.3 放空火炬智能控制算法设计

（1）单神经元 PID 控制算法

通过神经网络的无监督功能与传统的 PID（Proportional Integral Derivative）控制器的互相结合，形成了神经网络智能 PID 控制器。单神经元自适应 PID 控制器是神经网络 PID 控制器中一种结构较为简单的控制器[45]，能够通过在线学习来适应工业现场环境的变化，因此适合应用于火炬烟气智能监控系统的控制算法，如图 9-22 所示。

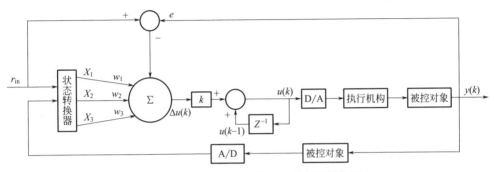

图 9-22 单神经元自适应 PID 控制器结构图

单神经元自适应 PID 控制算法在数学上表示为：

$$x_1(k) = e(k) - e(k-1) \tag{9-18}$$

$$x_2(k) = e(k) \tag{9-19}$$

$$x_3(k) = e(k) - 2e(k-1) + e(k-2) \tag{9-20}$$

$$u(k) = u(k-1) + K\sum_{i=1}^{3}\overline{w}_i(k)x_i(k) \tag{9-21}$$

其中，$u(k\text{-}1)$ 表示上一时刻控制器的输出；k 表示神经元的比例系数；r_{in} 表示 PID 控制器的输入信号；$u(k\text{-}1)$ 表示 PID 控制器的输出；$e(i)$ 表示控制器的误差；$x_i(k)$ 表示神经元的状态输入；$w_i(k)$ 表示神经元更新的权值。

该控制器采用无监督 Hebb 规则进行学习，根据输入的数据实时调节 PID 控制器的参数[46]，使控制器能够适应工业现场的工况变化。考虑到算法的收敛性和鲁棒性[47]，可以得到：

$$w_i(k+1) = w_i k + \eta_x z(k)u(k)x_i(k) \tag{9-22}$$

$$\overline{w}_i(k) = w_i(k) / \sum_{i=1}^{3}|w_i k| \tag{9-23}$$

式中，$\eta_x(x = P, \ I, \ D)$ 为比例、积分、微分学习速率；$z(k)$ 为期望值与输出值的差。

为了保证神经元权重值能够以目标函数 $J(k)$ 相应于 $w_i(k)$ 的负梯度方向进行修正，权值需要根据梯度下降的方法来进行更新，更新的算法如下：

$$w_i(k+1) = w_i k + \Delta w_i(k) = w_i(k) - \eta_i \frac{\partial J(k)}{\partial w_i(k)} \tag{9-24}$$

式中，η_i 为学习速率，一般取 $0 < \eta_i < 1$。

根据等价替换可以得到：

$$\frac{\partial J(k)}{\partial w_i(k)} = \frac{\partial J(k)}{\partial e(k)} \times \frac{\partial e(k)}{\partial u(k)} \times \frac{\partial u(k)}{\partial w_i(k)} \tag{9-25}$$

其中，$\dfrac{\partial J(k)}{\partial e(k)} = e(k)$，$\dfrac{\partial u(k)}{w_i(k)} = K\left(1 - f^2(\xi)\right)gx_i(k)$，$\dfrac{\partial e(k)}{\partial u(k)} = -\dfrac{\partial y(k)}{\partial u(k)}$。当被控对象的模型较为复杂或者特性未知时，$\dfrac{\partial y(k)}{\partial u(k)}$ 是难以求出的，因此需要采用一种满足实际需要的工程求法[48]。这种方法适合于计算机控制，同时其高效的计算速度也十分适合在线控制。该工程求法的算法如下：

$$\frac{\partial J(k)}{\partial w_i(k)} = \frac{\Delta y(k) - \Delta y(k-1)}{\Delta u(k) - \Delta u(k-1)} \tag{9-26}$$

$$\Phi(k) = \frac{\partial J(k)}{\partial w_i(k)} = \frac{\Delta y(k) - \Delta y(k-1)}{\Delta u(k) - \Delta u(k-1)} \tag{9-27}$$

则神经元三个权值的更新算法可写成：

$$\begin{cases} w_1(k) = w_1(k-1) + \eta_1 K\left[1 - f^2(\xi)e(k)x_1(k)\Phi(k)\right] \\ w_2(k) = w_2(k-1) + \eta_2 K\left[1 - f^2(\xi)e(k)x_2(k)\Phi(k)\right] \\ w_3(k) = w_3(k-1) + \eta_3 K\left[1 - f^2(\xi)e(k)x_3(k)\Phi(k)\right] \end{cases} \tag{9-28}$$

式中，η_1、η_2、η_3 分别为 PID 控制器中的 K_P、K_I 和 K_D 学习的速率。

观察式（9-28）可以发现，传统的 PID 算法与单神经元自适应 PID 的公式表达式是十分接近的，而与传统的 PID 控制有所不同的是，其神经元的激活函数 $f(\xi)$ 可能是非线性的激活函数[44]。

通过 MATLAB 进行离线仿真后，可以得到学习速率 $\eta_P = 0.4$、$\eta_I = 0.35$、$\eta_D = 0.4$，单神经元比例系数 K 为 0.12，初始化权重的比例、积分、微分环节均为 0.1，采样时间 T 为 0.001s，仿真结果如图 9-23、图 9-24 所示。

将无烟工况下，输出值 $y(k)$ 设定为 1，PID 控制器的期望输出设置为 1。可以从图 9-23 中看到，单神经元 PID 控制器在 0.1s 时刻以后的输出值基本稳定在 1，但在 0～0.1s 内的超调量（M_p）是 5%，而此时控制器的设定值是 $P = 0.12$，

I=0.73，D=0.13。

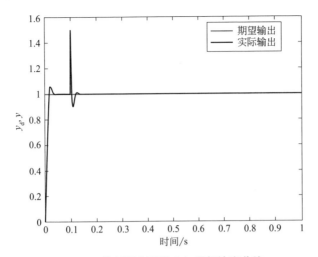

图 9-23　控制器实际输出与期望输出曲线

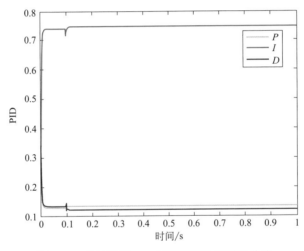

图 9-24　单神经元 PID 控制器参数自学习曲线

在 0.1s 时刻向该火炬烟气智能监控系统中加入模拟噪声，这是为了模拟异常工况下火炬气流量激增的情况，此时由于助燃蒸汽量过少，火炬气燃烧过程会产生烟气，而控制器迅速反应以增大助燃蒸汽量。由仿真输出曲线可知，消烟时间为 0.04s，也就是控制器输出第二次到达稳定的期望输出需要的时间是 0.04s，此刻放空火炬监控系统的超调量（M_p）为 10%，通过神经网络自学习得到的参数分别为 P=0.13，I=0.75，D=0.12。由此可以看出，单神经元自适应 PID 控制算法的鲁棒性相对较强，并且 PID 参数能够在线学习以适应环境的改变，从而使得稳态性能比较好[38]。

（2）模糊控制算法

模糊控制算法是在模糊集理论、模糊语言变量和模糊逻辑推理基础上发展起来的新型智能控制算法，通过模拟人的模糊推理和行为决策进行控制[49]。模糊控制算法首先将对应方面的专家经验定义为一定的模糊规则，然后将通过传感器采集的实时输入信号进行模糊化处理后，将其作为模糊规则的输入，之后根据控制器的优化算法完成模糊推理，最后将模糊推理后的结果进行清晰化（即去模糊）处理后传送至执行器中，实现控制系统对控制量的控制[50]。

模糊控制方法有以下几个优点[51]。

① 适用于控制对象建模困难的场合。许多系统无法快速且准确地建立相应的数学模型，例如放空火炬控制系统，而采用模糊控制算法，则只需要一些经验数据便能实现对放空火炬的控制，这就弥补了其他控制算法需要大量实验数据或精确物理模型的缺陷。

② 可以用模糊控制语言简洁地表示专家经验知识。其他控制算法（或者称为经典控制或现代控制）是采用经典的数学方法来获得控制规律并建立控制模型，对于一些复杂的工业系统而言，这些规律是很难获取的，但是对于一个拥有丰富操作经验的专家来说，其操作经验往往是可以复制的，这就强化了模糊控制的天然优势。

③ 模糊控制方法具有较强的鲁棒性，可适用于各种复杂的控制系统。对于放空火炬控制系统而言，系统所需的控制量比较多，干扰信号也比较为繁杂，但是使用模糊控制的方法便能很好地解决掉这两个问题。

④ 模糊推理的过程与人类的决策过程是相似的，其也可以对不确定性较强的数据进行模糊判断。与其他控制算法相比，模糊控制大大降低了系统设计的复杂性，从而可以较快地控制被控量，以达到系统设计快速性的需求。

如图 9-25 所示，控制算法可以设计一个如虚线框所示的二维模糊控制器（Fuzzy Controller，FC），之后采用 Mamdani 法对火炬消烟过程进行 MATLAB 仿真，可以通过调节阀门将烟气程度稳定在"无"附近。首先确定其输入输出量：理想的无烟气浓度为 h，实测的烟气浓度为 y，将烟气程度 $e=y-h$ 和烟气程度变化率 Δe 作为输入量，阀门开度 u 作为输出量。

然后分割模糊空间，设定烟气程度的语言值：PS（小），PM（中），PB（大），论域为 [0，100]；烟气程度变化率的语言值：NS（小），NM（中），NB（大），论域为 [0，50]；阀门开度语言值：S2（小），S1（较小），M（中），B1（较大），B2（大），论域为 [0，100]。三者的隶属函数分别如图 9-26 ～图 9-28 所示。

根据专家手动消烟的经验，可以将模糊规则设定为如下几种情况：烟气程度小，变化率小，则阀门开度小；烟气程度小，变化率中等，则阀门开度较小；烟气程度小，变化率大，则阀门开度中等；烟气程度中等，变化率小，则阀门开度较小；烟气程度中等，变化率中等，则阀门开度中等；烟气程度中等，变化率大，则阀门开度较大；烟气程度大，变化率小，则阀门开度中等；烟气程度大，变化率中等，则阀门开度较大；烟气程度大，变化率大，则阀门开度大。

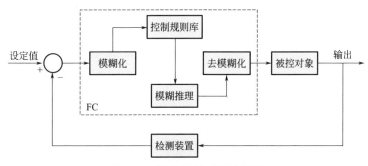

图 9-25　模糊控制系统结构图

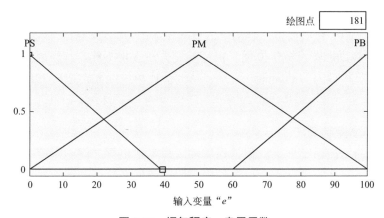

图 9-26　烟气程度 e 隶属函数

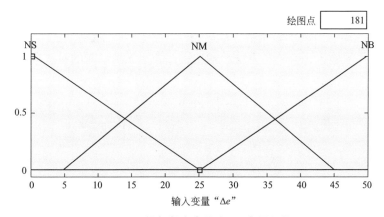

图 9-27　烟气程度变化率 Δe 隶属函数

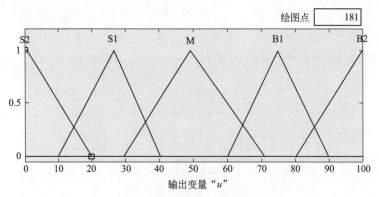

图 9-28　阀门开度 u 隶属函数

根据实验室中进行的小型仿真实验和试验场地中型测试可以得到如下结论：

① 在控制算法的快速性方面，模糊控制算法在放空火炬试验场地中的测试效果更加优秀。模糊控制算法在放空火炬烟气出现时就会进行消烟，并且相较于单神经元自适应 PID 算法而言，其消烟的过程所需的时间也相对较短。

② 在消耗助燃蒸汽流量方面，模糊控制算法表现不佳。其原因是设定的模糊经验无法确定每秒内的助燃蒸汽流量，从而会比单神经元自适应 PID 算法消耗的助燃蒸汽多。

（3）前馈控制算法

在传统的反馈系统中，反馈是根据输入量与输出量之间的差值来对控制系统进行调节的。当系统受到干扰信号的影响时，为使系统屏蔽掉干扰信号并快速稳定地生成输出值，需要添加前馈控制。因为单一的反馈作用不足以使系统快速地达到稳定状态[52]，而前馈控制是根据扰动量来对开环系统进行补偿以使系统达到稳定的控制算法。

前馈控制的结构示意图如图 9-29 所示。$G(s)$ 表示系统的传递函数；$G_n(s)$ 表示扰动量的扰动通道的传递函数；$D_n(s)$ 表示前馈控制的传递函数；n 表示扰动信号；u_1 表示系统输入；y_2 表示系统总输出；y_1 表示无扰动时的系统输出。

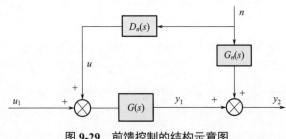

图 9-29　前馈控制的结构示意图

假定输入量 $u_1=0$，则有：

$$Y(s) = Y_1(s) + Y_2(s) = [D_n(s)G(s) + G_n(s)]N(s) \tag{9-29}$$

在前馈控制中，为使得前馈补偿值能够完全抵消掉扰动的影响，应当令式 (9-29) 中的输出量 $Y(s)$ 为 0。

那么由此可以推导出如下公式：

$$D_n(s)G(s) + G_n(s) = 0 \tag{9-30}$$

根据石油化工可燃气体和有毒气体检测报警设计标准[53]，以放空火炬燃烧的经典模型作为基础，利用火炬气的流量、平均分子量和助燃蒸汽量等参数计算得出的消烟助燃蒸汽量 G_{st}（kg/h）为：

$$G_{st} = q_{cm}\left(0.68 - \frac{10.8}{M_c}\right) \tag{9-31}$$

式中，q_{cm} 为火炬气流量，kg/h；M_c 为排放气体中碳氢化合物的平均分子量。

因此前馈控制的传递函数为：

$$D_n(s) = -\frac{G_n(s)}{G(s)} \tag{9-32}$$

控制系统软件部分会按照式 (9-31) 得到结果，并将其转换成助燃蒸汽电动阀门开度的初始值，以此作为前馈控制信号，从而快速调节助燃蒸汽量至最优区间；根据放空火炬高效燃烧烟气品质智能感知算法得到当前的火炬燃烧状态之后，可以在上述区间中计算出助燃蒸汽智能优化控制的精准调节增量，然后将助燃蒸汽电动阀门开度设定值传到下位机。PI 控制规律是常用的控制规律，其不但能够快速响应，还能消除系统的稳态误差。之所以这样的原因是比例调节器的输出只取决于输入偏差的当前状态，而积分调节器则包含了系统的全部历史信号[54]。PI 控制算法可表示为：

$$V = K_P Y_{in} + \frac{1}{\tau}\int_0^t Y_{in}\,\mathrm{d}t \tag{9-33}$$

式中，V 为 PI 调节器的输出，即阀门开度；Y_{in} 为控制器的输入，即烟气程度偏差值；K_P、τ 分别为比例系数与积分时间常数。

在放空火炬智能控制系统中，控制器的输入是烟气程度与设定值的偏差值，控制器的输出是阀门开度。系统在运行过程中会在比例环节的作用下，输出会立即做出响应，即阀门开度大幅度增加或者大幅度减少，从而实现快速控制；与此同时，在积分环节的作用下，烟气程度会不断降低，输入的偏差值会不断减小，阀门开度则继续增加，直到火炬烟气浓度达到设定值，输出值保持稳定。

将前馈控制和 PID 控制进行比较后，可以发现 PID 控制器中增加了微分环节，这可以对输入偏差值的变化速率进行预判，在变化率过大之前就引入一个矫正量以加快响应速度，提前降低超调量。其控制规律可以表示为：

$$u(t) = K_P \left[e(t) + \frac{1}{T_I} \int_0^t e(t)\mathrm{d}t + T_D \frac{\mathrm{d}e(t)}{\mathrm{d}t} \right]$$ （9-34）

式中，$u(t)$ 为输出的控制量；$e(t)$ 为反馈信号与给定值的偏差；K_P 为比例系数；T_I 为积分时间；T_D 为微分时间。

根据实验室内的小型仿真实验和试验场地中的中型测试可以得到如下结论：

① 在系统响应时间方面，前馈控制算法的响应时间比单神经元 PID 控制算法和模糊控制的响应时间都要更长；

② 在消耗助燃蒸汽流量方面，前馈控制算法比单神经元 PID 控制算法和模糊控制所消耗的助燃蒸汽都更少。前馈控制算法能够在放空火炬产生烟气的情况下，定量地给出最适当的助燃蒸汽的含量以调节阀门开度，因此前馈控制算法所消耗的助燃蒸汽会更少。

9.5.4　放空火炬试验场地控制系统设计

基于上文所述的放空火炬烟气智能检测方案和放空火炬控制算法，本节设计并搭建了一个基于图像的放空火炬烟气智能监控系统，该系统可以实现实时精准的火炬燃烧状态评估与烟气控制[55]。如图 9-30 所示，放空火炬智能控制系统在进一步改进后，能够达到精准且稳定的消烟效果。该火炬系统主要的组成部分为火炬燃烧气存储罐、助燃蒸汽生成器、助燃蒸汽调节电磁阀门、放空火炬头、智能控制系统及其监控设备。

图 9-30　火炬实验平台

在实际的石油化工厂搭建的火炬实验平台中，具体的实施步骤为：

首先，平台会粗略调节助燃蒸汽的流量，其以 PLC 智能控制站为核心，通过物理传感器采集火炬气流量、助燃蒸汽流量和助燃阀门开度值三路模拟量信号，之后根据石油化工可燃气体和有毒气体检测报警设计标准[53]粗略地计算出助燃蒸汽的流量，从而对放空火炬燃烧状态进行粗调节。

然后，平台会根据上述粗调节的结果对放空火炬的烟气品质进行检测，整个检测过程可以分为如图 9-31 所示的三个步骤[55]。第一步，采用图像显著性检测、图像处理算法以及机器学习等领域相关的聚类方法来捕捉并聚焦火焰周边区域，对火焰的位置进行定位。第二步，根据火焰区域圈定烟气范围并排除掉干扰对象，例如：基于图像互补色、自相似性等原理排除干扰对象（例如火焰、其他燃烧炉等）的影响。第三步，综合面积和浓度等因素对烟气品质进行判断。经过前两步的处理后，可以得到只包含烟气和背景的区域图，然后进一步通过基于颜色空间的图像阈值分割的方法，对图像中的烟气像素进行有效提取，并通过烟气像素的相对量对图像进行评估，再通过评估值向控制系统做出反馈。

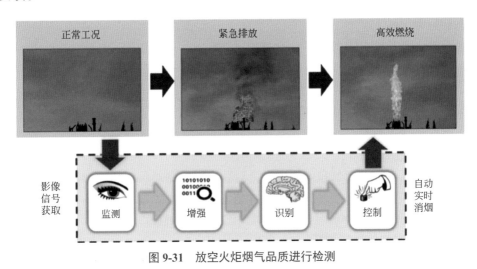

图 9-31　放空火炬烟气品质进行检测

最后，通过单神经元 PID 控制算法精准调节助燃蒸汽流量。将上文得到的烟气检测结果传输到智能控制站后，智能控制站会采用单神经元自适应 PID 控制算法精准调节阀门开度，以实现助燃蒸汽流量的调控。

放空火炬高效燃烧智能控制系统是通过图像来分析燃烧情况的，当放空火炬产生烟气时，控制阀门会增大助燃蒸汽量以消除烟气，从而起到保护环境的作用；待烟气被完全消除后，会减少助燃蒸汽流量，这样能够更好地节约能源；最后系统使助燃蒸汽保持在临界供应的状态。该控制系统突破了传统传感器的温度和实时性方面的局限性，还考虑到了保护环境和节约能源的问题。系统在实验基地的火炬实验平台中进行了实地测试，此实验场景在最大程度上还原了石油化工企业放空火炬现场的状态。实验证明，该系统最终有达到实时控制放空火炬高效燃烧的效果。

9.5.5 放空火炬试验场地操作系统设计

主流的编程语言主要有 C 语言、C++ 以及 C#。下面会对这三种编程语言进行简要的分析。

① C 语言 C 语言有以下优点：相比其他语言而言，C 语言在完成同一个功能时所需占容量要小得多，它可以直接访问硬件，运行速度较快。然而存在优点的同时也会存在一定的不足，例如：危险性比较高，运行时不存在报错的情况，也就是说程序会有很多难以发现的漏洞；开发周期比较长，C 语言是面向过程的语言，面向过程的语言就需要将整个过程全部写出来，这就需要花费较多的时间。

② C++ C++ 与 C 语言不同，它是面向对象的语言，其具有三大特性：继承、多态和封装。

继承：是指可以将另外一个对象的属性和方法直接使用，这样能够减少重复代码出现的次数，增加耦合性。但这种特性也就导致编译时无法将新问题完整地解决，限制了语言的灵活性和简洁性。

多态：多态主要是针对接口来讲的，就是不同接口会出现不同的语言形态方式。其优势是提高了 C++ 的复用性和可扩充性。不过对于不同接口而言，修改语句会变得比较困难。

封装：对于提供接口和方法来说，封装能够隐藏对象的属性和细节，其优点是便于使用和安全性有所增加。不过封装太多会严重影响计算机的效率，而且使用者也无法读取实际代码，从而影响对代码的理解和修改。

③ C# 与其他语言相比，C# 出现的时间比较晚，但出现时间晚也就说明了该语言吸取了"百家之所长"，具有其他语言大部分的优点。与面向对象的语言相比，C# 具有更先进的语法体系；与 C 语言进行比较，可以发现 C# 会更加灵活，兼容性更强，更适合编写。

根据前面的设计方案及规划，本节介绍基于红外光谱图像识别技术的放空火炬燃烧状态的管理界面。开发环境选用的是 Visual Studio 2019，编程语言选择的是 C#。

根据前面提及的需求——易操作性，考虑到现场操作人员对计算机的认识程度也各不相同，于是在设计放空火炬燃烧状态的管理界面时，采用的是与常用的 Windows 软件一致的方式，也就是双击一个可执行文件的图标便可运行该软件。

现场操作人员使用该软件时，双击可执行文件后即可打开智能控制站上位机。在计算机前端弹出启动界面，执行文件在后台直接运行放空火炬智能监控系统，之后会进入登录界面。

由于要保证火炬系统操作的安全性，登录界面需要输入登录类型密码和登录密码。其中，登录密码可由用户在第一次打开软件时进行设置，在之后的软件操作中也可以进行添加新用户或者修改密码等操作。

登录类型分为用户登录和管理登录。

① 用户登录。选择用户登录时，无须输入任何账号和密码。用户只需点击"确定"即可进入放空火炬监控界面，但是用户登录成功后不能查看放空火炬监控系统的历史数据和改变当前时刻瞬时的助燃蒸汽流量，只能查看当前现场的火炬实时视频信号和放空火炬当前的控制状态，这样做可以在最大限度上保护放空火炬系统的数据。

② 管理登录。选择管理登录时，则需要输入管理员的个人账号和密码，这一步保证了放空火炬底层数据的安全性。输入管理员的个人账号和密码后，就会进入放空火炬燃烧状态的管理界面。在该管理界面上，管理员可以查看放空火炬监控系统的历史数据和改变当前时刻瞬时的助燃蒸汽流量。查看历史数据是为了保证在助燃蒸汽激增的某一时刻，可以记录该时刻的放空火炬数值。在这种情况下，放空火炬内部结构的设计将会变得更加稳定和节能。改变当前时刻瞬时的助燃蒸汽流量是为了在石油化工厂实际的异常工况下保证不排放烟气而做的最后的安全措施。

选择管理登录后会进入主界面。主界面如图 9-32 所示。其中包含：当前火炬气流量、助燃蒸汽消耗量、烟气浓度、燃烧状态、放空火炬实时视频和放空火炬物理模型。

① 当前火炬气流量：是指放空火炬系统中的传感器实时测量得到的火炬气流量。当物理传感器检测到火炬气流量时，软件会读取并显示当前时刻的火炬气流量，以便用户进行观察，同时软件会在后台记录历史数据。

② 助燃蒸汽消耗量：是指当天所消耗的助燃蒸汽总量。在不同的控制模式下，助燃蒸汽流量会有所变化。根据当天助燃蒸汽消耗量，可以推断出当天的工况、当天工厂的生产问题和夜间应当补充的助燃蒸汽量。

③ 烟气浓度：是指通过上文提出的图像算法得到的烟气浓度。

④ 燃烧状态：可以分为有烟气和无烟气两种状态。在手动控制时，管理员就可以对火炬燃烧状况进行更加方便的观察。

⑤ 放空火炬实时视频：是指主界面的右上角留有视频界面。管理员在查看视

频的状态时，可以直接观察到当前火炬头的燃烧状态。

⑥ 放空火炬物理模型：是指在主界面加入的当前石油化工厂的火炬物理模型。从长远角度来说，在软件的后续开发中，还会添加更多实用性的功能。

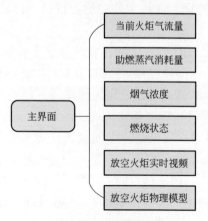

图 9-32　主界面内容

放空火炬燃烧状态的管理界面的主窗口主要包括基本设置、手动控制、查看视频、自动控制、系统启动、系统停止、历史数据、返回登录共八个功能按钮。

① 基本设置　点击放空火炬燃烧状态管理界面主窗口左上方的"基本设置"按钮后，可以进入火炬燃烧状态管理基本参数设置子窗口。

基本设置的作用是指设置当前放空火炬的物理参数，例如：助燃蒸汽阀门最大和最小限度值；放空火炬水封罐可承受的最大压力值；分液罐单位时刻分离火炬气流量值；正常工况下，放空火炬单位时刻排放出的火炬气最大流量值；放空火炬排放火炬气的性质（硫化物、碳化物等）、密度和分子量等；长明灯单位时刻内燃烧所需的燃料量；软件采集火炬图片的时间间隔等。只有在设置好放空火炬的基本属性后，控制算法才能更加准确。

在基本设置中，可以添加或删除管理员登录的账号和密码，还可以改变用户密码。

② 手动控制　点击放空火炬燃烧状态管理界面主窗口左上方的"手动控制"按钮，就可以进入火炬燃烧状态管理手动控制子窗口。

在不同的工况下，手动控制界面可以改变放空火炬的控制方式。如图 9-33 所示，手动控制方式可以分为手动控制 1、手动控制 2、手动控制 3。手动控制 1 和手动控制 2 分别为正常工况和异常工况下设计的放空火炬控制方式。其中手动控制 1 是根据火炬气与消烟蒸汽的计算公式对消烟蒸汽阀门开度自动进行计算的控制方式，计算公式如式 (9-35) 和式 (9-36) 所示[56]；手动控制 2 是手动调控助燃蒸汽流量的控制方式；手动控制 3 是工厂生产备用的按钮。

$$c(x,y,z) = \frac{Q}{\pi \sigma_y \sigma_z V_w} e\left(\frac{h^2}{2\sigma_z^2} + \frac{y^2}{2\sigma_y^2} \right) \tag{9-35}$$

$$d = \frac{c(x,y,z)}{t} \tag{9-36}$$

式中，$c(x,y,z)$ 为空气中的烟气浓度，mg/m³；Q 为放空火炬烟气扩散速度，mg/s；V_w 为放空火炬顶端火炬头处的风速，m/s；σ_y 和 σ_z 分别为水平散射系数和垂直散射系数，该系数是应用 Pasquill-Grifford 扩散参数体系计算得出的[57]；y 和 z 分别为侧距离与垂直距离，m；h 为放空火炬的有效高度；d 为放空火炬当前助燃蒸汽流量；t 为设置的系统采集图片的时间间隔。

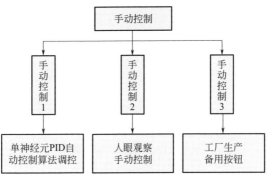

图 9-33 手动控制分类

手动控制选择窗口分为三种手动控制方式，这样便于在实验过程中进行系统调试，检验控制系统连接的各个硬件设备是否正常工作，还便于对自动控制算法进行改进。

手动控制 1 模式可以读取并显示放空火炬烟气的浓度，并根据当前火炬气流量自动计算出消烟蒸汽流量，进而控制阀门开度和燃烧效率。在这个过程中显示界面上只显示当前放空火炬烟气的浓度和当前阀门开度值。手动控制 2 模式可以读取并显示当前时刻的火炬气流量，在显示界面上会显示供操作员观看的放空火炬实时烟气状态的视频，然后人为调控助燃蒸汽流量使得计算机自动调控阀门开度，最终将当前时刻的烟气清除掉。而手动控制 3 作为备用按钮，是为了避免在实际生产中出现问题而设计的备用手动控制按钮。

手动控制 1 和手动控制 2 的目的是一致的，不过手动控制 2 是为异常工况设计的。例如，在一些异常工况下，火炬气会激增，但在当前时刻放空火炬还未能进行实时响应，此时若要人为地瞬间提高助燃蒸汽流量，则需要使用手动控制 2。

与手动控制 1 进行比较后可以知道，手动控制 2 的核心是观察当前助燃蒸汽流量与火炬烟气的关系，从而防止助燃蒸汽过高或者过低。

在实际应用中，信号干扰会比较强烈，单单依靠算法是无法精准地控制消除放空火炬烟气的过程的，需要人为对其进行调控，因此应当在手动控制 1 界面中设置可以点击后跳转至手动控制 2 界面的功能按钮，也可以在控制系统算法无法使输出达到期望值时，按下跳转按钮自动进入手动控制 2 界面。

③ 查看视频 火炬燃烧状态管理主窗口右上方内会嵌入显示实时视频监测预览子窗口，当点击放空火炬燃烧状态管理界面主窗口左上方的"查看视频"按钮后，视频监测窗口将显示当前图像并开始自动采集图像。之后，计算机会应用火炬烟气智能检测的方法对采集到的图像进行分析并判断放空火炬是否产生烟气，进而得出当前放空火炬的燃烧效率。

当检测的火炬燃烧图像中含有烟气时，应该计算当前时刻的烟气浓度得到反馈值，然后将反馈值作为信号输入至单神经元自适应 PID 控制算法中，更新当前时刻所需的助燃蒸汽流量，从而控制助燃蒸汽阀门，并在历史数据库中保存助燃蒸汽的流量。

当燃烧效率低于 95% 时，系统会增大阀门开度使助燃蒸汽流量增多，从而提高燃烧效率；当燃烧效率高于 95% 但仍可以检测到烟气时，系统会保持当前阀门开度使助燃蒸汽流量不变，保持当前燃烧效率直至烟气消除完毕；当燃烧效率高于 95% 且未检测到烟气时，系统会降低助燃蒸汽流量。

④ 自动控制 点击放空火炬燃烧状态管理界面主窗口左上方的"自动控制"按钮，会弹出自动控制相关参数设置子窗口。该窗口支持自动控制下的模式选择（可选择正常模式和节能模式）、设置在节能模式下阀门的最大和最小开度值以及显示阀门开度计算值和蒸汽流量值。

自动控制窗口可读取并显示火炬气流量，系统通过改变阀门开度，可以实现放空火炬的自动消烟过程。如图 9-34 所示，系统启动并进入自动控制后，会直接进入正常模式，只有管理员才能将系统调控至节能模式。当遇到异常状况时，系统会自动跳转至正常模式，并一直保持正常模式，直到控制人员再次手动选择节能模式。只有在节能模式下，控制软件才能退出自动控制。

正常模式：在程序刚开始运行时，石油化工厂会默认运行该模式。该模式会在手动控制 1 的基础上在后台自动调控阀门开度，然后在单神经元 PID 控制算法的基础上融合模糊算法，最终设置出最合适的助燃蒸汽流量。

节能模式：在长明灯正常状况下，需要控制人员手动选择，该软件才能运行该模式。在节能模式下，放空火炬只点燃长明灯，也就是阀门开度持续保持在基本设置所设定的最小开度值。在该模式下，能在最大限度上节约能源以保护环境。

图 9-34　自动控制模式转换

⑤ 启动／停止按钮　启动按钮应当设计为绿色按钮，点击启动按钮就意味着启动了放空火炬智能监控系统。只有在管理登录的情况下，鼠标点击启动按钮后才能启动整个系统并打开数据库的权限，用户在登录的过程中是无法点击启动按钮的。同时考虑到浏览者观看操作界面的问题，可以通过用户登录限定观看者按钮来保证整个工厂的安全生产。

当放空火炬自身出现问题（如设备损坏、工厂停电、电机误触等）时，需要立即停止放空火炬智能控制系统的运作。为防止系统依旧处于工作状态，需要设计停止按钮，一旦按下该按钮便可关闭整个系统。停止按钮应当设计为红色按钮，按下该按钮便会关闭放空火炬智能监控系统。无论是管理员登录还是用户登录，点击停止按钮后，整体系统都将会停止运作并同时关闭数据库的权限，助燃蒸汽也会立即停止供给。

⑥ 历史数据　点击放空火炬燃烧状态管理界面主窗口左上方的"历史数据"按钮，会弹出历史数据和数据曲线图的子窗口。

在历史数据子窗口中可以观看 24h 内的火炬系统整体的历史数据，例如上文提到的火炬气排放量和助燃蒸汽消耗量，历史曲线可以记录一周时间内火炬系统工作的情况。

在软件的后台需要设计放空火炬数据库。数据库有以下几点优势：数据库可以将工厂的工况数据实时记录，这样有便于管理员后期检修时进行查看；数据库可以将数据分类、对比并降低数据冗余，从而减少工人后期处理数据时消耗的时间；将历史数据作为样本，能够推测出工厂未来一天或更长时间的工作状况。

数据库的建立对于后期处理算法来说也有着明显的优点：可以根据当前工厂的工况数据来设计独有的控制算法，使系统工作更加稳定、高效；对于算法来说，数据可以对当前算法进行验证。

参考文献

[1]　付文韬．基于神经网络的污水处理多变量　控制方法研究 [D]．北京：北京工业大学，2016.

[2]　韩广．基于神经网络的污水处理过程实时优化控制研究 [D]．北京：北京工业大学，2014.

[3]　胡玉玲，乔俊飞．变参数活性污泥系统溶解氧的模糊神经网络控制 [J]．电工技术学报，2004, 19(3): 36-40.

[4] 刘超彬，乔俊飞. 污水处理过程中对污泥龄的模糊神经网络控制 [J]. 信息与控制, 2006, 35(1): 16-20.

[5] HAN H G, QIAO J F, CHEN Q L. Model predictive control of dissolved oxygen concentration based on a self-organizing RBF neural network [J]. Control Engineering Practice, 2012, 20(4): 465-476.

[6] WERBOS P J. Advanced forecasting methods for global crisis warning and models of intelligence[J]. General Systems Yearbook, 1977, 22(12): 25-38.

[7] MURRAY J J, COX C J, LENDARIS G G, et al. Adaptive dynamic programming[J]. IEEE Trans Syst Man Cybernetics Part C Application&Reviews, 2002, 32(2): 140-153.

[8] QIAO J F, BO Y C, CHAI W, et al. Adaptive optimal control for a wastewater treatment plant based on a datadriven method[J]. Water Science and Technology, 2013, 67(10): 2314-2320.

[9] 胡寿松. 自动控制原理 [M]. 6 版. 北京：科学出版社, 2015.

[10] 张英林. 控制系统的稳定性分析 [M]. 兰州：兰州大学出版社, 1987.

[11] 余成波. 自动控制原理 [M]. 北京：清华大学出版社, 2009.

[12] 曹朋朋，张兴，杨淑英，等. 基于李雅普诺夫稳定理论的异步电机在线转子时间常数辨识方法 [J]. 中国电机工程学报, 2016, 36(14): 3947-3954.

[13] 刘超彬，乔俊飞，张芳芳. 污水处理过程中溶解氧的模糊神经网络控制 [J]. 山东大学学报（工学版）, 2005(03): 83-87.

[14] 梁军，杜丽. 自适应控制系统鲁棒性研究评述 [J]. 信息与控制, 1998(03): 38-46.

[15] 黄成，陈长虹，李莉，等. 长江三角洲地区人为源大气污染物排放特征研究 [J]. 环境科学学报, 2011, 31(9): 1858-1871.

[16] 陆思华，白郁华，张广山，等. 大气中挥发性有机化合物 (VOCs) 的人为来源研究 [J]. 环境科学学报, 2006, 26(5): 757-763.

[17] 李俊，许多，郑杰. 油田放空天然气回收利用探讨 [J]. 油气田地面工程, 2010, 29(03): 58-59.

[18] 姚远，魏小林，陈立新，等. 水泥炉窑高能效低排放关键技术研发及应用进展 [J]. 洁净煤技术, 2020, 26(05): 1-10.

[19] HAO X, XU Q, SHI X, et al. Prediction of nitrogen oxide emission concentration in cement production process: a method of deep belief network with clustering and time series[J]. Environmental Science and Pollution Research, 2021(28): 31689-31703.

[20] ZHANG Y, WANG W, SHAO S, et al. ANN-GA approach for predictive modelling and optimization of NO_x emissions in a cement precalcining kiln[J]. International Journal of Environmental Studies, 2017(74): 253-261.

[21] ZHENG J, DU W, LANG Z, et al.

Modeling and optimization of the cement calcination process for reducing NO$_x$ emission using an improved just-in-time gaussian mixture regression[J]. Industrial & Engineering Chemistry Research, 2020(59): 4987-4999.

[22] SCHÄFER A, ZIMMERMANN H. Recurrent neural networks are universal approximators[J]. International Journal of Neural Systems, 2007, 17(4): 253-263.

[23] JAEGER H. The "echo state" approach to analysing and training recurrent neural networks-with an erratum note[J]. Bonn, Germany: German National Research Center for Information Technology GMD Technical Report, 2001, 148(34): 13.

[24] XU M, HAN M, LIN H, Wavelet-denoising multiple echo state networks for multivariate time series prediction[J]. Information Sciences, 2018(465): 439-458.

[25] 李凡军，乔俊飞. 一种增量式模块化回声状态网络 [J]. 控制与决策, 31(8): 1481-1486.

[26] LI F, WANG X, LI Y. Effects of singular value spectrum on the performance of echo state network[J]. Neurocomputing, 2019, 358(SEP.17): 414-423.

[27] QIAO J, LI F, HAN H, et al. Growing echo-state network with multiple subreservoirs[J]. IEEE Transactions on Neural Networks and Learning Systems, 2017, 28(2): 391-404.

[28] LI Y, LI F. PSO-based growing echo state network[J]. Applied Soft Computing, 2019, 85(4): 105774.

[29] HUANG N, SHEN Z, LONG S, et al. The empirical mode decomposition and the Hilbert spectrum for nonlinear and non-stationary time series analysis[J]. Proceedings Mathematical Physical & Engineering Sciences, 1998, 454(1971): 903-995.

[30] HOCHREITER S, SCHMIDHUBER J. Long Short-Term Memory[J]. Neural Computation, 1997, 9(8): 1735-1780.

[31] PEI J, WANG J. Multisensor prognostic of RUL based on EMD-ESN[J]. Mathematical Problems in Engineering, 2020, 2020.

[32] REZA AKHONDI M, TALEVSKI A, CARLSEN S, et al. Applications of wireless sensor networks in the oil, gas and resources industries[C]// 2010 24th IEEE International Conference on Advanced Information Networking and Applications, 2010: 941-948.

[33] 孙立君. 放空火炬点火系统的优化设计 [J]. 今日科苑, 2008(22): 81-81.

[34] 韩丰磊，刘广哲，张荷，等. 石化行业 VOCs 泄漏检测与修复技术的发展现状与展望 [J]. 环境监测管理与技术, 2016,

28(04): 6-9.

[35] 刘忠生，郭兵兵，齐慧敏. 炼油厂酸性水罐区排放气量分析计算 [J]. 当代化工，2009, 38(03): 248-251.

[36] 王震东，沈晓波，修光利，等. 国内外石化行业火炬污染排放控制标准与规范研究 [J]. 环境科学研究，2019, 32(9): 1456-1463.

[37] 刘书华. 高架火炬与地面火炬的比较 [J]. 化工设计，2012, 22(03): 28-30.

[38] 刘茂坤. 基于卷积神经网络的放空火炬烟雾识别方法研究 [D]. 北京：北京工业大学，2019.

[39] 刘志彬. 放空火炬系统的组成及安全因素 [J]. 软科学论坛——工程管理与技术应用研讨会，2015: 231-231.

[40] 于艳秋，毛红艳，裴爱霞. 普光高含硫气田特大型天然气净化厂关键技术解析 [J]. 天然气工业，2011, 31(03): 22-25, 107-108.

[41] 李俊，许多，郑杰. 油田放空天然气回收利用探讨 [J]. 油气田地面工程，2010, 29(03): 58-59.

[42] GU K, ZHANG Y, QIAO J. Vision-based monitoring of flare soot[J]. IEEE Transactions on Instrumentation and Measurement, 2020, 69(9): 7136-7145.

[43] KIM C, MILANFAR P. Visual saliency in noisy images[J]. Journal of Vision, 2013, 13(4): 103-104.

[44] KANUNGO T, MOUNT D M, NETANYAHU N S, et al. An efficient k-means clustering algorithm: analysis and implementation[J]. IEEE Transactions on Pattern Analysis and Machine Intelligence, 2002, 24(7): 881-892.

[45] ACHANTA R, HEMAMI S, ESTRADA F, et al. Frequency-tuned salient region detection[C]// 2009 IEEE Conference on Computer Vision and Pattern Recognition. IEEE, 2009: 1597-1604.

[46] 滕青芳，秦春林，党建武. 神经元自适应 PID 控制 [J]. 兰州交通大学学报，2003 (1): 87-89.

[47] 宋晶. 基于不完全微分的单神经元自适应 PID 控制器研究与应用 [D]. 泉州：华侨大学，2006.

[48] 陶永华. 新型 PID 控制及其应用：第一讲 PID 控制原理和自整定策略 [J]. 工业仪表与自动化装置，1997(04): 60-64.

[49] 修智宏，任光. TS 模糊控制系统的稳定性分析及系统化设计 [J]. 自动化学报，2004, 30(5): 731-741.

[50] 张乃尧，栾天. 基于模糊神经网络的模型参考自适应控制 [J]. 自动化学报，1996, 22(4): 476-480.

[51] 王立新. 模糊系统与模糊控制教程 [M]. 北京：清华大学出版社，2003.

[52] 赵旺升. 基于脉冲串控制的含位置反馈和前馈补偿的位置控制算法的研究 [D]. 北京：北京交通大学，2008.

[53] GB/T 50493—2019. 石油化工可燃和有毒气体检测报警设计标准 [S].

[54] 曹刚. PID 控制器参数整定方法及其应用研究

[D]. 杭州：浙江大学，2004.

[55] 谢晓添，武利，顾锞，等. 放空火炬高效燃烧控制系统设计 [C]. 第 30 届中国过程控制会议（CPCC 2019）摘要集，2019: 1.

[56] 刘祖德，杨平，赵云胜. 天然气处理厂放空火炬影响分析与模拟计算 [J]. 中国安全科学学报，2008, 18(7): 23-28.

[57] BAGSTER D F. A neutral buoyancy model applied to risk contour computation[C]// Process Industries Power the Pacific Rim: Sixth Conference of the Asia Pacific Confederation of Chemical Engineering; Twenty-first Australasian Chemical Engineering Conference; Official Proceedings of Combined Conference 1993. Institution of Engineers, Australia, 1993: 127.